Jahrbuch 2013/2014

Berliner
Wissenschaftliche
Gesellschaft e.V.

Berliner Wissenschaftliche Gesellschaft e.V.

Postfach 302219
D-10753 Berlin
Tel.: 030/609871190
Fax: 030/609871199
Internet: www.bwg-berlin.de
E-Mail: mail@bwg-berlin.de

Redaktionelle Anschrift:
Prof. Dr. Martin Heger
Humboldt-Universität zu Berlin
Juristische Fakultät
Lehrstuhl für Strafrecht, Strafprozessrecht,
europäisches Strafrecht und neuere Rechtsgeschichte
Unter den Linden 6
Tel.: 030/20933411
Fax: 030/20933487
E-Mail: martin.heger@rewi.hu-berlin.de

PL ACADEMIC RESEARCH

Berliner Wissenschaftliche Gesellschaft e.V.

Jahrbuch 2013/2014

Herausgegeben
im Auftrag des Vorstandes
von Martin Heger

PL ACADEMIC RESEARCH

Bibliografische Information der Deutschen Nationalbibliothek
Die Deutsche Nationalbibliothek verzeichnet diese Publikation in der Deutschen Nationalbibliografie; detaillierte bibliografische Daten sind im Internet über http://dnb.d-nb.de abrufbar.

Umschlagabbildung: Adolf Harnack.
The New York Times: Current History - A monthly magazine.
Project Gutenberg eText 13635 -
(This image is for the use of anyone anywhere at no cost and with almost no restrictions whatsoever. You may copy it, give it away or re-use it under the terms of the Project Gutenberg License included with this image or online at www.gutenberg.net)
http://www.gutenberg.net/dirs/1/3/6/3/13635/13635-h/13635-h.htm

ISSN 0171-3302
ISBN 978-3-631-66717-0 (Print)
E-ISBN 978-3-653-06273-1 (E-Book)
DOI 10.3726/978-3-653-06273-1

PL Academic Research ist ein Imprint der Peter Lang GmbH.

Peter Lang – Frankfurt am Main · Bern · Bruxelles · New York · Oxford · Warszawa · Wien

Diese Publikation wurde begutachtet.

www.peterlang.com

Vorwort

Vor Ihnen liegt das „Jahrbuch 2013/14" der BWG. Es erfasst wieder – wie schon sein Vorgänger – drei Semester im „Leben" unserer Gesellschaft. Die ursprüngliche Planung, das Jahrbuch mit dem „Geschäftsjahr" der BWG, welches mit der Neuwahl des Vorstandes immer im Sommersemester beginnt, zu synchronisieren und damit wieder jährlich herauszubringen, hat sich nicht als realistisch erwiesen. Die Herausgabe eines neuen Jahrbuches bereits ein Jahr nach dem vorausgegangenen wäre für die BWG derzeit angesichts unserer finanziellen und personellen Ressourcen kaum möglich. Mit dem Ausscheiden von Frau Kisseler als vor allem für das Jahrbuch zuständiger Mitarbeiterin der BWG konnte die Stelle vorläufig nicht erneut besetzt werden. Ohne diese Unterstützung lässt sich der Kraftakt eines solchen Buches alle drei Semester leichter „stemmen". Vor diesem Hintergrund wollen wir vorläufig den dreisemestrigen Rhythmus beibehalten und können dann – wenn es die Umstände zulassen – später wieder in einem Jahresturnus übergehen.

Das Jahrbuch 2012/13 brachte bekanntlich einen Wechsel des betreuenden Verlags; das Ergebnis war ein deutlich markanter in der Hand liegender Hardcover-Band aus dem Hause Peter Lang. Dieses Jahr erfolgen nur leichte Retuschen an diesem bewährten Kleide. Leider haben sich bei der Erstellung des Manuskripts damals einzelne Fehler vor allem beim Mitgliederverzeichnis eingestellt, die wir uns nicht wirklich erklären können, die aber von uns sehr bedauert werden. Vor allem sind einzelne verdiente Mitglieder der BWG in der damals abgedruckten Mitgliederliste nicht erschienen. An dieser Stelle möchte ich noch einmal alle Betroffenen darum bitten, dieses Versäumnis zu entschuldigen. Wir versuchen unser Bestes, dass so etwas nicht wieder vorkommen möge.

Das vor Ihnen liegende Büchlein ist in mancher Hinsicht ein Dokument der Zeitgeschichte, konnte doch unsere Gesellschaft auf der feierlichen Jahresversammlung im Februar 2014 im Festsaal der Humboldt-Universität auf 40 Jahre ihres Bestehens zurückblicken. Eindrucksvoller Beleg dieser Festveranstaltung ist der hier abgedruckte Festvortrag von Michael Wolffsohn über die „Universität im Zeichen globaler Kulturrevolutionen". Auch die Mitgliederversammlung im Sommer 2014 stand ganz im Zeichen der Berliner Zeitgeschichte, fand sie doch im Rathaus Schöneberg statt, das, gebaut kurz vor dem Ersten Weltkrieg und damit noch zu Zeiten, als Schöneberg eine eigene Stadt im Umkreis des damals noch nicht vergrößerten Berlins war, in Zeiten der Teilung unserer Stadt Senat und Abgeordnetenhaus beherbergte und dadurch Ort epochaler Ereignisse wie der berühmten Rede John F. Kennedys an die Berliner im Jahr 1963 gewesen ist. Heute fristet es wieder ein beschauliches Dasein als Bezirksrathaus, doch war die Historie des Hauses überall spürbar und wurde in der Begrüßungsrede der Bezirksbürgermeisterin, die wir ebenfalls abdrucken können, allen Anwesenden noch einmal vor Augen geführt.

In der öffentlichen Wahrnehmung stand der Zeitraum 2013/14 – vielleicht auch aufgrund wieder aufbrechender politischer Krisen und militärischer Antworten – vielfach im Bann der 100jährigen Wiederkehr des Ausbruchs des Ersten Weltkrieges und seiner bis heute nicht gänzlich unumstrittenen Vorgeschichte. Diese wurde bekanntlich in verschiedenen aus Anlass des Jubiläums erschienen Büchern unterschiedlich eingeschätzt. Darauf reagierte der Vortrag von Bernd Sösemann, der also einerseits dessen Sicht der Julikrise 1914, andererseits aber auch eine erste Reaktion auf die Sicht anderer Historiker auf dieses Datum war. Ebenfalls in diese Zeit passt der biographische Bericht über den Berliner Gerichtsmediziner Fritz Strassmann, der bekannt geworden ist vor allem als Obduzent der in den Nachkriegswirren Anfang 1919 ermordeten Rosa Luxemburg.

Das Thema „Recht und Religion" ist gleichfalls fortgesetzt worden (und wird es weiterhin). Dafür steht der Beitrag zum „Alevitischen Leben in der Diaspora" von Devrim Deniz Taner. Der ebenfalls in den Berichtszeitraum fallende Vortrag von Ansgar Hense zur Katholischen Kirche und dem Recht wird im nächsten Jahrbuch erscheinen. Umgekehrt fand angesichts einer gemeinsamen Laudatio mit früheren Preisträgern der Beitrag des Trägers des Erhard Höpfner-Studienpreises 2014, Stefan Noack, bereits in diesem Jahrbuch seinen Platz, obwohl die Verleihung der Auszeichnung erst auf der Mitgliederversammlung im Februar 2015 erfolgt ist. Die Kurbeschreibung seines prämierten Projekts durch den Preisträger passt freilich inhaltlich besonders gut zu den anderen erwähnten Texten, behandelt er doch einen politisch-militärischen Zukunftsroman, der wenige Jahre vor Ausbruch des Ersten Weltkrieges erschienen ist.

In mancher Hinsicht markiert das vorliegende Jahrbuch eine Zäsur. So bildet der Beitrag von Klaus Mylius über die ältere deutsche Orgelmusik den Schlusspunkt einer Reihe ähnlicher wissenschaftlicher Beiträge desselben Autors, die sich bis ins Jahrbuch 2008 zurückverfolgen lässt. Und da unser langjähriges Mitglied Bernd Mahr am 12. April 2015 verstorben ist, ist sein Beitrag über „Furcht und Angst und das Verhältnis von Prophezeiung und Modell" auch in persönlicher Hinsicht der Schlussstein einer langen Verbundenheit mit der BWG.

Insgesamt hoffen wir, dass auch das vorliegende „Jahrbuch 2012/13" wieder die Gesellschaft in ihrer ganzen fachlichen Breite, aber auch in jedem einzelnen Beitrag in der gebotenen wissenschaftlichen Tiefe widerspiegelt.

Herzlichen Dank für die Mithilfe bei der Fertigstellung dieses Jahrbuchs schulden wir Frau Petra Roloff, die inzwischen als Projektmanagerin die wesentlichen Projekte unserer Gesellschaft fachkundig managt, sowie Frau Sigrid Schmidt, die an meiner Professur an der Juristischen Fakultät der Humboldt-Universität neben ihren vielfältigen sonstigen Verpflichtungen auch noch die Kraft gefunden hat, die Erstellung des Manuskripts des Jahrbuchs 2013/14 in die Hand zu nehmen. Ohne diese Hilfe wäre ein solches Buch überhaupt nicht zu erstellen. Bestehen gebliebene Fehler fallen aber natürlich wieder allein in meinen Verantwortungsbereich.

Berlin, 27.7.2015 Martin Heger

Geleitwort

Sie halten die neueste Ausgabe des Jahrbuchs unserer Gesellschaft in der Hand, auch diesmal wieder umfassend redaktionell betreut durch unseren Kollegen Herrn Martin Heger und seinem Team. Und auch diesmal handelt es sich um ein Exemplar, welches vom Sommersemester 2013 bis zum Sommersemester 2014 mehrere Semester umfasst.

Wir hatten in diesen drei Semestern eine Vielzahl von Veranstaltungen aus unseren verschiedenen, regelmäßig wiederkehrenden und auch öffentlich angebotenen Programmen im Veranstaltungskalender. Dazu gehören natürlich Beiträge von Autoren, die in Veranstaltungszyklen des *Harnackhaus Kreises,* im *Literarischen Salon* und der *Wissenschaft der Zukunft* präsentiert wurden.

Neu hinzugekommen ist in diesem Jahrbuch erstmalig ein Beitrag aus unserer Themenreihe *Religionen und Recht*, die wir zum SS 2013 aufgenommen haben und die von unserem Kollegen Herrn Michael Bongardt betreut werden. Der Einführungsvortrag zu dieser neuen Veranstaltung, gehalten von Herrn Bonghardt selbst, war bereits im vorhergehenden Jahrbuch abgedruckt.

Weiterhin auch ein fester Bestandteil des Jahrbuches sind Beiträge unserer PreisträgerInnen, die im Rahmen der Preisverleihungen für den *Erhard-Höpfner-Studienpreis* und den *Promotionspreis der BWG* vergeben werden. Diese Preisverleihungen finden in Kooperation und mit finanzieller Förderung durch die Erhard-Höpfner-Stiftung, vertreten durch Frau Gabriele von Thienen, im jeweiligen Wintersemester und durch die Technologiestiftung Berlin, vertreten durch Herrn Nicolas Zimmer, im jeweiligen Sommersemester statt.

Abschließend finden Sie den Wortlaut der Reden, die anlässlich unserer Jahres- und Mitgliederversammlungen gehalten wurden.

Unser 40 jähriges Jubiläum, welches sich auf die formelle Gründung des eingetragenen Vereins am 18. Dezember 1973 bezieht, begingen wir im Rahmen unserer Mitgliederversammlung am 06.02.2014 in der Humboldt-Universität. Als Festredner hatten wir Prof. Michael Wolffsohn zu Gast, der über die *wilden 70 er* Jahre referierte und dessen Beitrag auch hier im Jahrbuch abgedruckt ist.

Auch in diesem Berichtszeitraum mussten wir den Verlust mehrerer Mitglieder unserer Gesellschaft beklagen: Dies waren

Prof. Dr.-Ing. Hans-Hermann Franzke
Prof. Dr. vet. med. Gerhard Monreal
Prof. Dr. h.c. mult. Dr.-Ing. e.h. mult. Günter Spur
Prof. Dr. jur. Ulrich Weber

Prof. Dr. -Ing. Klaus Federn
Prof. Dr. med. Reinhard Kurth
Prof. Dr.-Ing. Günter Marx
Prof. Dr. phil. Hagen Schulze

Wir verneigen uns vor Ihnen und werden Ihre Leistungen in unserem Gedächtnis behalten

In den fast 42 Jahren des Bestehens der BWG hat sich die Berliner Hochschul- und Wissenschaftslandschaft grundlegend verändert. Um weiterhin die Interessen, Erwartungen und Wünsche der Mitglieder bestmöglich in unseren Arbeitskreisen und Veranstaltungsangeboten abbilden zu können, haben der Vorstand und der Beirat unserer Gesellschaft beschlossen, eine Mitgliederbefragung zu einer genaueren Positionierung der BWG durchzuführen. Ziel ist es, von Ihnen eine qualifizierte Rückmeldung zu erhalten, um unser Programmangebot und die Umsetzung Ihrer Anregungen entsprechend ausrichten und abstimmen zu können. Sie werden also in nächster Zukunft einen ausführlichen Fragebogen zu verschiedensten Thematiken der BWG erhalten und wir möchten Sie um eine rege Beteiligung bitten.

Abschließend möchte ich mich im Namen der BWG noch einmal recht herzlich bei unserer Projektmanagerin, Frau Petra Roloff, für ihre geleistete Arbeit im vergangenen Berichtszeitraum bedanken. Ohne ihre tatkräftige und professionelle Mitarbeit wäre die Durchführung all unserer Projekte und Vorhaben nicht möglich gewesen.

Ich glaube, dass Sie mit dem vorliegenden Jahrbuch ein weiteres Exemplar unserer Reihe besitzen, welches Sie zum Studium eines bestimmten Sachverhaltes auch immer wieder aus Ihrem Bücherregal in die Hand nehmen werden und wünsche Ihnen schon jetzt dabei recht viel Spaß,

Ihr Franz Theuring Berlin, den 01.08.2015

Veranstaltungsliste vom 01.04.2013 bis zum 31.03.2014

Sommersemester 2013

18.04.2013	Prof. Dr. Martin Heger Harnackhauskreis	Strafbarkeit bei Doping im Sport
06.05.2013	Heinz Verfürth Literarischer Salon	1933 – Vergangenheit oder Zukunft? Vom Wert der Erinnerungskultur
20.06.2013	Tiago Silveira Harnackhauskreis	Was fließt, was bleibt
11.06.2013	Prof. Dr. Ansgar Hense Religionen und Recht	Religion und Recht aus Sicht der Katholischen Kirche
05.07.2013	Prof. Dr. Reinhard Burger Jahresversammlung	Forschung u. Krisenmanagement im RKI
05.07.2013	PhD Francesca Diane Liu	IL-27: Key regulator of immunopathology after primary influenza virus challenge
	Jahresversammlung, Promotionspreis 2012, Charité	

Wintersemester 2013–14

31.10.2013	Heike Ponwitz Harnackhauskreis	Lebensräume 1990 – heute
21.11.2013	Prof. Dr. V. Schneider Harnackhauskreis	Der Berliner Gerichtsmediziner Prof. Dr. Fritz Strassmann
05.12.2013	Prof. Dr. Bernd Mahr Harnackhauskreis	Furcht und Angst und das Verhältnis von Prophezeiung und Modell
13.12.2013	Devrim Deniz Taner	Alevitisches Leben in der Diaspora
13.12.2013	Prof. Dr. Dr. Peter Scholz Religionen und Recht	Alevitisches Leben in der Diaspora
16.01.2014	Prof. Dr. Peter Gaethgens Wissenschaft der Zukunft	Was kommt nach der Exzellenzinitiative? Zur Perspektive des Wissenschaftssystems
06.02.2014	Prof. Dr. M. Wolffsohn Mitgliederversammlung	Wilde 70er: Wissenschaft im Zeichen der globalen Kulturrevolution

06.02.2014	Marcus Wolf	Konstruktion eines Hochdrucksystems zur in-situ Untersuchung des SwRK metallischer Werkstoffe in korrosiven gasförmigen und flüssigen Medien bei hoher Temperatur
	MV, EHS Preisträger 2013, HTW Berlin	
06.02.2014	Stefan von Mach	Ein Konzept für Züge auf nicht-elektrifizierten Strecken des Schienen-Personen-Nahverkehrs
	MV, EHS Preisträger 2013, TU Berlin	

Sommersemester 2014

24.04.2014	Prof. Dr. H.-Peter Berlien Harnackhauskreis	Licht ist Leben
15.05.2014	Prof. Dr. Bernd Sösemann Harnackhauskreis	Juli 1914: Militärs, Politiker und Diplomaten als Brandstifter?
19.06.2014	Dr. Dr. Gerd Biesewig Harnackhauskreis	Ein großes Rätsel: Der englische Schweiß
25.06.2014	Prof. Dr. L. Mühlethaler Die Religionen und ihr Recht	Akkomodation und Autorität in der jüdischen Rechtswirklichkeit
10.07.2014	Dr. Ingo Barth Harnackhauskreis	Laserinduzierte elektronische und nukleare Ringströme
11.07.2014	Angelika Schöttler Jahresversammlung	100 Jahre Rathaus Schöneberg
11.07.2014	Dr. Georgi Atanasov	Der Einfluss von TNF-α-Inhibitoren auf den Ischämie-/Reperfusionsschaden und assoziierte Inflammationsreaktionen in der Dünndarmtransplantation
	Jahresversammlung Promotionspreis 2013, Charité	
11.07.2014	Dr. Gunnar Schwarz	Me-CAT-IA – ein neuartiges Reagenz zur qualitativen Beurteilung von Proteinen und Peptiden im biomedizinischen Bereich
	Jahresversammlung Promotionspreis 2013, HU Berlin	

Inhaltsverzeichnis

Preisverleihungen

Vorträge

Martin Heger

Zur Strafbarkeit bei Doping im Sport – Anmerkungen zum Betrugsprozess vor dem Landgericht Stuttgart gegen Stefan Schumacher

Am Tag dieses Vortrags im Harnack-Hauskreis, dem 22. April 2013, startete erstmals vor einem deutschen Strafgericht – dem Landgericht (LG) Stuttgart – ein Strafprozess gegen einen überführten Doper wegen Betrugs (§ 263 StGB). Stefan Schumacher, der als Radprofi im Team „Gerolsteiner" während der Tour de France 2008 angesichts zweier spektakulärer Tagessiege von der Boulevard-Presse in Anlehnung an den siebenfachen Formel 1-Weltmeister Michael Schumacher bereits als „zweiter Schumi" gefeiert worden war, drei Monate später aber in einem Nachtest positiv auf die Epo-Substanz CERA getestet und deswegen nachträglich disqualifiziert und vom Radsportverband für zwei Jahre gesperrt worden war, war angeklagt, durch sein Gedoptsein während der Ausübung seines Profisports in den drei Monaten zwischen der Tour und dem Test um drei Monatsgehälter – insgesamt rund 150.000 EUR – betrogen zu haben.

I. Zur Themenstellung

Konnte es mir in früheren Vorträgen zur Strafbarkeit wegen Dopings im Sport nur darum gehen aufzuzeigen, welche strafrechtlichen Konsequenzen aus dem Vorgang des Dopens vor oder während eines sportlichen Wettkampfs resultieren können,[1] so erlaubte mir der angelaufene Strafprozess gegen Stefan Schumacher angesichts seiner bereits abzusehenden „Dramaturgie" erstmals einen Kommentar zu der Frage, ob und ggf. auf welche Weise das staatliche Strafrecht in seiner Durchsetzung in einem Strafprozess in der Lage ist, einen als solchen inzwischen in objektiver wie subjektiver Hinsicht feststehenden und von den Verbandsorganen mit der Sperre auch bereits verbandsintern abschließend geahndeten Dopingfall zu erfassen. Umgekehrt formuliert: Gerade der Wechsel bei den Einlassungen Schumachers von jahrelangem Bestreiten des Dopingvorwurfs

1 Vgl. nur *Heger*, JA 2003, S. 76 ff. m.w.N. – Umfassend zur Betrugsstrafbarkeit bei Doping im Sport *Cherkeh*, Betrug (§ 263 StGB), verübt durch Doping im Sport, 2000, und *ders./Momsen*, NJW 2001, S. 1748 ff.

hin zu dessen Bekenntnis in einem SPIEGEL-Interview[2] vor Prozessbeginn führte nach Auffassung von Prozessbeobachtern dazu, dass er – wiewohl nunmehr unbestreitbar ein vorsätzlicher Doper im Sport – von dem daran angeknüpften strafrechtlichen Vorwurf des Betrugs freigesprochen werden dürfte. Ein solches, der Öffentlichkeit kaum vermittelbares Ergebnis – wie es schließlich Realität werden sollte – verdeutlicht, dass es in der Praxis nicht nur des Radsports für eine strafrechtliche Sanktion von Doping als Betrug in Zukunft vielleicht weniger darauf ankommt, ob man dem Gedopten vorsätzliches Doping vorwerfen kann, als vielmehr auf die Umstände, in denen dieses stattgefunden hat.

II. Zur verbandsrechtlichen Seite

Stefan Schumacher wurde von den zuständigen Instanzen der sportinternen Schiedsgerichtsbarkeit angesichts des positiven Dopingbefunds im Einklang mit den Verfahrensordnungen der Sportverbände zu einer Verbandsstrafe in Form der zweijährigen Sperre verurteilt, die er vor Beginn des Strafprozesses bereits abgesessen hatte. Da Doping die für den Wettkampfsport zwingende Grundlage der Chancengleichheit aller Wettbewerber irreparabel zerstört, genügt für eine Disqualifikation und nachfolgende Sperre das Vorliegen eines positiven Befundes hinsichtlich verbotener Substanzen – wie hier EPO – in der A- und B-Probe. Weil die Sperre als Verbandsstrafe eine repressive Sanktion des Verbandes gegenüber seinem Mitglied – dem Sportler – darstellt, genügt hierfür – anders als für die Disqualifikation im laufenden Wettbewerb und für eine präventive Schutzsperre des Sportlers wegen unnormaler Blutwerte vor dem Wettkampf – nicht allein das Vorliegen des objektiven Befundes. Das dadurch objektiv belegte Doping muss vielmehr auch schuldhaft, d. h. in irgendeiner Weise vorwerfbar geschehen sein.[3] Die früher im Sportrecht praktizierte verschuldenslose Sperrung aufgrund sog. strict liability gilt heute auch auf internationaler Ebene nicht mehr als zulässig. Weil allerdings ein Sportler grundsätzlich für das verantwortlich ist, was er seinem Körper antut, spricht der positive Dopingbefund regelmäßig dafür, dass das was im Körper drin ist dorthin nicht durch Gottes Fügung gelangt ist, sondern vielmehr vom Sportler, der von den Sportverbänden zur strikten Beachtung der Dopingregeln verpflichtet ist, unter Außerachtlassung der dadurch gebotenen strikten Sorgfalt und damit im Rechtssinne fahrlässig erfolgt ist. Deshalb kann

---

2 Vgl. http://www.spiegel.de/sport/sonst/radsport-stefan-schumacher-gesteht-jahrelanges-doping-a-891458.html (zuletzt abgerufen am 23.6.2015).

3 Zu dem Verbandssanktionen wegen Dopings im Sport grundlegend *Adolphsen*, Internationale Dopingstrafen, 2003, und *Petri*, Die Dopingsanktion, 2004.

sich ein Sportler nicht damit herausreden, er habe nicht gewusst, was in via Internet bezogenen Nahrungsergänzungsmitteln so alles drin stecke; vielmehr hätte er sich entweder darüber kundig machen oder im Zweifel auf deren Verzehr verzichten müssen. Diese Vermutung von Fahrlässigkeit nennt am Anscheinsbeweis; den Anschein von Fahrlässigkeit kann der Sportler dadurch erschüttern, dass er dartut, in seinem konkreten Einzelfall spreche das objektive Gedoptsein nicht für sein Verschulden.[4]

Als Beispiel hierfür mag man den deutschen Tischtennisspieler Ochtscharov nennen, dem während eines Turniers in China objektiv nachgewiesen wurde, dass er Clenbuterol – ein verbotenes Kälbermastmittel – in sich aufgenommen hatte, das immer wieder auch als Dopingmittel Verwendung gefunden hatte. Da aber belegt werden konnte, dass auch andere Personen, die in dem gleichen Hotel zur gleichen Zeit gegessen hatten, ebenfalls Spuren von Clenbuterol aufgewiesen haben, sprach viel dafür, dass – was auch bekannt ist – dieses Mittel in China noch als Mastbeschleuniger eingesetzt und deshalb über das Fleisch aufgenommen worden ist.

Neben solchen Verbandsstrafen sind im Einzelfall auch staatliche Kriminalstrafen möglich, wenn und soweit die Voraussetzungen der Straftatbestände des deutschen Kern- und Nebenstrafrechts erfüllt sind, d. h. namentlich einzelner Deliktsgruppe des StGB, des AMG oder des BtMG.[5] Festzuhalten ist vorab, dass nach ganz herrschender Auffassung – und dies belegt ja auch der laufende Prozess – aus dem Vorliegen einer Verbandsstrafe kein Doppelbestrafungsverbot dergestalt resultieren kann, dass deswegen eine Strafverfolgung durch die staatliche Justiz nicht mehr möglich wäre. Der Weg zur Strafjustiz ist damit nach einem positiven Dopingbefund und unabhängig von der Sanktionierung durch die Sportgerichte grundsätzlich zwar offen, doch müssen diese die Voraussetzungen der jeweils in Rede stehenden Straftatbestände in objektiver und subjektiver Hinsicht eigenständig prüfen.

III. Zum Fall Schumacher

Schumacher bestritt zunächst jedes bewusste Doping und machte Verfahrensfehler für den positiven Befund verantwortlich. Weil aber nach den Verbandsregeln eine Disqualifikation bereits bei jedem positiven Befund erfolgt und das für eine damals normale Zwei-Jahres-Sperre bei Ersttätern erforderliche Verschulden im

4 Dazu näher *Merget*, Beweisführung in Sportverfahren am Beispiel des direkten und indirekten Dopingnachweises, 2015, S. 183 ff.

5 Grundlegend zu strafrechtlichen Sanktionen im Sport *Schild*, Sportstrafrecht, 2002.

Wege des Anscheinsbeweises ebenfalls aus dem Vorliegen des positiven Dopingbefundes gefolgert werden kann, wenn nicht ausnahmsweise besondere Umstände gegen ein Verschulden sprechen, und weil schließlich aus Sicht der Sportrichter auch die Verfahrensvorschriften eingehalten worden waren, wurde die Sperre durch den CAS, den internationalen Sportschiedsgerichtshof in Lausanne bestätigt.

Für eine Strafbarkeit wegen Betrugs nach deutschem Kriminalrecht würde freilich ein solcher Anscheinsbeweis nicht ausreichen. Neben dem positiven Dopingbefund wäre der Nachweis erforderlich, dass Schumacher bewusst die Dopingsubstanzen zu sich genommen hat, denn strafbar ist in Deutschland nur der vorsätzliche Betrug. Und von einer vorsätzlichen Täuschung seines Arbeitgebers kann eben nur die Rede sein, wenn der Sportler bewusst seine arbeitsrechtliche Verpflichtung zur Einhaltung der Dopingverbote missachtet hat.

Dass Schuhmacher bewusst gedopt hat, ergab sich im Prozess dann nicht mehr nur aus den positiven Testergebnissen, hatte er doch kurz vor Prozessbeginn auch angesichts einer neuen Verteidigungsstrategie im SPIEGEL eine umfassende Beichte abgelegt, der dann zu Beginn der Hauptverhandlung vor dem LG Stuttgart ein förmliches Geständnis folgen sollte. Angesichts der Zustände im (Profi-)Radsport in den letzten Jahrzehnten – am spektakulärsten war wohl der 2012 aufgedeckte Fall „Armstrong" – verwunderte es die interessierte Öffentlichkeit nicht mehr wirklich, dass auch dieser talentierte Radprofi seinem Erfolg mit unerlaubten Mitteln nachgeholfen hat, tat das doch damals wohl immer noch ein erheblicher Teil der erfolgreichen Pedaleure. Neben dem Lance Armstrong (1999–2006) sind unter anderem auch die Tour-Sieger Bjarne Riis (1996), Jan Ulrich (1997), Marko Pantani (1998), Floyd Landis (2006) und Alberto Contador (2009) im Verlauf ihrer Karriere des Dopings überführt und gesperrt worden; diese Liste ließe sich wahrscheinlich beliebig fortsetzen.

Als Schumacher 2008 des EPO-Dopings überführt wurde, horchte gleichwohl die deutsche Öffentlichkeit auf, galt doch bis dahin das von dem früheren Gymnasiallehrer Michael Holczer Anfang der 1990er Jahre gegründete und in die Weltspitze geführte Team „Gerolsteiner" als vielleicht einziger Hort der Doping-Gegner. Dass dem nicht so war und auch dort nicht nur Mineralwasser konsumiert wurde, zeigte auch der Dopingfall des Österreichers Bernhard Kohl. Gleichwohl hat sich vor allem Holczer noch nach dem Untergang seines Teams im Strudel dieser Dopingfälle als strikter Gegner von Doping im Radsport stilisiert. Vor diesem Hintergrund ist die Aussage von Schumacher in seinem SPIEGEL-Interview von besonderer Bedeutung, nirgends wäre Doping im Radsport so einfach gewesen wie im Team „Gerolsteiner", in dessen Bus verbotene Substanzen und vom Teamarzt gefälschte Rezepte frei herumgelegen haben sollen, ja das Ganze den

Charakter einer „Apotheke mit Selbstbedienung" gehabt habe, weshalb auch der Teamchef – eben Michael Holczer – Bescheid gewusst haben müsse. Dieser bestritt im Verfahren freilich jede Kenntnis.

Hätte er tatsächlich von den Dopingpraktiken seiner Spitzenradler gewusst, hätten diese ihn nicht dadurch täuschen und betrügen können, dass sie vorgaben, nicht gedopt zu haben. Deshalb musste das Wissen oder Nichtwissen des Teamchefs als des Arbeitgebers von entscheidender Bedeutung für den Ausgang des Strafprozesses gegen Schumacher wegen Betrugs sein. Hat er Holczer vor Zahlung des Gehalts nicht getäuscht, weil dieser von seinem Doping gewusst hat, kann von einem strafbaren Betrug ihm gegenüber keine Rede sein.

Sicherlich kann man es sich nicht so einfach machen zu sagen, dass in der damaligen Ära Doping im Profiradsport offenbar so verbreitet gewesen war – man denke nur an das System Armstrong, das Netz um den spanischen Doping-Arzt Fuentes und die bereits 2007 aufgedeckten Skandale um das zweite deutsche Radsportteam „Telekom" –, dass jeder halbwegs kenntnisreiche Insider – und dazu wird man Holczer zählen müssen – notwendig davon ausgegangen sein musste, auch in seinem erfolgreichen Team sei Doping „Gang und Gäbe". Zwar mag damals mit dem Peloton stets der Generalverdacht flächenmäßigen Dopings mitgefahren sein, doch können die bekannt gewordenen Einzelfälle eine solche Breite nicht unbedingt beweisen. Sicherlich mag man Holczer – sollte er im Juli 2008 wirklich von einer Sauberkeit zumindest seiner Pedaleure überzeugt gewesen sein – Leichtgläubigkeit, ja Naivität nicht absprechen können. Es ist aber weitgehend anerkannt, dass der Betrugstatbestand gerade auch Leichtgläubige vor wenig glaubhaften Täuschungen schützt, die der Normalsterbliche unschwer durchschauen würde.[6] Dieses Privileg hätte auch hier gelten müssen, wenn sich erwiesen hätte, dass Holczer trotz seiner Aktivitäten im Radsport in Sachen Doping seiner Radprofis wirklich gutgläubig gewesen sein sollte.

Anders war die Rechtslage freilich, als das LG Stuttgart nach der Beweisaufnahme ernsthafte Zweifel hegte, ob Holczer – der seine Mitwisserschaft an den Dopingpraktiken in seinem Team in der Zeugenvernehmung in Abrede gestellt hatte – die ganze Wahrheit gesagt hat. Angesichts des Grundsatzes in dubio pro reo müsste das Gericht in seinem Urteil die für den Angeklagten günstigere der beiden Alternativen – entweder Holczer wusste von Doping im Team oder nicht – zugrunde legen. Hätte er aber solches Wissen gehabt, wäre er nicht das Opfer einer Täuschung derjenigen Fahrer gewesen, die im Team gedopt hätten. Dann wäre Schumacher trotz des inzwischen eingestandenen Dopings kein Betrüger im

---

6 *Lackner/Kühl*, StGB-Kommentar, 28. Aufl. 2014, § 263 Rdnr. 18.

strafrechtlichen Sinne; schon von einer Täuschung des Teamchefs zu sprechen, fiele schwer, die Bejahung eines Irrtums in dessen Person erschiene ausgeschlossen. Dass Schumacher die Öffentlichkeit und vielleicht auch Funktionäre und Konkurrenten getäuscht haben könnte, ist für die Betrugsstrafbarkeit regelmäßig ohne Belang. Im umgangssprachlichen Sinne mag man zwar daher von ihm als einem Betrüger im Radsport reden; ein Schuldspruch wegen Betrugs i.S. von § 263 StGB war demgegenüber ausgeschlossen, eben weil diese Verstöße gegen die Sportregeln nicht zu einem Irrtum bei der Teamleitung geführt haben können.

IV. Das strafrechtliche Umfeld

Diese Situation verdeutlicht die Möglichkeiten und Grenzen einer Strafverfolgung bewusster Dopingvergehen im Spitzen- und Profisport. So ist zwar seit 1998 nach §§ 6a, 95 AMG Doping im Sport verboten und dieses Verbot auch insoweit strafbewehrt, als es diejenigen Personen im Umfeld des gedopten Sportlers erfasst.[7] Strafbar ist der Arzt oder ein Betreuer, wenn er beim Sportler Medikamente mit Dopingsubstanzen zum Einsatz bringt. Das betrifft aber gerade nicht den gedopten Sportler. Strafbar ist seit wenigen Jahren ebenfalls, wenn jemand Dopingmedikamente in nicht geringen Mengen erwirbt oder besitzt. Das kann zwar auch der selbst dopende Sportler sein; das ist insbesondere der Fall, wenn ein Sportler zugleich als Dealer der Dopingmedikamente agiert. In diese Richtung ging auch zunächst der Verdacht der Ermittler nach Bekanntwerden der positiven Dopingproben von Schumacher; wenn es aber so war, wie es Schumacher dem SPIEGEL und dann auch dem LG gesagt hat, dass die Dopingmittel im Teambus für jeden Fahrer griffbereit herumgelegen haben und man nur zuzugreifen brauchte, hat eben nicht der einzelne Sportler, sondern das Team bzw. dessen Leiter die fraglichen Substanzen in nicht geringen Mengen im Besitz. Soweit sich der Sportler nur eine Einzeldosis daraus entnimmt, hat er maximal eine geringe Menge in Besitz; konsumiert der diese sofort nach der Entnahme, besitzt er überhaupt nichts.

Schließlich können die Risiken und Nebenwirkung von Doping zu einer Verletzung des gedopten Sportlers führen; dann käme eine Strafbarkeit wegen Körperverletzung in Betracht (§§ 223 ff. StGB).[8] Dass Doping im Sport für die Gesundheit des Dopenden gefährlich sein kann, zeigt sich in einer Vielzahl von Krankheiten bei Sportlern, die mit der Einnahme von Dopingsubstanzen in Verbindung gebracht

---

7 Vgl. nur *Heger*, Sp*u*rt 2001, S. 92 ff.

8 Dazu *Heger*, JA 2003, S. 76 ff. m.w.N.

werden.[9] Die teilweise extrem schweren Nebenfolgen des früher sehr verbreiteten Anabolika-Dopings wurden vor allem in dem Prozess vor dem LG Berlin gegen in der DDR tätige Funktionäre und Trainer aktenkundig und reichten bis hin zu einer Virilisierung von Sportlerinnen.[10] In Extremfällen führte Doping sogar zum Tode des Sportlers; so ist die Siebenkämpferin Birgit Dressel 1987 an einem Medikamentencocktail verstorben. Unabhängig davon, ob aber vorliegend bei Schumacher irgendwelche Nebenwirkungen seines EPO-Dopings bekannt geworden sind, steht in jedem Fall fest, dass als Täter einer strafbaren Körperverletzung (§§ 223 ff. StGB) nur ein Außenstehender, der die Dopingsubstanz verabreicht, in Betracht kommen kann (z.B. Arzt, Masseur), nicht aber der gedopte Sportler selbst. Die Selbstverletzung erfüllt den Tatbestand einer Körperverletzung nicht.

Im Einzelfall könnte zwar auch eine Strafbarkeit nach dem BtMG in Betracht kommen, weil einige Dopingsubstanzen zugleich harte oder weiche Drogen darstellen – beispielhaft hierfür ist die einzige positive Dopingprobe von Jan Ullrich, die auf dem Nachweis einer Partydroge beruhte –, doch setzt dies einerseits voraus, dass EPO auch als Betäubungsmittel zu qualifizieren wäre, was nicht der Fall ist. Überdies ist auch hier nur der Besitz, nicht der Konsum strafbar.

Es bleibt bislang – inzwischen liegt ein Entwurf der Bundesregierung für ein Anti-Doping-Gesetz vor, welches auch staatliche Kriminalstrafen für den sich selbst dopenden Spitzensportler vorsieht[11] – mithin einzig der hier von der Staatsanwaltschaft erhobene Betrugsvorwurf, dem ich mich jetzt näher zuwenden möchte. Während landläufig der Begriff des Betrugs alle Arten vorsätzlicher Täuschungen erfassen kann, weshalb man im allgemeinen Sprachgebrauch etwa auch das Opfer eines Ehebruchs als „betrogen“ tituliert, dient der strafrechtliche Betrugstatbestand nur dem Schutz des Vermögens[12] und schützt die Vermögensinhaber vor Schäden, die sie durch täuschungs- und irrtumsbedingte Verfügungen erleiden. Grundlage jedes strafbaren Betrugs ist damit eine Täuschung durch den Täter die beim Opfer zu einem Irrtum führen muss; durchschaut das potenzielle Opfer die Täuschung, ist es nicht betrogen. Das gilt erst recht, wenn nur nach außen hin die Fassade eines Betrugs aufgebaut wird, etwa um durch den Schein eines Betrugs andere – etwa Versicherungen – zu unberechtigten Zahlungen zu veranlassen. Betrogen wäre dann aber die Versicherung, sofern sie das böse Spiel

---

9 Vgl. nur die Zusammenstellung bei *Fiedler*, Das Doping minderjähriger Sportler, 2014, S. 26 ff.

10 Dazu umfassend *Ulmen*, Pharmakologische Manipulationen (Doping) im Leistungssport der DDR, 2000.

11 BT-Drucks. 18/4898.

12 Vgl. nur *Lackner/Kühl*, StGB-Kommentar, § 263 Rdnr. 2.

nicht durchschaut. Hätte das LG Stuttgart eine Gutgläubigkeit des „Gerolsteiner"-Teamchefs bejaht, wären Täuschung wie auch Irrtum gegeben gewesen. Aufgrund dieses täuschungsbedingten Irrtums hätte das Team „Gerolsteiner" auch noch nach Beginn des Dopings an Schumacher das Gehalt für dessen Radfahrten bezahlt hat. Damit liegt eine Vermögensverfügung vor, die auch zu einem Vermögensschaden geführt hat, denn hätte „Gerolsteiner" – Holczer Gutgläubigkeit unterstellt – Kenntnis von den Dopingpraktiken im Team gehabt, hätte es – das ist die offizielle Version – den Fahrern ihr Gehalt nicht weiterbezahlt; die vereinbarungswidrige Weiterzahlung des Gehalts an Schumacher in Höhe von insgesamt 150.000 EUR stellt mithin den Betrugsschaden dar.

Schließlich setzt eine Betrugsstrafbarkeit vorsätzliches Handeln des Betrügers voraus; dass Schumacher bewusst und in Kenntnis einer dies eigentlich verbietenden Vereinbarung mit seinem Rennstall verbotene Dopingmittel zu sich genommen hat, steht außer Frage; von einem Täuschungsvorsatz könnte man aber nur reden, wenn er davon ausgegangen ist, dass sein Gegenüber keine Kenntnis von diesem Doping hatte.

V. Ein Präzedenzfall

Der schließlich mit einem Freispruch beendete Fall „Schumacher" war auch prozessual interessant. Das zeigt schon die Vorgeschichte, denn ursprünglich wollte das LG Stuttgart die von der Staatsanwaltschaft vorbereitete Betrugsanklage gegen Schumacher nicht zur Hauptverhandlung zulassen. Erst auf Beschwerde der Staatsanwaltschaft verpflichtete das OLG Stuttgart das LG zur Eröffnung des Hauptverfahrens.[13] Diese Unsicherheit mochte auch daher rühren, dass es sich um den ersten Doping-Betrugsfall in Deutschland handelte. Die ebenfalls unter dem Gesichtspunkt eines Betrugs geführten Ermittlungen gegen Jan Ullrich im Zuge der Fuentes-Affäre wurden schließlich gegen Zahlung einer erheblichen Geldauflage gemäß § 153a StPO eingestellt.

Mit dem Ausgang des Schumacher-Prozesses sind interessante Erwartungen verknüpft worden. Ein Schuldspruch wegen Betrugs hätte als Indiz dafür gewertet werden können, dass es im geltenden Strafrecht effektive Instrumente gegen Doping im Sport gebe. Umgekehrt zeigte der Freispruch die Grenzen bisheriger Doping-Strafbarkeit auf. Deswegen erwarteten die Gerichtsbeobachter, dass von einem Freispruch Druck auf den Gesetzgeber ausgehen dürfte, erneut über Strafnormen gegen eigenverantwortliches Doping im Sport durch den Sportler selbst

---

13 OLG Stuttgart, Sp*u*Rt 2012, S. 74.

nachzudenken. Eine hitzige politische Diskussion darüber gibt es in Deutschland schon seit 15 Jahren; auch gibt es in anderen europäischen Ländern bereits eigene Kriminalstrafnormen gegen Sportbetrug; Vorreiter ist hierbei vor allem Italien.[14]

VI. Zum Vorschlag eines Anti-Doping-Gesetzes

Deshalb soll nunmehr der Fokus auf die Frage gerichtet werden, ob es sich empfiehlt – wie von der Bundesregierung vorgeschlagen –, das deutsche Strafrecht um Strafnormen gegen den sich selbst im sportlichen Wettkampf dopenden Athleten zu erweitern. Die obige Übersicht über derzeit anwendbare Strafnormen gegen Doping im Sport betriff regelmäßig – mit Ausnahme des Betrugstatbestandes – nur das Umfeld des Sportlers bzw. Aktivitäten, die über den Eigenkonsum hinausgehen. Selbstdoping als solches ist damit vom staatlichen Strafrecht bis heute nicht erfasst. Und das war über Jahrzehnte eine bewusste Entscheidung des Strafgesetzgebers, denn auch in den meisten anderen Konstellationen ist die Selbstverletzung oder Selbstschädigung regelmäßig nur strafbar, wenn zugleich – wie eben bei einem Betrug – dadurch (z.B. Vermögens-)Rechte oder Pflichten (wie bei der Verstümmelung zur Entziehung der Wehrpflicht) gegenüber Dritten verletzt worden sind.[15]

1. Strafbedürftigkeit

Trotz des zu Tage getretene partiellen Versagens der Sportverbandsgerichtsbarkeit bei der Dopingbekämpfung mag man streiten, ob die Erstreckung der Strafnormen auch auf den Bereich des Selbst-Dopings in dem Sinne effektiver als die bisherige Rechtslage erscheint, dass es weniger Dopingfälle gibt. Dagegen wird häufig eingewandt, die von den Verbänden verhängten Dopingsanktionen wirkten sich für den betroffenen Sportler zumeist massiver aus als staatliche (Kriminal-)Strafen.[16] Dies mag bei einem Vergleich zwischen einer mehrjährigen Wettkampf-Sperre und einer Geld- oder Bewährungsstrafe auch der Fall sein, doch geht es bei der Forderung nach staatlichen Strafvorschriften nicht um ein Entweder/Oder, sondern um eine Ergänzung der nur teilweise für ausreichend erachteten verbandsrechtlichen Dopingsanktionen. Da kein „Strafklageverbrauch" durch die eine oder

14 Dazu *Ferragina*, Betrügereien im Profifußball in Deutschland und Italien, 2012, S. 169 ff.

15 Die folgenden Ausführungen beruhen auf meinem Beitrag in: Sp*u*Rt 2007, S. 153 ff. m.w.N.

16 So z. B. *Vieweg*, Sp*u*Rt 2004, S. 194, 196.

andere Sanktionsart angenommen werden kann,[17] könnten vorsätzlich begangene Doping-Verstöße neben der Verbandsstrafe auch mit der gerade einer Kriminalstrafe inne wohnenden sozial-ethischen Missbilligung belegt werden.

2. Strafwürdigkeit

Nach dem Rechtsgutsprinzip gilt ein Straftatbestand nur als legitim, wenn er ein anerkanntes Rechtsgut schützt. Da § 95 AMG dem Gesundheitsschutz des Sportlers dient, lässt sich selbst bei der verbotenen Einnahme von Medikamenten zum Zwecke der Leistungssteigerung im Sport keine Strafbarkeit begründen. Weil die strafrechtlich zu schützenden Rechtsgüter nicht um ihrer selbst willen begründet sind, sondern freiheitsfunktional der Freiheitsentfaltung der Menschen dienen sollen, verbietet sich die Erhebung einer bloßen Selbstverletzung zum Rechtsgut. Jeder Mensch – auch ein Sportler – hat die Freiheit, mit sich selbst machen zu können, was ihm beliebt, solange er nicht die Freiheitsausübung anderer Menschen tangiert.[18] Das heißt aber nicht, dass er in dem durch seine Freiheitsausübung geschaffenen Zustand des Dopings an einem Wettkampf teilnehmen darf, dessen Regeln die Teilnahme gedopter Sportler ausschließen. Vielmehr ist nur festzuhalten, dass allein die im Doping zu Zwecken der körperlichen Ertüchtigung liegende Selbstverletzung als solche keine Grundlage für eine legitimierbare Strafnorm abgibt.

Anknüpfend an die Teilnahme im Wettkampf sieht dies aber anders aus, ist der sportlicher Wettkampf doch kein ungeregeltes Nebeneinander „tobender Jungs", sondern eine nach für alle gleichermaßen geltenden Regeln geführte Auseinandersetzung gegeneinander.[19] Wer in seiner Person oder durch sein Verhalten die Regeln nicht erfüllt, kann – unabhängig von seinem Verschulden – nicht an dieser Auseinandersetzung teilnehmen, weil dadurch deren elementare Grundlage – die Gleichheit der Wettkampfregeln für alle – nicht erfüllt wäre. Die Disqualifikation eines im Wettkampf gedopten Sportlers ist daher keine echte (Verbands-)Strafe, sondern stellt lediglich sicher, dass nur regelkonform agierende Wettkämpfer bei den Platzierungen berücksichtigt werden.

Wer sich zu einem Wettkampf anmeldet, muss auf diese gleichmäßige Einhaltung der Regeln durch alle zielen.[20] Wenn die Einhaltung der Regeln durch die Wett-

---

17 So *Fahl*, Sp*u*Rt 2001, S. 181 ff. und *Reschke*, Sp*u*Rt 2001, S. 183 f. gegen *Reinhart*, Sp*u*Rt 2001, S. 45 ff. und 184 f.

18 Vgl. *Köhler*, Strafrecht Allgemeiner Teil, 1997, S. 255.

19 Vgl. nur *Schild*, Sportstrafrecht, S. 25 m.w.N.

20 Deshalb ist der Boxer eben kein „gemeiner Schläger" (dazu *Herzog*, GA 2006, S. 678 ff.).

kämpfer erst den Charakter eines sportlichen Wettkampfs begründet, muss es zumindest normativ betrachtet notwendiger Wille aller Teilnehmer sein, sich den für den konkreten Wettkampf gesetzten Regularien zu unterwerfen. Der Wille, bewusst regelwidrig anzutreten, wäre gegenüber der im Antreten liegenden ausdrücklichen Anerkennung der Wettkampfregeln als Grundvoraussetzung des Wettkampfes ein unbeachtlicher innerer Vorbehalt. Geschütztes Rechtsgut einer Anti-Doping-Strafnorm kann daher weder die Gesundheit des gedopten Sportlers oder seiner Konkurrenten noch deren Vermögen sein; in Betracht kommt vielmehr nur der sportliche Wettbewerb als durch die Wettkampfregeln konstituierte Institution.

Nun ist Sport nicht gleich Wettkampf und setzt nicht – wie dieser – notwendig die Einhaltung von Regeln voraus. Mangels Regularium ist der Sport als solcher keine normierbare Institution, der Schutz sportlicher Betätigung mithin kein taugliches Rechtsgut. Der Sport lebt aber vom und für den Wettkampf, von Regeln des Mit- und Gegeneinanders. Erst die Regelhaftigkeit der Leistungserbringung ermöglicht den für den sportlichen Vergleich erforderlichen Maßstab. Die sportliche Betätigung ist ein Faktum, der sportliche Wettbewerb dessen institutioneller Kern. Wenn aber einerseits der geregelte Sport wesentliche Funktionen für die Gesellschaft erbringt, andererseits aber erst die Wettkampfregeln dessen notwendigen Kern ausmachen, erscheint eine Qualifizierung des sportlichen Wettkampfes als institutionelles Rechtsgut nahe liegend.

Dieser Rechtsgutscharakter erfasst den Wettkampf nur, soweit dieser durch Sportregeln konkretisiert ist. Allgemeine Aspekte des Sportethos bilden als bloß moralische Gebote keine Rechtspflichten;[21] die Fairness ist nur Teil der Wettkampfregeln, soweit sie in konkreten Gleichheitsgeboten Niederschlag gefunden hat, nicht aber als bloß ethisches Postulat, wonach ein Sportler etwa ein fairer Verlierer sein soll. Als Rechtsgut eines Anti-Doping-Straftatbestandes wäre damit der sportliche Wettkampf als Institution anzusehen. Selbstdoping mit Wettkampfbezug ist damit mehr als eine bloße Selbstschädigung wie etwa die Zusichnahme illegaler Drogen – schon deswegen hinkt der immer wieder bemühte Vergleich einer Doping-Strafnorm mit dem BtMG.

VII. Fazit

Daraus ergibt sich einerseits eine Legitimierbarkeit von Strafvorschriften gegen Sportbetrug; andererseits folgen aber auch Grenzen einer Strafwürdigkeit. Nicht

---

21 Vgl. dazu *Franke* (Hrsg.), Ethik im Sport, 2011; *Ückert/Mues/Joch* (Hrsg.), Ethische Aspekte des Sports, 2015. Zu den rechtlichen Konsequenzen jüngst *Schild*, in: *Albrecht u.a.* (Hrsg.), Festschrift für Walter Kargl zum 70. Geburtstag, 2015, S. 507 ff.

strafbar sein sollte danach Selbstdoping außerhalb des Wettkampfbezuges, während es für die strafrechtliche Beurteilung von Doping mit Wettkampfbezug nicht darauf ankommen kann, ob die Einnahme der Dopingsubstanz vor oder während des Wettkampfes erfolgt, soweit sie nur zu einer Manipulation der Leistungsfähigkeit im Wettkampf führt; auch ist ein Bezug zu Vermögensinteressen von Konkurrenten, Veranstaltern oder Sponsoren irrelevant. Hätte es eine Vorschrift wie den vorgeschlagenen Straftatbestand gegen Selbstdoping im Spitzensport bereits 2008 gegeben, wäre die Strafbarkeit von Stefan Schumacher nicht davon abhängig gewesen, ob sein Teamchef nachweislich gutgläubig war oder nicht.

Heinz Verfürth

1933 – Vergangenheit oder Zukunft? Vom Wert der Erinnerungskultur

Braunes Zwischenspiel: Wider den undeutschen Geist

Der Kalender fügt es, dass in wenigen Tagen an ein historisch heikles, weil schmähliches Datum erinnert wird: Am 10. Mai vor 80 Jahren kam es auf dem Berliner Opernplatz – dem heutigen Bebel-Platz – sowie in vielen anderen deutschen Universitätsstädten zu jenen Bücherverbrennungen, die im geistig-kulturellen Leben dieses Landes eine beschämende Zäsur markierten. In den späten Abendstunden dieses Tages wurden die Werke von 131 Autoren, die vorher von fanatisierten nationalsozialistischen Studenten bei einer „Aktion wider den undeutschen Geist" auf einen Index gesetzt und an Schandpfählen diffamiert worden waren, öffentlich ins Feuer geworfen.

„Ich übergeben der Flamme die Werke von ….", so schallte es vielerorts über die Plätze, und dann folgten bekannte Namen: Natürlich Karl Marx und Karl Kautsky, Bertha von Suttner und Magnus Hirschfeld, Kurt Tucholsky und Carl von Ossietzky, die die Nazis schon immer zu ihren Feinden zählten. Aber auch Erich Maria Remarque, Thomas Mann, Joseph Roth, Heinrich Mann, Irmgard Keun, Alfred Döblin, Theodor Wolff, Egon Erwin Kisch, Anna Seghers, Erich Kästner, Joachim Ringelnatz, Vicky Baum, Stefan Zweig, Oskar Maria Graf, Erich Toller……die Crème de la Crème deutscher Literatur jener Jahrzehnte.

„Die Stimmung erinnert an ein Volksfest, mit Würstchenverkauf und Freude am Feuer in der Dunkelheit. Was war das für eine Nacht, in der im Deutschen Reich die Bücher brannten?", so hieß es damals begeistert in einer Rundfunkreportage über das Ereignis auf dem Berliner Opernplatz.

Es gab allerdings auch Zeitgenossen, die es anders sahen. So notierte der polnische Publizist Antoni Graf Sobanski, gerade zu Besuch in Berlin, angesichts der lodernden Szenerie: „In diesem Augenblick stieg in mir ein unbeschreibliches Gefühl auf. Große Traurigkeit ergriff mein Herz und ließ meine Tränen fließen. Ich trauere um die Bücher als sterbende Gegenstände; ich trauere um das Volk, das diese Schande auf sich lud. Ich bin beschämt darüber, als gaffender Ausländer Zeuge dieser <*Familienschande*> gewesen zu sein."

In der Sprache der Nazis lautete dies allerdings anders. In der schon zitierten Rundfunkreportage hieß es weiter: „Im Land herrschte Aufbruchstimmung, ein neuer Geist. Eine neue Gemeinschaft sollte entstehen, und um dies entstehen zu lassen, musste zunächst einmal der Teil, der nicht dazugehören sollte, aussortiert werden – für alle sichtbar, leuchtend in der Nacht."

Joseph Goebbels, seit knapp zwei Monaten Propagandaminister, verkündete zur mitternächtlichen Stunde in seiner „Feuerrede" – so bezeichnet von der eigenen Behörde – das „Ende des Zeitalters eines überspitzten jüdischen Intellektualismus" und den „Durchbruch der deutschen Revolution". Goebbels hatte die Aktion der Studentenschaft zunächst skeptisch beurteilt. Doch angesichts der Flammen auf dem Opernplatz trumpfte er auf: „Als am 30. Januar dieses Jahres die nationalsozialistische Bewegung die Macht eroberte, da konnten wir noch nicht wissen, daß so schnell und so radikal in Deutschland aufgeräumt werden konnte."

Eine Kulturnation, die sich gern das Land der Dichter und Denker tituliert: Gegen diesen Akt der Barbarei am 10. Mai 1933 erhob sich kein großer Protest, nicht bei den Studenten, auch nicht bei den Professoren. Der englische Historiker Ian Kershaw, einer der besten Kenner der Zeit des Nationalsozialismus, nennt die Bücherverbrennungen den „symbolischen Augenblick der Kapitulation deutscher Intellektueller vor dem <*neuen Geist*> von 1933." Und er zitiert, wie auch viele andere, die böse Prophezeiung von Heinrich Heine: „Dort, wo man Bücher verbrennt, verbrennt man auch am Ende Menschen." Wie sich diese frühe Ahnung im Nazireich grausam erfüllte, das wissen wir alle.

Wozu Geschichte?

„Es kann sein, daß Geschichte gebraucht wird, ein Bedürfnis ist", so sagt der Münchener Althistoriker Christian Meier. Und weiter: „Zum Beispiel als Ansporn, sie fortzusetzen in eine bessere Zukunft hinein. Sie kann die Identität von Gesellschaften bestimmen."

1933 – Vergangenheit oder Zukunft? Das Thema des Vortrages, vielleicht etwas provokant wirkend, ist im Sinne Meiers gewählt. 80 Jahre später: Sind die Ereignisse von 1933 nicht schon ganz ferne Vergangenheit? Kann uns die Geschichte von damals heute noch etwas sagen? Trägt sie noch zur Identitätsbildung bei?

Der 30. Januar 1933

„Der 30. Januar 1933 ist eine der großen Wendepunkte der Weltgeschichte." Das ist ein gewaltiges Wort, und es stammt von dem angesehenen deutschen Historiker Heinrich August Winkler. Aus heutiger Sicht ist es wohl gerechtfertigt. Aber die damaligen Zeitgenossen hatten andere Empfindungen. „Für uns ... bestand das Erlebnis des 30. Januar 1933 tatsächlich nur in Zeitungslektüre – und den

Empfindungen, die sie auslöste", so beschreibt der scharfsinnige Beobachter Sebastian Haffner die Ernennung Adolf Hitlers zum Reichskanzler und die Bildung eines „Kabinetts der nationalen Konzentration", wie es hochtrabend hieß.

Hitler bekam die Macht im Zeichen äußerlicher Legalität übertragen, darauf hatte der greise Reichspräsident Paul von Hindenburg wert gelegt. Der Begriff von der nationalsozialistischen „Machtergreifung", der immer noch und immer wieder herumgeistert, ist daher falsch. Gewiss, Hitlers Ernennung waren politische Intrigen und Machenschaften vorausgegangen, betrieben vor allem von der „Kamarilla", einer kleinen Gruppe von Personen, denen Reichspräsident Hindenburg großes Vertrauen schenkte. Diese Gruppe bestand aus dem ehemaligen Reichskanzler Franz von Papen, dem Staatssekretär Otto Meissener und dem in der Verfassung nicht vorgesehenen Hindenburg-Sohn Oskar. Diese „Kamarilla" veranlasste den Reichspräsidenten, der lange Zeit eine tiefe Verachtung für den „böhmischen Gefreiten" hegte, schließlich der Berufung Hitlers zuzustimmen, weil er in seinem Kabinett von einer national-konservativen Mehrheit „eingerahmt" sei. Den zwei nationalsozialistischen Ministern saßen sechs Nationalkonservative gegenüber. „In sechs Wochen haben wir Hitler an die Wand gedrückt, daß es quietscht." Diese so arrogant klingende Wertung Franz von Papens, sicherlich von einer Mehrheit des konservativen Lagers geteilt, ist einer der fatalen Irrtümer des Jahres 1933.

Zur Vorgeschichte: Die Agonie von Weimar

Solche politischen Fehlschlüsse grassierten damals geradezu. Sie waren Ausdruck der Tatsache, dass sich die Weimarer Republik gegen ihr Ende mehr als erschöpft hatte. Seit 1930, also mit Bildung von Präsidialkabinetten, stellte sie konstitutionell-parlamentarisch nur noch eine Hülle dar. Die Regierungen waren nicht vom Reichstag abhängig, sondern vom Reichspräsidenten. Wichtige Entscheidungen wurden auf dem Wege von Notverordnungen durch Hindenburg erlassen. Er berief auch die Reichskanzler. Die hartnäckigen Demokratieblockaden alter Eliten und neuer Interessengruppen trugen zur konstanten Abwertung der Republik bei. Die Parteien von Weimar verstanden sich in erster Linie als Klientelvertretungen, nicht als breit aufgestellte politische Sammelbecken. Die programmatische Verengung erschwerte die Kompromissfähigkeit und damit auch übergreifende Koalitionsbildungen. Die häufigen Kabinettswechsel – insgesamt zwanzig in 13 Jahren – haben dort ihre Ursachen.

Die wirtschaftlichen und damit auch die sozialen Verhältnisse bewirkten und beschleunigten die innere Instabilität, zunächst die Inflation, dann die Wirtschaftskrise nach dem „Schwarzen Freitag" im Oktober 1929, in die auch Deutschland schlidderte. Sie ließ die Arbeitslosen zu Beginn der dreißiger Jahre rapide ansteigen, zuletzt auf über sechs Millionen. Mit 44 Prozent Arbeitslosigkeit stand Deutschland an der Weltspitze. Das Gewaltmonopol des Staates war nicht mehr garantiert. Die Kampfverbände der Parteien, die letztendlich immer häufiger gegeneinander antraten, verwandelten die Straßen in bürgerkriegsähnliche Zustände, mit blutigen Schlachten und zahllosen Toten. „Die goldenen zwanziger Jahre", diese wohl unausrottbare Legende über das Leben in der Weimarer Republik, sie sind – an den Realitäten jener Jahre gemessen – eine historische Chimäre, wenn man einmal vom Boom des Unterhaltungs-Tralala absieht.

Die „Strukturdefekte" macht besonders Karl-Dietrich Bracher für die Auflösung der Weimarer Republik verantwortlich. Der Historiker Hagen Schulze fügt noch die Mentalitäten, die Einstellungen, das Denken hinzu, durch die eine Bevölkerungsmehrheit nicht bereit war, das System von Weimar auf Dauer zu akzeptieren. Dies ist kein Gegensatz, sondern eine Ergänzung.

Zurück zum 30. Januar 1933: Natürlich Nazi-Truppen auf den Straßen, die ihre „Revolution" feierten. Spektakulär vor allem der abendliche Fackelzug der SA durch das Brandenburger Tor und über die Wilhelmstraße – vorbei an ihrem Idol Hitler, der diese Huldigung an einem Fenster der Reichskanzlei abnahm. Die Bilder dieses Fackelzuges hat die Nazi-Propaganda geradezu mythologisiert, gleichsam wie ein Emblem ihres Sieges. Das ist wohl der Grund, warum Goebbels die Szenerie weitaus pompöser nachstellen ließ.

Dennoch: Der aufmerksame Zeitgenosse Haffner kommt zwar zu dem Schluss, dass die Hitler-Regierung „eine Chance hatte, eine ganze hübsche Menge Unheil anzurichten, aber kaum eine Chance, lange zu regieren". Daher: „Nein, alles in allem genommen, war diese Regierung kein Grund zur Beunruhigung."

Die ersten Monate des Jahres 1933 zeigten ein Janusgesicht. Nicht von ungefähr hat der Historiker Hans-Ulrich Thamer seine große Abhandlung über die nationalsozialistische Epoche unter der Überschrift zusammengefasst: Verführung und Gewalt. Dieser Dualismus beschreibt recht genau die Anfangsphase von Hitlers Diktatur. Die Nazis wussten sehr wohl, dass sie Deutschland nicht von heute auf morgen im Sinne ihrer braunen Ideologie ummodeln konnten, auch wenn sie ihre Absichten und Ziele klar vor Augen hatten. Deshalb verfolgte man zunächst eine Doppelstrategie, die dem Motto „Zuckerbrot und Peitsche" nicht unähnlich ist. Man warb mit eingängigen Parolen und klingendem Spiel um die Sympathie und Gunst der Mehrheitsgesellschaft.

Die andere bereits genannte Dimension, nämlich die der Gewalt, war für das Jahr 1933 – im wahrsten Sinne des Wortes – ebenfalls durchschlagend. Terror, Verfolgung, Einschüchterung gehörten vom ersten Tag der NS-Machtausübung zum unabdingbaren und unumstößlichen Programm, eben nach dem makaberen

Spruch: „Und bist Du nicht willig, so brauch' ich Gewalt." Im Laufe dieses Jahres erfuhr die braune Hatz eine extreme blutrünstige Enthemmung, die die bürgerkriegsähnlichen Exzesse gegen Ende der Weimarer Republik bei weitem übertraf. Und dies auch meist unter Missachtung, wenn nicht gar Verachtung des staatlichen Gewaltmonopols. Begleitet zudem von einer dezionistischen Sprache, beispielsweise durch den damaligen nationalsozialistischen Kronjuristen Carl Schmitt, der den „Begriff des Politischen" in der radikalen Zuspitzung des Freund-Feind-Verhältnisses sah.

So wurden Razzien und Verfolgungen, Verhaftungen und Verschleppungen, Verhöre und Demütigungen, Misshandlungen und Quälerei, bis hin zu zahllosen Totschlags- und Morddelikten zur tagtäglichen Erscheinung, ausgeführt von einer unberechenbaren Polizei, einer von der Leine gelassenen SA und obskuren Nazi-Sonderkommandos, in denen sich bereits die Strukturen der späteren Gestapo und des SD entwickelten. Berüchtigt vor allem die „Schutzhaft"-Keller der SA, die wohl eher als die ersten „wilden" Konzentrationslager zu bezeichnen sind. Heute noch kann eines davon in der Papestraße im Berliner Bezirk Schöneberg besichtigt werden. Diese erste Verfolgungswelle, deren Codewort, wie der Historiker Andreas Wirsching bemerkt, der „Antimarxismus" war, galt den Gegnern unterschiedlicher Couleur. Natürlich standen Linke ganz oben, vor allem die Kommunisten, gefolgt von den Sozialdemokraten, aber auch Liberale und Konservative. „Gewalt war eine zentrale, von den bürgerlich-konservativen Kräften schon bald nicht mehr zu zügelnde Dimension des Jahres 1933", so Wirsching.

Ein anderer Faktor für die Etablierung der NS-Herrschaft darf nicht übergangen werden, ja er ist sogar wesenhaft für die nationalsozialistische Machausübung: das Charisma Hitlers. Wirsching sagt: „Nicht wenigen Deutschen galt Hitler als eine durch göttliche Vorsehung begnadete Person, die zur Rettung der Deutschen berufen worden war und entsprechende Verehrung verdiente. Nach dem 30. Januar 1933 öffneten sich solcher geradezu messianischen Verehrung Hitlers alle Schleusen." Prominente deutsche Geschichtsforscher wie Hans-Ulrich Wehler, Heinrich August Winkler, Hans Mommsen haben Hitlers Charisma, so befremdlich uns Heutigen dies erscheinen mag, eine ungeheuere Bedeutung beigemessen. Wehler widmet in seiner umfassenden Gesellschaftsgeschichte diesem Komplex sogar einen ausführlichen Teil in seiner Monographie. Für ihn gehört zur charismatischen Herrschaft die „Monokratie des <Führers> und die Polykratie der Machtzentren".

Allerdings ist die Interpretation der untereinander rivalisierenden Partikulargewalten umstritten. Die Wirkung der „Vielherrschaft konkurrierender Machtaggregate" (Wehler) wird von anderen Historikern zwar nicht bestritten, aber geringer eingeschätzt. Ian Kershaw streicht heraus, dass Hitler als charismatische Figur den

Stimmungen in der Bevölkerung eine Stimme gegeben habe, einer Bevölkerung, die dem „Führer" daher „entgegenarbeiten" wollte. Dadurch entwickelte sich ein quasi religiöser Führerkult. Hitler konnte sich jedenfalls darin sonnen, während der 30er Jahre „der wohl populärste Führer der ganzen Welt" (Kershaw) gewesen zu sein. Der Ablauf der Olympischen Spiele 1936 in Berlin legte davon Zeugnis ab.

Zweifache Machteroberung

Verlockung und Verführung, Gewalt und Terror, Charisma und Führerkult: Das waren die Instrumentarien, mit denen Hitler und die Nationalsozialisten die Konsolidierung ihres Machtanspruchs in der Anfangsphase konsequent betrieben. Das bildete die Voraussetzung dafür, was ich als die zweifache Machteroberung bezeichnen möchte: zunächst die institutionelle Machteroberung, dann die mentale in den Herzen und Köpfen der Menschen.

Die institutionelle Machteroberung

Bei der institutionellen Machteroberung kann man sich auf eine knappe zeitliche Aufzählung beschränken, um diese Entwicklung zu kennzeichnen:

- 14. Februar: Hermann Göring ernennt Kader der SA und SS zu Hilfspolizisten. Er gestattet den unmittelbaren Waffengebrauch bei der Verfolgung politischer Gegner.
- 28. Februar: Nach dem Reichstagsbrand wird eine „Verordnung zum Schutz von Volk und Staat" erlassen, mit der die Grund- und Freiheitsrechte der Weimarer Verfassung außer Kraft gesetzt werden.
- 5. März: Bei der Reichstagswahl erreichen die Nationalsozialisten nicht das selbstgesteckte Ziel der absoluten Mehrheit. Sie bekommen gerade einmal 43,9 Prozent; nur mit den acht Prozent der Deutschnationalen des Zeitungsmagnaten Alfred Hugenberg ergibt sich eine knappe Mehrheit.
- 23. März: Der Reichstag verabschiedet das „Gesetz zur Behebung der Not von Volk und Reich", das so genannten Ermächtigungsgesetz. Danach kann die Reichsregierung ohne Zustimmung des Parlaments eigenständig Gesetze beschließen. Eine Gegenzeichnung des Reichspräsidenten ist nicht mehr nötig. Neben der NSDAP stimmen alle bürgerlichen Parteien zu, von Zentrum über Staatspartei bis zur Deutschen Volkspartei. Nur die 94 anwesenden Sozialdemokraten – von 120 Mandaten – sagen nein, die 80 kommunistischen Abgeordneten sind vorher von der Reichstagssitzung ausgeschlossen worden.
- 31. März: Gleichschaltung der Länder und die Ernennung von Reichskommissaren;

- 1. April: Boykott gegen jüdische Geschäfte, Ärzte und Rechtsanwälte;
- 7. April: Das „Gesetz zur Wiederherstellung des Berufsbeamtentums“ gestattet die Entfernung von Juden und Regimekritikern aus Behörden, Verwaltungen und Universitäten.
- 2. Mai: Die Gewerkschaften werden zerschlagen.
- 22. Juni: Die SPD wird verboten. Die Kommunisten sind bereits vorher ausgeschaltet. Die bürgerlichen Parteien lösen sich selbst auf.
- 14. Juli: Alle Parteien werden verboten. Deutschland wird zum Einparteienstaat mit der NSDAP. Gleichzeitig erfolgt ein „Gesetz zur Verhütung erbkranken Nachwuchses“, der Beginn der Euthanasie.
- 14. Oktober: Das Deutsche Reich tritt aus dem Völkerbund aus.
- 12. November: Bei der Reichstagswahl erhält die NSDAP 92 Prozent.

Zwei Daten aus dem Jahr 1934 vervollständigen das Bild der konstitutionellen Machteroberung:

- 30. Juni: Adolf Hitler lässt den SA-Chef Ernst Röhm und andere seiner Unterführer verhaften und hinrichten, unter Beteiligung der Reichswehr. Gleichzeitig werden weitere Regimekritiker ermordet, so der ehemalige Reichskanzler Kurt von Schleicher.
  Die Morde werden nachträglich durch Gesetz legalisiert. Kronjurist Carl Schmitt begleitet die ruchlosen Delikte mit dem zynischen Kommentar: „Der Führer schützt das Recht.“
- 2. August: Nach dem Tod Hindenburgs wird Hitler auch Staatsoberhaupt und nennt sich <Führer und Reichskanzler>. Der Diktator ist am Ziel.

Es ist erstaunlich, wie schnell und weitgehend widerstandslos sich die Nazis den Staat unterwerfen konnten. Bereits Ende Juni 1933, also nach fünf Monaten, notierte Goebbels in seinem Tagebuch: „Der totale Staat lässt nicht mehr lange auf sich warten.“ Und Hitler erklärte am 6. Juli: „Wir stehen in der langsamen Vollendung des totalen Staates.“

Die mentale Machteroberung

Für die mentale Machtübernahme benötigten die Nazis einen längeren Zeitraum. Denn sie erforderte eine langfristige Umpolung der Gesellschaft auf die Absichten und Ziele der braunen Ideologie. Denn es galt ja, die Bevölkerung auf die beiden großen verbrecherischen Vorhaben einzustimmen, sie dafür gefügig zu machen: nämlich auf die Auswüchse des Rassenwahns mit der mörderischen so genannten Endlösung der Judenfrage sowie die Zerstörungen und Vernichtungen während der Eroberungskriege im Westen und im Osten. Dafür war ein radikaler geistig-kultureller Wechsel bei der Mehrheitsgesellschaft vonnöten, bei Einstellungen und Empfindungen, Meinungen und Mentalitäten, Gewohnheiten und Traditionen.

Das propagandistische Einfallstor für den Wandel in der Bevölkerungsmehrheit bildet das von den Nazis forcierte Ziel einer neuen Volksgemeinschaft. Der Begriff kann auf den ersten Blick verlockend klingen, erst recht in Bezug auf die historischen Erfahrungen im ersten Drittel des 20. Jahrhunderts mit ihren Abstürzen und Brüchen, Katastrophen und Niederlagen, Enttäuschungen und Verlusten. Die Spaltungen zu überwinden, die Teile wieder zusammenzufügen, Gleichheit und Gerechtigkeit zu fördern, Ausgleich und Gemeinsinn zu erstreben: Wer kann oder will sich solchen Ambitionen entziehen oder verweigern?

Die NS-Volksgemeinschaft war jedoch in Wirklichkeit auf das Prinzip der Ausgrenzung ausgerichtet. Sie basierte auf der Grundlage der Rassenlehre der Nationalsozialisten, nach der die Arier die Höchststufe und Blüte der Menschheit darstellten, alle anderen dagegen als Untermenschen zu betrachten und damit auszuschließen seien. Hitlers Volksgemeinschaft begründete sich aus purer Ideologie.

Auch hier begannen die Bemühungen der Nazis bereits 1933, mit der Diskriminierung und Exklusion vieler Minderheiten, politischen wie gesellschaftlichen. Als einen Höhepunkt dieser Politik sind zweifellos die so genannten Nürnberger Gesetze vom 15. September 1935 zu betrachten. Auf dem Reichsparteitag der NSDAP durch den dorthin einberufenen Reichstag per Akklamation beschlossen, ziehen die Gesetze endgültig den juristischen und damit gesellschaftlichen Trennungsstrich zwischen denen, die innerhalb und außerhalb der Volksgemeinschaft stehen. Das „Reichsbürgergesetz“ bestimmt, wer „Staatsangehöriger“ ist, während das „Gesetz zum Schutz des deutschen Blutes und der deutschen Ehre“ vor allem, wie es heißt, dem „Fortbestand des deutschen Volkes“ dienen sollte. Diese Nürnberger Gesetze bilden die rechtliche Handhabe für die Ausschaltung der Juden aus allen öffentlichen Angelegenheiten. Damit wird der Weg zum Genozid eingeschlagen.

Zudem setzten die Nazis, zur Grundierung der Volksgemeinschaft, auf ein weiteres Phänomen: die Massenpsychose. Schon 1931 hatte Karl Jaspers bei der Beschreibung der „geistigen Situation der Zeit“ angemerkt: „Masse an sich weiß nicht, was sei eigentlich will.“ Diese Tatsache machten sich die Nazis zunutze, indem sie große Zusammenkünfte mit einem ungeheuren Aufwand von pausenloser Propaganda, spektakulären Inszenierungen und geistiger Infiltration betrieben. Wer sich beispielsweise die Filme von Leni Riefenstahl über die Nürnberger Reichsparteitage – 1933 „Sieg des Glaubens“ und 1934 „Triumph des Willens“ – ansieht, bekommt heute noch eine Ahnung von der Massenhysterie und den Unterwerfungsritualen. Diese Streifen hatten nicht nur eine ästhetische Dimension, wie sie allenthalben selbst gegenwärtig von Kulturinterpreten gefeiert werden, sondern auch eine immens plebiszitäre: Der <*Führer*> zeigt den Weg – und wir folgen ihm.

Dies wurde nicht nur zur Orientierung der Massen, sondern auch zunehmend zum Leitfaden für die Eliten. Hannah Arendt hat recht zutreffend von einem „Bündnis zwischen Mob und Eliten" geschrieben. Die geistige Schicht versank immer mehr in eine fast mythische Adoration der „Heilsfigur" Hitler. Bezeichnend dafür beispielsweise der Philosoph Martin Heidegger. Er, der immerhin ein Freund von Hannah Arendt war, fiel im Mai 1933 mit einer unsäglichen, weil servilen Rektoratsrede in Freiburg auf. Im November 1933 formulierte er in einem Aufruf an die deutschen Studenten: „Nicht Lehrsätze und <Ideen> seien die Regeln Eures Seins. Der Führer selbst und allein ist die heutige und künftige Wirklichkeit und ihr Gesetz." Als ihn der Philosophen-Kollege Karl Jaspers Mitte 1933 auf seine Gesinnungsinfektion hinweist, noch hinzufügt, wie ein so ungebildeter Mensch wie Hitler Deutschland regieren könne, entgegnet Heidegger: „Bildung ist ganz gleichgültig... sehen Sie nur seine wunderbaren Hände an!" Und der unrühmliche Albert Speer, seit 1931 dabei, schreibt in seinen Erinnerungen über Hitler: „Er hatte mich ergriffen, bevor ich begriffen hatte." Zwei Stimmen, aber symptomatisch: Der Schwenk der Eliten zu den Nationalsozialisten, so sehr ihn vielleicht später mancher bereut haben mag, war für die mentale Machteroberung und damit für die Stabilisierung der Nazi-Herrschaft von enormer Bedeutung. Denn auf diese Weise wurde die „Volksgemeinschaft" gleichsam von oben nach unten fundiert.

Das Gift des solcherart ausgeprägten Gesellschaftsmodells sickerte im Laufe der Jahre immer tiefer in die deutsche Bevölkerung ein. Allerdings brachte die Zugehörigkeit zu diesem neuen Bund, den die Nazis etablierten, auch Vorteile und Gewinn: Der Historiker Götz Aly hat dies in seiner Studie von „Hitlers Volksstaat" eindrücklich beschrieben. Es kam zur materiellen Bereicherung durch Enteignungen, Arisierungen, Rassenkrieg und Plünderungen, durch die „große Raubmaschine", wie er es nennt.

Die mentale Machteroberung erwies sich als besonders dauerhaft bis zum Ende des NS-Regimes. Kershaw hat in seinem jüngsten Buch über die „Sterbephase" 1944/45 analysiert, dass „die Deutschen bereit waren, Hitler bis zum Ende zu unterstützen, obwohl sie wussten, dass er das Land in Vernichtung und Untergang führte". Man habe nicht mehr unbedingt zu Hitler gestanden, wohl aber gegenüber dem Abstraktum <Staat>.

Damit wuchsen mit der Zeit Abstumpfung und Verrohung in immer größeren Bevölkerungsteilen, aber auch Zustimmung und Mithilfe – ohne dass das

Bewusstsein für das Inkriminierte und Kriminelle mitwuchsen. Hannah Arendt hat es mit der „Banalität des Bösen“ auf den Begriff gebracht. Spät, vielfach zu spät, haben viele Deutsche erkannt, wie sie in diese teuflische Spirale hineingezogen wurden – wenn überhaupt. Daher hat die mentale Machtübernahme Hitlers und der Nazis tiefe Spuren nicht nur in der Geschichte, sondern auch im kollektiven Gedächtnis hinterlassen.

Umso dramatischer und schmerzlicher musste da die Zäsur von 1945 wirken. Denn große Bevölkerungsteile fielen ins Nichts, nicht nur mit ihren materiellen und existenziellen Sorgen, sondern in ihrer geistigen Substanz.

Die drei Epochen der Erinnerungskultur

Wie hat die deutsche Gesellschaft nach 1945 insgesamt auf die nationalsozialistische Herrschaft reagiert und sie verarbeitet? In drei Epochen lässt sich die Erinnerungskultur der Nachkriegszeit einteilen.

Die Ära des Verdrängens und Vergessens

Die erste Periode, die zumeist als diejenige des Verdrängens und Vergessens charakterisiert wird, dauerte etwa fünfzehn Jahre, vom Kriegsende bis Anfang der sechziger Jahre. Es ist auch jene Zeitphase, während der – zumindest in Westdeutschland - die „Vergangenheitspolitik“, wie es der Historiker Norbert Frei benennt, zum Zuge kommt. Mit einer schnellen Gesetzesfolge vollzogen Bundesregierung und Bundestag die entsprechenden Weichenstellungen: Das Straffreiheitsgesetz von 1949; die „Liquidation“ der Entnazifizierung, die die Besatzungsmächte nach 1945 betrieben hatten; Rehabilitierung und Versorgung der „131er“, die die Rückkehr alter Nazis in den öffentlichen Dienst scharenweise ermöglichte; schließlich das Straffreiheitsgesetz von 1954. Diese Gesetzgebung sei als ein symbolischer Schlußstrich unter die Zeit der direkten Besatzungsherrschaft zu verstehen, als „eine <Abschließung> der Neuanfangs“, meint Frei. Die Folge: Der harmlose, weil getäuschte „Mitläufer“ wird zur bundesrepublikanischen Typologie. Natürlich hat er von den Schrecknissen und Verbrechen der Nazis nie etwas gewusst, beteiligt war er daran schon gar nicht, eventuell nur im „Befehlsnotstand“.

Für diese Entwicklung steht vor allem ein Name, der des ersten Bundeskanzlers Konrad Adenauer. In den ersten Jahren seiner Regierungszeit werden Täter und Helfer stillschweigend in die bundesrepublikanische Gesellschaft integriert, nicht zuletzt deshalb, um aus pragmatischen Erwägungen menschliche und soziale Brüche angesichts des sich verschärfenden Kalten Krieges zu vermeiden. Adenauer ist es auch, der Hans Globke, den Kommentator der Nürnberger Rassengesetze, zu seinem Staatssekretär machte. Gegenstimmen bilden die Ausnahme, so wie die des ersten Bundespräsidenten Theodor Heuss mit seinen „Feldzügen gegen das Vergessen", wie er es selbst nannte. Zwar lehnt er den Begriff „Kollektivschuld" ab, redet aber der westdeutschen Bevölkerung mit der „Kollektivscham" ernsthaft ins Gewissen. Es ist das große Verdienst von Heuss, in der Anfangsphase der Bundesrepublik Pflöcke für eine Erinnerungskultur gesetzt zu haben.

Auf der anderen Seite. In dieser Zeit legen bestimmte Persönlichkeiten die Grundlagen für ihre zweite Karriere. So die Politiker Kurt Georg Kiesinger, Hans Filbinger oder Theodor Oberländer, Juristen wie Theodor Maunz und Ernst Forsthoff, ehemalige Wehrwirtschaftsführer wie der Stahlindustrielle Friedrich Flick, der Autobauer Karl Friedrich Wilhelm Borgward, aber auch der Versandhändler Josef Neckermann und der erste BDI-Präsident Fritz Berg, Publizisten wie Klaus Mehnert, Giselher Wirsing und Werner Höfer, daneben auch Kulturgrößen wie Gustav Gründgens und Veit Harlan. Die Kontinuität der Eliten, auch die Übernahme von überkommenen Strukturen, bis hin zu reaktionären Verkrustungen, sind ein Kennzeichen für die Anfangsjahre der Bonner Republik. Der „Antimarxismus" der Nazi-Zeit wird nun zum Antikommunismus. Das bald aufblühende Wirtschaftswunder begünstigte enorm das öffentliche Beschweigen der NS-Vergangenheit. Denn nichts ist erfolgreicher wie der Erfolg, und in diesem Licht begann sich die westdeutsche Republik alsbald zu sonnen.

In Ostberlin ging man in der Vergangenheitspolitik von Anfang an andere Wege, nicht nur forciert durch die sowjetische Besatzungsmacht, sondern auch durch die neue Staatspartei SED. Dort wurde der kommunistische Widerstand gegen den Nationalsozialismus und der Antifaschismus zum Gründungsmythos des anderen deutschen Staates, der DDR. Diese einseitige Ausrichtung ließ, weil sie eine Geschichtsklitterung darstellt, nur ein sehr lückenhaftes Bild auf die NS-Zeit zu – was sich bis heute auf die Stimmung in Ostdeutschland auswirkt. Die dort recht aktive Neonazi-Szene wird zum Teil den früheren Versäumnissen angelastet.

Aus diesen Gründen förderten die politischen Konstellationen im Nachkriegsdeutschland, West wie Ost, ein problematisches Geschichtsbewusstsein. Dafür sind Verdrängen und Vergessen, genau genommen, fast schon beschönigende Begriffe. Denn in Wirklichkeit handelte es um Verleugnung.

Die Periode der Aufarbeitung

Für die Periode der Aufarbeitung, die von Anfang der 60er bis gegen Ende der 80er Jahre anzusetzen ist, gibt es direkt am Beginn ein spektakuläres Ereignis: der Eichmann-Prozess vom April bis Dezember 1961 in Jerusalem. Der ehemalige SS-Obersturmbannführer Adolf Eichmann war im Mai 1960 in Buenos Aires vom israelischen Geheimdienst aufgegriffen und nach Jerusalem gebracht worden. Im Oktober 1939 zum Leiter des „Judenreferats“ im Reichssicherheitshauptamt ernannt, war er in großen Teilen für die bürokratische Umsetzung der „Endlösung“ verantwortlich. Hannah Arendt machte mit ihrem eindringlichen Report über das monatelange Verfahren, das mit dem Todesurteil für den Angeklagten endete, eine breite Öffentlichkeit mit dem fabrikmäßig betriebenen Massenmord an den Juden bekannt. Zitat: „Das Beunruhigende an der Person Eichmanns war doch gerade, daß er war wie viele und daß diese vielen weder pervers noch sadistisch, sondern schrecklich und erschreckend normal waren und sind. Vom Standpunkt unserer Rechtsinstitutionen und an unseren moralischen Werturteilen gemessen, war diese Normalität viel erschreckender als all die Greuel zusammengenommen“, so Arendt.

Auch in Deutschland folgten dann Verfahren gegen die Täter der Judenvernichtung, beispielsweise der Auschwitz-Prozess 1963 in Frankfurt oder der Majdanek-Prozess 1976 in Düsseldorf. Verfahren, die nicht nur zeitlich langwierig verliefen, sondern auch wegen teilweise milder richterlicher Urteile bis heute kritikfähig bleiben.

In den 60er Jahren wuchs auch die gesellschaftliche Kritik an der „unbewältigten Vergangenheit“ wie es damals häufig hieß. Dafür stehen Namen wie Theodor W. Adorno und Jürgen Habermas, ja insgesamt die Frankfurter Schule. Vor allem eine Zeitdiagnose löste einen akzentuierten Diskurs aus, nämlich das Buch der beiden Psychoanalytiker Alexander und Margarete Mitscherlich von der deutschen „Unfähigkeit zu trauern“. Deren Botschaft empfanden viele Zeitgenossen als Zumutung, aber so war die Schrift wohl auch gemeint. „Die Nazivergangenheit wird derealisiert, entwirklicht“, hielten sie der Nachkriegsgesellschaft vor. Die Unfähigkeit zur Trauer bedeutete für die Mitscherlichs „das Ergebnis einer intensiven Abwehr von Schuld, Scham und Angst“.

Die Mitscherlichs müssen als Meldegänger eines sich abzeichnenden Kulturwechsels betrachtet werden, nämlich der Studentenrevolte von 1968. Dieser Studentenprotest, mit einer Hochburg in West-Berlin, war zwar eine weltweite Erscheinung. Doch in der Bundesrepublik unterschied er sich von den Revolten in anderen Ländern. Er setzt nicht nur linkstheoretische Gesellschaftsforderungen, sondern auch die bislang unzulängliche Auseinandersetzung mit der NS-Vergangenheit auf die öffentliche Tagesordnung. Etwas überspitzt formuliert lässt sich sagen, dass erst mit der 68er-Protestkultur die Befassung mit dem Dritten Reich einen soziokulturellen Schub in der Gesellschaft bekommen hat.

Für die Periode der Aufarbeitung sollten ein paar Stichworte reichen. Anfang der 70er Jahre, die neue Ostpolitik Willy Brandts, die für einen Ausgleich mit den osteuropäischen Nachbarn sorgt. Begleitet von einem starken Bild, Brandts

Kniefall vor dem Mahnmal des Warschauer Gettos 1970. Ende der siebziger Jahre die vierteilige TV-Serie „Holocaust“, die diesen Begriff für die Verfolgung und Vernichtung der Juden gesellschaftsfähig machte. 1985 die Rede des damaligen Bundespräsidenten Richard von Weizsäcker, in der er den 8. Mai 1945 als „Tag der Befreiung“ bezeichnete. Und: „Wir dürfen den 8. Mai 1945 nicht vom 30. Januar 1933 trennen.“

Problematisch jedoch 1985 der Besuch des damaligen Bundeskanzlers Helmut Kohl gemeinsam mit dem US-Präsidenten Ronald Reagan auf dem Soldatenfriedhof in Bitburg, da dort auch 49 Angehörige der Waffen-SS begraben sind. Auch Kohls Einlassung von der „Gnade der späten Geburt“ gehört in die Kategorie historischer Unsensibilitäten. Hier leisteten sich viele Politiker im Umgang mit der NS-Vergangenheit immer wieder törichte Tölpeleien und schlimme Gleichsetzungen – teilweise bis heute. Besonderes Aufsehen erregte der Historikerstreit 1968, ausgelöst durch Ernst Nolte, mit einem Artikel, der die Überschrift trug: „Vergangenheit die nicht vergehen will“. Darin vertrat er die Ansicht, dass der Archipel Gulag ursprünglicher war als Auschwitz, der „Klassenmord“ der Bolschewiki das faktische Prius des „Rassenmordes“ der Nazis.

Diese Periode der Aufarbeitung ist in der Bundesrepublik ein Stück historischer Selbstvergewisserung, aber auch des Begreifens, dass Auschwitz als Gründungsmythos des westdeutschen Staates zu begreifen ist. Dafür steht die Metapher: „Nie wieder!“

Die Zeit der nachgeholten Erinnerung

Diese Vergewisserung, erfuhr jedoch eine scharfe Zäsur, nämlich 1989/90 mit dem Zusammenbrach der kommunistischen Regime im Osten aufgrund der friedlichen Revolutionen. Für Deutschland, das bekanntlich im Verlauf dieser Entwicklung die staatliche Wiedervereinigung erreichen konnte, bedeutete dies, nunmehr mit zwei Erinnerungskulturen konfrontiert zu sein: mit der Nazi-Vergangenheit und der SED-Diktatur. Damit wurde das vereinigte Deutschland zwar kein völlig neues, aber doch ein anderes Geschichtsobjekt. Denn es hatte die Last zweier totalitärer Systeme zu schultern, die in ihren Strukturen und Effizienzen unterschiedlich waren, dennoch ähnliche Gefüge der Unterdrückung und der Unfreiheit verkörperten.

Die beiden letzten Jahrzehnte sind eine Zeit der nachgeholten Erinnerung. Dazu möchte ich nur einige Fakten und Themen nennen: Über mehrere Jahre läuft die Debatte um die Errichtung des Holocaust-Denkmals in Berlin, das schließlich mit dem Eisenman-Entwurf eines riesigen Stelen-Feldes verwirklicht wurde. Die rot-grüne Bundesregierung entscheidet 1999, sich an den Nato-Angriffen auf das bürgerkriegsgeschüttelte Jugoslawien zu beteiligen. „Ich stehe auf zwei Grundsätzen: Nie wieder Krieg, nie wieder Auschwitz, nie wieder Völkermord, nie wieder Faschismus“, so hatte Außenminister Joschka Fischer diesen ersten Auslandseinsatz der Bundeswehr begründet. Im Herbst 1996 löst der US-Historiker Daniel Jonah Goldhagen mit seinem Werk „Hitlers willige Vollstrecker“ eine weitere leidenschaftliche Debatte in Wissenschaft und Medien aus.

Eine Ausstellung über die Verbrechen der Wehrmacht von 1941 bis 1945, arrangiert von Hamburger Institut für Sozialforschung unter der Leitung des Historikers Hannes Heer, erregte nachhaltig die Gemüter. Mit der Präsentation sollte dokumentiert werden, dass die Wehrmacht in Osteuropa Verbrechen sowohl an der Zivilbevölkerung als auch an den gefangenen Soldaten verübt hatte. Es kam zu Krawallen und Demonstrationen, vor allem rechtsextremistischer Kreise. 1998 schließlich löste der Schriftsteller Martin Walser mit seiner Rede bei der Verleihung des Friedenspreises des Deutschen Buchhandels in Frankfurt einen der giftigsten Dispute aus. Walser wehrte sich wortgewaltig gegen die, wie er sagte, „Dauerpräsentation unserer Schande“ in den Medien und die „Instrumentalisierung von Auschwitz“. Moralkeule, Einschüchterungsmittel, Drohroutine: Mit solchen Begriffen garnierte er seine Attacken. Ignatz Bubis, Vorsitzender des Zentralrats der Juden, bezeichnete daraufhin Walser als „geistigen Brandstifter“.

Für die nachgeholte Aufarbeitung in den letzten Jahrzehnten als ein Kennzeichen für den Umgang mit der Geschichte ist also viel geschehen. Die Erinnerung ist fester Bestandteil des gesellschaftlich-politischen Lebens geworden, bis hin zu der Maxime von Angela Merkel, die Existenz Israels zähle zur Staatsräson Deutschlands. Daneben muss allerdings auch eine erstarrende Ritualisierung in der Gedenkarbeit festgestellt werden, nicht zuletzt in einem Überangebot an Institutionen, Initiativen, Gruppierungen, Einrichtungen, Museen, Gedenkstätten. Ritualisierung bedeutet immer auch Sinnentleerung.

Ein Beispiel dafür gibt das Berliner „Themenjahr 2013“ ab. Unter der Überschrift „Verlorene Vielfalt“ bieten hier in der Stadt Kulturverwaltung, Museen, Einrichtungen und Initiativen über 500 Veranstaltungen, Ausstellungen, Vorträge, Diskussionen an, Quantität rangiert vor Qualität. Aber „die Addition von Erinnerung bedeutet nicht zwangsläufig historisches Begreifen“, hat Volkhard Knigge aus seinen Erfahrungen als Direktor der Gedenkstätten Buchenwald und Dora-Mittelbau postuliert.

Die Zukunft der Erinnerungskultur

Niemand wird heute der Erinnerungskultur in Deutschland als gesellschaftlichem Projekt die Anerkennung verweigern. Im Vergleich mit anderen Ländern, die sich ebenfalls mit historischen Belastungen und dunklen Vergangenheiten abzuplacken haben, beispielsweise die Transformationsstaaten Osteuropas, steht die Bundesrepublik recht probat da. Gewiss, Parallelen zu ziehen, ist und bleibt immer heikel, wenn es nicht sogar aussichtslos ist. Denn der Holocaust als Menschheitsverbrechen, von den Deutschen begangen, – und nicht, wie manche gedankenlos dahersagen: ‚in deutschem Namen' -, verweigert sich jeden Vergleichsnormen. Deshalb besteht auch die Notwendigkeit, dass die Deutschen in ihrer Erinnerungskultur weiter nach eigenen Möglichkeiten und Wegen suchen müssen.

Allerdings besteht für die deutsche Erinnerungskultur seit einiger Zeit Bedarf an einer Neuorientierung, und zwar aus mehrfachen Gründen. Der Sozialpsychologe Harald Welzer und die Soziologin Dana Giesecke sprechen von einer „Entrümpelung" des Hauses der historischen und politischen Bildung zum Zweck der Renovierung: Was ist verschlissen? Was ist noch brauchbar? Was und wie muss es ersetzt werden?

Acht Jahrzehnte nach dem Machtantritt Hitlers und der Nazis sowie fast sieben Jahrzehnte nach dem Ende des NS-Regimes hat die Historisierung des Nationalsozialismus längst begonnen. Zwar streiten sich die Experten – zwei Namen seien hier herausgegriffen, nämlich die von Martin Broszat und Hans Mommsen – schon lange über das Ob und Wie einer solchen Historisierung. Dabei geht es zumeist um einen Methodenstreit der Historiographie. Darauf soll hier nicht näher eingegangen werden. Vielmehr geht es um simplere Tatsachen: einmal die wachsende zeitliche Distanz zu dem Geschehen zwischen 1933 und 1945, dann das Ende der Ära der Zeitzeugen.

Was den zeitlichen Abstand betrifft: Selbst ein großartiger Historiker wie der Engländer Ian Kershaw, der exzellente, weil wegweisende Bücher über den Nationalsozialismus verfasst hat, gesteht in seinem jüngsten Werk, der Analyse des Endes der NS-Zeit 1944/45, dass er ohne narrative Ansätze „die Sterbephase des Regimes" habe nicht erfassen können. Und dies sind zweifellos Elemente der Historisierung. Und die andere Disposition: Gerade in den letzten beiden Jahrzehnten fanden Zeitzeuginnen und Zeitzeugen einen ungewöhnlich großen Widerhall, mehr jedenfalls als früher. Die Darstellung ihrer Erlebnisse, die face-to-face-Erzählung entfaltete bei vielen Gelegenheiten und in unzähligen Orten eine unmittelbare und emotionale Wirkung. Ihre Zahl wird nun immer weniger, weil sich deren Leben rundet.

Natürlich sind die Schilderungen und Erzählungen der Zeitzeugen auf Filmen, Videos, Tonbändern, CDs und Papieren gebannt, auch im Internet abrufbar. Aber diese Dokumente, darüber sollte man sich keine Illusionen machen, werden mehr und mehr zu einer Angelegenheit der Historiographie, als dass sie – in ihrer virtuellen Aufbereitung – noch umfangreiche jüngere Gruppen in ihren Bann ziehen können. Zumal da sich die Kommunikationsformen unablässig verändern, vor allem werden sie schneller und kurzweiliger. Hier steckt für die zahlreichen Erinnerungsorte – Museen, Gedenkstätten, Geschichtshäuser -, aber auch die Schulen, die sich der Aufklärung über die NS-Vergangenheit widmen, eine enorme pädagogische Herausforderung. Neue Formen der historischen und politischen Bildung sind da unumgänglich.

Ein anderer wichtiger Aspekt ist der gesellschaftliche Wandel in Deutschland. Mehr und mehr ist die Bundesrepublik in den letzten Jahrzehnten zu einem Einwanderungsland geworden, leider eine sehr späte Erkenntnis der Politik. Damit aber auch zu einer Migrantengesellschaft. Über ein Viertel der hiesigen Bevölkerung besitzt heute einen Migrantenhintergrund. Geschichte als ein unabdingbares Stück traditionellen Nationalbewusstseins und damit der kollektiven Identität zu vermitteln, wird unter solchen demographischen Bedingungen immer schwieriger. Gerade hier muss sich die Erinnerungskultur veränderte Vermittlungsformen einfallen lassen, will man ein Auseinanderklaffen der Gesellschaft auch in dieser Hinsicht vermeiden.

Gravierender ist allerdings eine inhaltliche Neujustierung der Erinnerungskultur, wie sie allenthalben noch in Deutschland praktiziert und gelebt wird. Zumindest in der Zeit der nachgeholten Erinnerung, wie ich die beiden letzten Jahrzehnte genannt habe, hat sich eine starre, weil eingeengte Struktur der Betrachtung und Bearbeitung der NS-Vergangenheit sowie ihrer Vergegenwärtigung herausgebildet: das Opfer-Täter-Verhältnis. Nun ist dies, eben im Land der Täter, zunächst einmal nicht überraschend, sondern sogar naheliegend. Eine Differenzierung zwischen denen, die ausführen und exekutieren, und denen, die leiden und sterben, ist eine simple, weil nicht überfordernde Unterscheidung. Bedenklich wird es dann, wenn dem – bewusst oder unbewusst – eine moralische Kategorie hinzugefügt wird: nämlich der Kontrast von Gut und Böse. Auf diese Weise wird eine Modalität in die Geschichtsbetrachtung und -interpretation eingeführt, die eher psychologisch-emotional denn vernunftmäßig-rational zu erfassen ist. Wer will denn, offen gefragt, auf der Seite des Bösen stehen? Besteht nicht die permanente menschliche Neigung, sich zu den Guten zu schlagen? Nicht von ungefähr ist gerade in Deutschland die Gattung des „Gutmenschen“ zu einer gesellschaftlichen Appellationsgröße der political correctness geworden, ein Begriff, der häufig zwischen Ironie und Verachtung changiert.

Die deutsche Erinnerungskultur ist jedoch zuvörderst mit dem Täter-Opfer-Verhältnis im Sinne des Guten und Bösen grundiert. Deshalb sprechen die Historikerin Ulrike Jureit und der Soziologe Christian Schneider von einer „opferidentifizierten Erinnerungskultur“, bei der die „Trauer als zentrale Metapher“ dazugehöre. Jureit führt dazu näher aus: „Wer sich als Opfer fühlt oder sich mit ihnen identifiziert, betrachtet auch die Täter aus dieser Perspektive. Die Täter, das sind diejenigen, die nicht dazugehören, das sind diejenigen, die sich aufgrund ihrer Taten disqualifiziert haben. Sie stehen außerhalb der Erinnerungsgemeinschaft... Daher eignen sie sich hervorragend zur Dämonisierung, zur pauschalen Verurteilung als fremde Spezies, deren Taten als kaum nachvollziehbar erscheinen." Daraus leitet Jureit die „Erinnerungsfigur des gefühlten Opfers" ab, eine „Art geliehene Identität", wie sie es nennt.

In der Tat: Opferidentifiziertes Gedenken ist in Deutschland zur gängigen Norm geworden. Das Berliner Themenjahr 2013 liefert in dieser Hinsicht recht anschauliche Beispiele. Da stehen auf dem Pariser Platz riesige Fotoreproduktionen, auf denen SA-Mitglieder Menschen zusammentreiben und verhaften. Auch in der so genannten Portalauststellung im Deutschen Historischen Museum überwiegen Bilder von Razzien und Verfolgungen, Verwüstungen und Zersetzungen durch braune Stoßtrupps oder der von NSDAP-Größen beherrschten Polizei. Bei diesen Motiven stellt sich fast automatisch der Eindruck ein: Die gesellschaftliche Vielfalt der Hauptstadt in der Weimarer Zeit wurde nach dem 30. Januar 1933 beseitigt und eingeebnet von einer kleinen fanatischen Clique unter Hitler, Göring, Goebbels und Co., die sich die Deutschen mit Drohungen und Gewalt untertan machten. Schergen aus NSDAP, SA und SS gaben ihrer Zerstörungswut und Mordgier freien Lauf, nicht gebremst und sanktioniert von der Nazi-Führung.

Zudem pappt das Themenjahr zwei Daten zusammen, die ursächlich nicht zusammengehören: Hitlers Machtantritt am 30. Januar 1933 und das große Pogrom gegenüber den Juden am 9. November 1938. Da geraten historische Koordinaten durcheinander. Ganz wesentlich für die Erinnerungskultur ist, wie die deutsche Mehrheitsgesellschaft immer stärker zu Hitler übergelaufen ist. Auch viele Anhänger und Sympathisanten der Nazis werden sich 1933/34, also in der Phase nationalsozialistischer Herrschaftsstabilisierung, die Exzesse gegen die Juden 1938 kaum ausgerechnet haben. Immerhin ist der erste Boykott gegen die Juden am 1. April 1933 in Wirkung und Erfolg für die Nazi-Führung ziemlich kläglich und enttäuschend verlaufen. 1938 wurde das entsetzliche Pogrom vom großen Teil der Bevölkerung bereits ungerührt hingenommen. Die Juden als Opfer von Verfolgung und Vernichtung: In einer solchen Überbetonung, so gewichtig dies auch erscheinen mag, kommt ein entscheidender Faktor zu kurz: Der Mentalitätswandel der Mehrheitsgesellschaft, der letztendlich die brutale „Endlösung" und die Vernichtungskriege ermöglichte.

In solchen historischen Konfigurationen sammeln sich natürlich Elemente moralischer Entlastung, vor allem gegenüber der größten Opfergruppe, den Juden, aber auch anderen verfolgten Minderheiten, Roma und Sinti, Homosexuelle, Bibelforscher, „Asoziale", wie im Nazi-Jargon viele widerständige Personen bezeichnet wurden. Der Historiker Hannes Heer brachte solche Abwehrmechanismen auf die knappe, aber eingängige Formel: Hitler war's. Dass dies das übliche Motto der ersten Nachkriegsgenerationen war, darüber haben wir schon eingehend geredet. Aber es besteht die Gefahr, dass eine inzwischen routinierte und ritualisierte Erinnerungskultur mit ihrer oft schwülstigen Betroffenheitsrhetorik, den leeren Pathosformeln und den moralischen Zeigefingern sich um ihren Effekt und ihre Effizienz bringt. Denn es ist ein ermüdend reproduzierbares Konzept, immer mehr sinnentleert und damit abstumpfend. Der Historiker Götz Aly sprach – wenngleich auf Berlin gemünzt – erst kürzlich von einer „galoppierenden besinnungslosen Gedenkeritis".

Vor diesem Hintergrund lässt sich auch der nach wie vor große Erfolg des Vergangenheitsentertainment, wie man es nennen könnte, plausibel erklären. Es feiert, nach jahrelanger Dauerpräsenz in diesem Genre durch den ZDF-Mann Guido Knopp, in Filmen und in Fernsehserien fröhliche Urständ. Wie jüngst erst wieder mit dem Dreiteiler „Unsere Mütter, unsere Väter", eine Serie, in der in fiktiven Szenen die Verstrickung junger deutscher Soldaten, auch wenn sie nicht nationalsozialistisch überzeugt waren, in die Kriegsverbrechen der Nazis abgespielt wird – historisch längst ausgebreitet und seit der Debatte um die Wehrmachtsausstellung auch kein Tabubruch mehr. Oder der Beitrag „Über den Dächern von Berlin", in dem eine Liebesgeschichte mit dem Reichstagsbrand verquickt wird.

Nichts gegen die Popularisierung historischen Wissens, zumal bei dem schon lange stiefmütterlich behandelten Fach Geschichte in den Schulen. Aber hier geht es um etwas anderes. Auch wenn niemand bei der Betrachtung der NS-Vergangenheit auf der Seite des Bösen stehen möchte, das Böse als solches besitzt nach wie vor einen beträchtlichen Nervenkitzel, mit dem sich Geld machen lässt. Die mannigfaltigen Kommunikationsformen einer entfesselten Mediengesellschaft bieten dazu traumhafte Möglichkeiten. Also greift das TV-Gewerbe, der guten Quoten gewiss, immer wieder einmal in die historische Kiste, wenn das Thema nur unterhaltungsaffin aufbereitet ist. Überraschend ebenfalls nicht die hohe Auflage des Romans von Timur Vernes „Er ist wieder da", eine Persiflage, in der Adolf Hitler im heutigen Berlin wiedererweckt wird, „ein atemberaubendes Lesevergnügen", wie sich das Buch selbst anpreist. Und die Produzenten von „Unsere Mütter, unsere Väter" kündigen an, nunmehr eine achtteilige TV-Serie über Hitler auflegen zu wollen. Währenddessen gehen die juristischen Tänzchen um eine Neuauflage von Hitlers „Mein Kampf" lustig weiter. Open end also. Doch mit einer ernsthaften Erinnerungskultur hat dies alles nichts zu tun.

Bei diesen historischen Verarbeitungsprozessen und Gedenkmechanismen kann ein Perspektivenwechsel überhaupt nicht mehr strittig sein. Fachleute und Experten mit hinreichenden Erfahrungen in den geschilderten Praktiken raten schon länger zu einer nachhaltigeren reflexiven Erinnerungskultur. Giesecke und

Welzer bringen dies in einem knappen Satz auf den Punkt: „Erinnerung dient der Orientierung in einer Gegenwart zu Zwecken künftigen Handelns."

Es versteht sich, dass Vergangenheit in einem solchen Kontext einen anderen Stellenwert erhält, als sie in der leerlaufenden Erinnerungskultur besitzt: Nicht als ein abgeschlossenes und damit abgekoppeltes historisches Kapitel, sondern als anschlussfähiges Lernobjekt, als gesellschaftspolitische Ressource. Solche Aspekte in den Mittelpunkt der Erinnerungskultur zu stellen, bedeutet gleichzeitig, auch deren Entritualisierung zu betreiben. Denn die Vergegenwärtigung der Vergangenheit erfordert eine beständige Aktualisierung des Geschichtsbewusstseins. Die entscheidende Frage lautet dann nämlich nicht mehr: Was waren wir?, sondern: Was wollen wir jetzt und künftig sein?

Drei Protagonisten einer solcherart angelegten Erinnerungskultur sollen hier zitiert werden. Zunächst Jan Philipp Reemtsma, Vorstand des Hamburger Instituts für Sozialforschung. Er möchte auf diese Weise „das Bewusstsein von der Fragilität unserer Zivilisation" fördern. Volkhard Knigge, Direktor der Gedenkstätten Buchenwald und Dora-Mittelbau, strebt die „Erschließung und Entwicklung einer Zivilgeschichte" an. Und der Sozialpsychologe Harald Welzer plädiert für ein „Zukunftsgedächtnis", eben den Wunsch, einen anderen Zustand als den gegebenen zu erreichen. „Der Bezugspunkt des Gedächtnisses ist die gehoffte Zukunft."

Was so abstrakt klingt, kann sehr konkret werden, dann nämlich, wenn man die Beschäftigung mit der „negativen Geschichte" der NS-Zeit gleichsam als Design, wie es Neudeutsch oft heißt, auf die gegenwärtigen Verhältnisse legt, nicht in einem Vergleichsmodus, sondern als ableitbare Maßstäbe für jenes große Projekt, was heute in fast aller Munde ist: den Aufbau und die Stabilisierung einer <Zivilgesellschaft>.

Um es an einigen aktuellen Fragestellungen deutlich zu machen: Wo und wie zeigen sich bei uns Demokratiegefährdungen? Wer besitzt den Primat, Politik oder Wirtschaft? Wie verhält es sich mit der Balance zwischen Präventions- und Überwachungsstaat? Wie sichern wir die unbedingt notwendigen Normen an Grundsolidarität zum Zusammenhalt der Gesellschaft? Welchen Stellenwert besitzen Freiheits- und Menschenrechte, nicht nur nach innen, sondern auch nach außen? Welchen Schutz lassen wir Minderheiten zukommen? Wie sanktionieren wir Intoleranz und Xenophobie? Wie installieren wir Gerechtigkeitsstandards, ohne in Gleichmacherei zu verfallen? Wie gewähren wir Chancenparität, zwischen den Geschlechtern, zwischen den Generationen, zwischen Starken und Schwachen, zwischen Einheimischen und Fremden? Das lautet alles recht moralisch. Aber ohne Moral ist alles nichts, wenn wir eine Gesellschaft der Zivilität und der Menschenwürde verwirklichen wollen.

Auch sind vielfältige Bedrohungen präsent, die den Freiheitskern der Demokratie auszuhöhlen vermögen. Nein, Bonn ist nicht Weimar, so hat es geheißen, und Berlin ebenfalls nicht. Aber auch in unserem Gemeinwesen haben sich Antisemitismus, Rassismus, Rechtsextremismus, Gewalt und Terror eingenistet – Elemente, die vor acht Jahrzehnten Stimmung und Zustände in der ersten deutschen Demokratie kippen ließen. Man gebe sich da keinen falschen Hoffnungen hin. Eine Studie der Friedrich-Ebert-Stiftung von 2012, die die Fortschreibung von entsprechenden Untersuchungen seit 2002 ist, stellt fest, dass „rechtsextremes Denken in allen Teilen der Gesellschaft in erheblichem Maße verbreitet ist". Die Zahl der Menschen mit einem geschlossenen rechtsextremen Weltbild steigt, trotz jahrelanger aufwendiger Programme vieler Institutionen gegen rechte Gesinnung. Vor wenigen Tagen teilte das Bundesinnenministerium mit, dass die Zahl rechter Straftaten 2012 um 4,4 Prozent auf 17.616 Fälle gestiegen ist. 20 Prozent stimmen der Aussage zu, dass der Einfluss der Juden auch heute noch zu groß ist. Fast 32 Prozent meinen, dass die Ausländer bei knappen Arbeitsplätzen in ihre Heimat zurückgeschickt werden sollten, 36 Prozent glauben, dass die Ausländer nur hierherkommen, um den Sozialstaat auszunutzen. Und was die Gewalt betrifft: Da wird in der Mitte Berlins, auf dem Alexanderplatz, ein junger Mann wegen einer Nichtigkeit von anderen Jugendlichen tot getreten. Ein Fall nur unter vielen. Das Aggressionspotential der Gesellschaft ist erheblich, radikale Tendenzen sind längst in der Mitte angekommen.

Jedem von uns fallen sicherlich noch viele Muster ein. Aber zwei möchte ich vertiefen, weil sie einen unmittelbaren Bezug zur Vergangenheit besitzen. Das eine Exempel betrifft Deutschlands Stellung und Rolle in Europa. Seit einige Zeit stehen Angela Merkel und die Bundesregierung bei den europäischen Nachbarn, vor allem in einigen Ländern der Euro-Zone, unter einem Generalverdacht, nämlich ihr Sparkonzept in der gesamten EU gnadenlos durchzusetzen. Die hässlichen Bilder, die Merkel mit Nazi-Symbolen zeigen, kennen wir alle. Aber in einer solchen bleihaltigen Luft sind Sätze fatal wie: „In Europa spricht man wieder Deutsch." Denn sie verstärken den Argwohn über hegemoniale Ansprüche Berlins. Dabei geht es nicht um die Schlüssigkeit von Merkels Konzept, sondern es geht um den Stil. Zitat: „Wir Deutschen sollten aus der ersten Hälfte des 20. Jahrhunderts gelernt haben, dass es in unserem nationalen Interesse ist, permanent das Dilemma des halbhegemonialen Status zu vermeiden", sagte kürzlich Jürgen Habermas.

Das zweite Muster bezieht sich auf den tief deprimierenden NSU-Komplex. Wer hätte es früher für möglich gehalten, dass ein rechtsextremes Verbrechertrio über ein Jahrzehnt mordend und raubend durch das Land zieht, ohne dass den Behörden der fanatische politische Hintergrund aufgegangen ist. Stattdessen wurden die blutigen Taten in ein vermeintliches kriminelles Milieu der ermordeten Opfer und deren Familien abgeschoben. Es betraf schließlich Ausländer. Welche Ressentiments und Rankünen, welche Verhaltensschablonen und Denkkontinuitäten haben sich da bestätigt – als habe es eine NS-Vergangenheit nie gegeben. Und mit ihren sturen Unsensibilitäten gerierten sich die Herren Juristen vom Münchner Oberlandesgericht so, als sei die deutsche Geschichte an ihnen spurlos vorübergegangen.

Dass der Prozess der Zivilisation unumkehrbar ist, nach dem Zivilisationsbruch Auschwitz: Dieser Glaube hat sich als großer Irrtum erwiesen. Gewiss, der Holocaust bleibt singulär, für das gesamte Menschheitsgedächtnis. Aber was ist mit den Genoziden in Jugoslawien, in Ruanda, vielleicht jetzt in Syrien? Was ist zudem mit anderen Konflikten in vielen Weltregionen? Und was geschieht unmittelbar vor unserer Haustür, nämlich in Ungarn, wo der vormals liberale Freiheitskämpfer Viktor Orban sein Land Schritt für Schritt in einen Staat mit faschistoiden Strukturen verwandelt – unter dem peinlichen Beschweigen der europäischen Gemeinschaft? Aber man muss nicht nur in die Ferne schweifen. Was ist, selbst gefragt, mit unserer eigenen Mitmenschlichkeit unter den real existierenden Lebensverhältnissen angesichts des historischen Erbes?

Es war ein großer Bogen, vom Jahr 1933 bis zum Hier und Heute. Am Ende soll ein Zitat des Geschichtstheoretikers Reinhart Koselleck stehen, das den Wert geschichtlicher Erinnerung deutet. In einem Essay unter dem Titel „Wozu noch Historie?“ schreibt er: „Die Vergangenheit ist absolut vergangen, unwiderruflich – und zugleich wieder nicht: Die Vergangenheit ist gegenwärtig und entfaltet Zukunft. Sie beschränkt kommende Möglichkeiten und gibt andere frei, sie ist in unserer Sprache vorgegeben, sie prägt unser Bewußtsein wie das Unbewußte, unsere Verhaltensweisen, unsere Institutionen und deren Kritik. Wer sich mit der Vergangenheit beschäftigt, wird mit sich selbst konfrontiert.“

Literaturverzeichnis

Arendt, Hannah: Eichmann in Jerusalem, Ein Bericht von der Banalität des Bösen, München 2004

Arendt, Hannah: Elemente und Ursprünge totaler Herrschaft, München 1986

Aly, Götz: Hitlers Volksstaat, Frankfurt 2005

Bracher, Karl-Dietrich: Die Auflösung der Weimarer Republik, Eine Studie zum Problem des Machtverfalls in der Demokratie, Villingen 1955

Decker, Oliver/ Kiess, Johannes/Brähler, Elmar: Die Mitte im Umbruch, Rechtsextreme Einstellungen in Deutschland 2012, Hrsg. für die Friedrich-Ebert-Stiftung, Bonn 2012

Diner, Dan (Hrsg.): Zivilisationsbruch, Denken nach Auschwitz, Frankfurt 1988

Evans, Richard J.: Das Dritte Reich, Aufstieg, München 2005

Frei, Norbert: Vergangenheitspolitik, Die Anfänge der Bundesrepublik und die NS-Vergangenheit, München 2003

Frei, Norbert: 1945 und Wir, München 2005

Friedländer, Saul: Das Dritte Reich und die Juden, Die Jahre der Verfolgung 1933–1939, München 1998

Friedländer, Saul: Die Jahre der Vernichtung, Das Dritte Reich und die Juden 1939–1945, München 2006

Fukuyama, Francis: Das Ende der Geschichte, München 1992

Giesecke, Dana/Welzer, Harald: Das Menschenmögliche, Zur Renovierung der deutschen Erinnerungskultur, Hamburg 2012

Goldhagen, Daniel Jonah: Hitlers willige Vollstrecker, Berlin 1996

Grunenberg, Nina: Die Wundertäter, Netzwerke der deutschen Wirtschaft 1942–1966, München 2006

Haffner, Sebastian: Geschichte eines Deutschen, Die Erinnerungen 1914–1933, München 2002

Heer, Hannes: >Hitler war's<, Die Befreiung der Deutschen von ihrer Vergangenheit, Berlin 2005

Jureit, Ulrike/Schneider, Christian: Gefühlte Opfer, Illusionen der Vergangenheitsbewältigung, Stuttgart 2010

Klemperer, Victor: Ich will Zeugnis ablegen bis zum letzten, Tagebücher 1933–1944, Berlin 1995

Kershaw, Ian: Hitler 1889–1945, München 2009

Kershaw, Ian: Das Ende, Kampf bis in den Untergang, München 2011

Knigge, Volkhard: Zur Zukunft der Erinnerung, Aus Politik und Zeitgeschichte, 25–26/2010

Koselleck, Reinhart: Vom Sinn und Unsinn der Geschichte, Berlin 2010

Mehring, Reinhard: Carl Schmitt, Aufstieg und Fall, München 2009

Meier, Christian: Von Athen bis Auschwitz, Betrachtungen zur Lage der Geschichte, München 2006

Mitscherlich, Alexander und Margarete: Die Unfähigkeit zu trauern, Grundlagen kollektiven Verhaltens, München 1967

Mitscherlich, Margarete: Erinnerungsarbeit, Frankfurt 1987

Mommsen, Hans: Aufstieg und Untergang der Republik von Weimar, 1918–1933, München 2003

Reemtsma, Jan Philipp: Wozu Gedenkstätten?, Aus Politik und Zeitgeschichte, 25–26/2010

Rathgeb, Eberhard: Die engagierte Nation, Deutsche Debatten 1945–2005, München/Wien 2005

Safranski, Rüdiger: Ein Meister aus Deutschland, Heidegger und seine Zeit, Frankfurt 2006

Schmitt, Carl: Der Begriff des Politischen, Berlin 1963

Schwan, Gesine: Politik und Schuld, Die zerstörerische Macht des Schweigens, Frankfurt 2001

Schulze, Hagen: Weimar, Deutschland 1917–1933, Berlin 1982

Sobanski, Antoni Graf: Nachrichten aus Berlin 1933–36, Reinbek 2009

Thamer, Hans-Ulrich: Verführung und Gewalt, Deutschland 1933–1945, Berlin 1986

Wehler, Hans-Ulrich: Deutsche Gesellschaftsgeschichte 1914–1949, München 2003

Welzer, Harald: Erinnerungskultur und Zukunftsgedächtnis, Aus Politik und Zeitgeschichte, 25–26/2010

Winkler, Heinrich August: Weimar 1918–1933, München 2005

Winkler, Heinrich August: Auf ewig in Hitlers Schatten?, München 2000

Wirsching, Andreas (Hrsg.): Das Jahr 1933, Die nationalsozialistische Machteroberung und die deutsche Gesellschaft, Göttingen 2009

Wolfrum, Edgar: Die geglückte Republik, Stuttgart 2006

Volkmar Schneider

Der Berliner Gerichtsmediziner Prof. Fritz Strassmann (1858–1940): Obduzent in der Leichensache Rosa Luxemburg

„Die Ermordung von Rosa Luxemburg und Karl Liebknecht ist eine der großen Tragödien des 20. Jahrhunderts. Kaum ein politischer Mord hat so sehr die Gemüter bewegt und das politische Klima in Deutschland verändert wie jener in der Nacht vom 15. auf den 16. Januar 1919 vor dem Hotel mit dem paradiesischen Namen Eden. Der Mord war Auftakt für weitere politische Morde", schreibt Klaus Gietinger einleitend in seinem Buch „Eine Leiche im Landwehrkanal – Die Ermordung Rosa Luxemburgs" (Edition Nautilus, 2008).

Klaus Gietinger – Soziologe, Drehbuchautor und Regisseur – war es auch, der mich vor einigen Jahren bat, das Obduktionsprotokoll in der Leichensache Rosa Luxemburg aus dem Freiburger Militär-Archiv einmal näher anzusehen im Hinblick auf die Todesursache, aber auch im Hinblick auf die Identifizierung der Leiche. Genauer müsste man natürlich sagen: Dr. Rosa Luxemburg; denn die Mitbegründerin der Kommunistischen Partei Deutschlands hatte 1898 an der Staatswissenschaftlichen Fakultät der Universität Zürich promoviert und zwar mit dem Thema „Die industrielle Entwicklung Polens". Die erste promovierte Ärztin Deutschlands war Dorothea Erxleben aus Quedlinburg 1754. Sie gilt damit auch als Pionierin des Frauenstudiums. Dies nur als geschichtlicher Rückblick.

Prof. Fritz Strassmann, um den es heute im Besonderen gehen wird, war 1919, als er zusammen mit Prof. Paul Fraenckel die Leiche von Rosa Luxemburg in Zossen obduzierte, 61 Jahre alt. Er zählte damals zu den ganz Großen in unserem Fach. Er war auch – neben Ipsen und Kratter aus Österreich und Lesser, Puppe und Ungar aus Deutschland – der Mitbegründer der Deutschen Gesellschaft für gerichtliche Medizin im Jahre 1904 und er war auch der erste Vorsitzende dieser Gesellschaft. Vorläufer war die 1886 gegründete Sektion „Gerichtliche Medizin" innerhalb der Gesellschaft Deutscher Naturforscher und Ärzte, die 1822 in Leipzig gegründet worden war. In seiner Begrüßungsansprache 1905 in Meran sagte Strassmann: „Die Gerichtliche Medizin hat erst in den letzten Jahren im Deutschen Reiche eine würdigere Stellung errungen; sie war vielfach einer Geringschätzung und Zurückhaltung begegnet (…) Nichts wird aber mehr dazu dienen, unser Ansehen zu heben, als die Steigerung unserer wissenschaftlichen Leistungen". Derzeit gehören der Deutschen Gesellschaft für Rechtsmedizin 470 Mitglieder an. Die

Namensänderung von „Gerichtliche und Soziale Medizin“ in „Rechtsmedizin“ erfolgte 1968 in Anlehnung an den angelsächsischen Sprachgebrauch.

Vor nunmehr neun Jahren haben wir den 100sten Jahrestag der Gründung unserer Fachgesellschaft gefeiert, genauer gesagt an zwei Tagen: einmal in Berlin-Dahlem im Harnack-Haus und einen Tag später in Breslau in der Barock-Aula der Universität. In Breslau fand nämlich 1904 die Gründungsversammlung statt. Den Festvortrag im Harnack-Haus hielt Frau Prof. Dr. jur. Dr. h.c. mult. Jutta Limbach, ehemals Präsidentin des Bundesverfassungsgerichts, aber auch ehemals Professorin an der Juristischen Fakultät der Freien Universität. Sie sprach über das Thema: „Elite – was ist das?“. Ihr Vortrag fand große Beachtung. Ausgezeichnet wurde sie mit der Fritz- Strassmann-Medaille, die anlässlich der 100-Jahr-Feier von der Deutschen Gesellschaft für Rechtsmedizin gestiftet worden war. Mit der Fritz-Strassmann- Medaille wird nun jedes Jahr anlässlich der Jahrestagung eine Persönlichkeit des öffentlichen Lebens ausgezeichnet, die durch ihr berufliches oder ehrenamtliches Engagement ihre besondere Verbundenheit mit unserem Fach bewiesen hat. Der nächstfolgende Preisträger war der Generalbundesanwalt Kay Nehm. Auf der Vorderseite der Medaille befindet sich das Portrait von Fritz Strassmann, auf der Rückseite das Logo – das alte Logo muss man jetzt sagen – mit der Aufschrift „Pro Meritis. Deutsche Gesellschaft für Rechtsmedizin, gegründet 1904“. Mit der Organisation der Hundert-Jahr-Feier waren wir, meine Mitarbeiter und ich, vom Vorstand betraut worden, die Schaffung der Medaille ging auf meine Initiative zurück, ebenso auch der damalige Wissenschafts-Preis und der Promotions-Preis, worauf ich schon ein wenig stolz bin. Der Promotions-Preis besteht aus einer Urkunde und einem Betrag in Geld. Derzeit sind es 500 Euro.

Zwei Jahre nach dem Bau der Berliner Mauer – d.h. im Jahre 1963 – ist in der DDR eine eigenständige Fachgesellschaft gegründet worden. Sie existierte bis 1990. Für besondere Leistungen verlieh sie die Richard-Kockel-Medaille, benannte nach dem Leipziger Gerichtsmediziner Kockel (1865–1934). Am Ende der DDR-Zeit erhielt ich auch noch die Richard-Kockel-Medaille. Viele Mitglieder der Gesellschaft für gerichtliche Medizin der DDR (GFGM) traten nach 1990 der Deutschen Gesellschaft für Rechtsmedizin (DGRM) bei, nicht so aber Prof. Prokop aus Ost-Berlin. Wenn ich mich recht erinnere, lehnte er es ab, einen Aufnahmeantrag gemäß unserer Satzung zu stellen unter Nennung von zwei Bürgen.

Die Deutsche Gesellschaft für gerichtliche Medizin – heute: Deutsche Gesellschaft für Rechtsmedizin – zählt zu den ältesten Fachgesellschaften innerhalb der AWMF, der Arbeitsgemeinschaft der Wissenschaftlichen Medizinischen Fachgesellschaften. Dort findet man auch die sogenannten Leitlinien, z.B. die Leitlinien zur inneren und äußeren Leichenschau. Und damit sind wir wieder bei meinem Fach, der Rechtsmedizin und bei meinem Amts-vor-vor-vor-gänger, Prof. Dr. med.

Dr. jur. h.c. Fritz Strassmann. Die älteren Mediziner verbinden mit dem Namen Strassmann vielleicht noch das von ihm 1895 herausgegebene Lehrbuch der Gerichtlichen Medizin, ein „Jahrhundert-Werk" möchte man sagen. Auf 680 Seiten war das Wissen der damaligen Zeit, auch heute noch gut lesbar, zusammengetragen. Gewidmet hatte Strassmann das Lehrbuch seinem Lehrer und Amtsvorgänger, Prof. Carl Liman (1818–1891). Seine Nachfolger waren dann die Professoren Müller-Heß (1883–1960) aus Bonn und Krauland (1912–1988) aus Münster kommend. Prof. Krauland war wiederum mein Lehrer und Amtsvorgänger.

Im Vorwort seines Lehrbuches schreibt Strassmann: „Ich wage nicht zu hoffen, dass ich überall das Richtige getroffen habe – ich will zufrieden sein, wenn es mir ungefähr geglückt ist". Solche Bescheidenheit ist heute eher selten anzutreffen. Heute sind wir schon einen Schritt weiter – Stichwort: Plagiate.

Richtig begonnen hat hier in Berlin alles mit Wagner (1793–1846). Er gilt als der Vater der praktischen Unterrichtsanstalt für Staatsarzneikunde. Habilitierte Schüler hinterließ er aber keine. Sein Nachfolger wurde Casper (1796–1864). Casper wird als der Begründer der modernen Gerichtlichen Medizin in Preußen bezeichnet. Bei Casper hat sich Liman 1861 habilitiert. Habilitierte Schüler von Liman waren Lesser, Habilitation 1881 und Strassmann, Habilitation 1889. Die Habilitationen erfolgten noch für Staatsarzneikunde. Referent bei Strassmann war Rudolf Virchow, Korreferent Ernst Leyden. Das Thema der Antrittsvorlesung von Strassmann lautete:

„Über Leichenerscheinungen im Wasser".

30 Jahre später ging es erneut um eine Wasserleiche, um eine zunächst unbekannte Frauenleiche aus dem Wasser im Zustand beginnender Fäulnis. Fundort war der Landwehrkanal in Berlin-Tiergarten direkt unter dem Bogen der Stadtbahnbrücke. Es war der 31. Mai 1919 gegen 5 Uhr 45. Entdeckt wurde die Leiche von einem Schleusenarbeiter. Gegen 10 Uhr wurde die Leiche mit einem Leichenwagen abgeholt. Zunächst brachte man sie in das Leichenschauhaus (Hannoverschen Strasse 6). Am 3. Juni erfolgte die Obduktion in Zossen. Dabei wurden auch zwei Fotos gemacht. Diese liegen auch heute noch, für jeden Interessierten einsehbar, im Freiburger Militärarchiv, ebenso auch das Obduktionsprotokoll, das Gutachten über die feingewebliche Nachuntersuchung verschiedener Gewebeproben und das abschließende Gutachten.

In dem Buch von Klaus Gietinger lesen wir Folgendes zum Tatgeschehen: „Der Liebknecht-Transport kam zurück und meldete Vollzug. Souchon ging nach draußen.

Pabst ließ den Luxemburg-Transport abgehen. Wieder geschahen die Kolbenschläge Runges außer Plan. Rosa Luxemburg wurde ins Auto geworfen wie ein Stück Vieh. Der Wagen fuhr an, von Rzewuski sprang kurz auf, schlug die Bewusstlose und sprang wieder ab. Mit an Sicherheit grenzender Wahrscheinlichkeit sprang dann nach weiteren 40 Metern Fahrt an der Ecke Kurfürstendamm/Nürnberger Straße Souchon, der dort im Dunkeln kurz gewartet hatte, auf das linke Trittbrett, beugte sich zur bewusstlosen Rosa Luxemburg, setzte ihr seine Mauserpistole, Kaliber 7,65 mm, an die linke Schläfe und drückte ab. Der Schuss ging zuerst nicht los, da er in der Aufregung vergessen hatte, die Waffe zu entsichern. Er entsicherte die Waffe, drückte erneut ab. Der Schuss ging quer durch den Kopf und zertrümmerte ihn. Rosa Luxemburg war sofort tot. Souchon sprang wieder ab und verschwand in der Nacht".

Nach den erhobenen Befunden, aber auch im Hinblick auf die Kleidung und die sonstigen Zeugenaussagen besteht nicht der geringste Zweifel, dass es sich bei der in Zossen untersuchten Frauenleiche um die der Rosa Luxemburg gehandelt hat. Als Todesursache fand sich ein Kopfdurchschuss mit einer Einschussöffnung vor dem linken Ohr und einem Ausschuss im Bereich des rechten Unterkiefers. Der Erhaltungszustand der Leiche war mit der „Wasserliegezeit" von etwa 4 ½ Monaten auch in Einklang zu bringen. Ich selbst habe mich in dieser Sache zweimal gutachterlich geäußert (Rosa-Luxemburg-Forschungsberichte 7, 2010), ebenso auch Prof. Bundschuh, ehemals Mitarbeiter von Prof. Prokop aus dem Ost-Berliner Institut für Gerichtliche Medizin. Er sprach in diesem Zusammenhang sogar von „Scharlatanerie", bezogen auf meinen Nachfolger, Prof. Tsokos, der über Monate behauptete bzw. behaupten ließ, dass er in seinem Museum offensichtlich die Leiche von Rosa Luxemburg gefunden habe. Bei der Museumsleiche handelte sich um eine kopflose Fettwachsleiche, der auch Hände und Füße fehlten. Diese Leiche war nicht obduziert. Wie Tsokos zu dieser Behauptung gekommen ist und warum er mit dieser Behauptung in die Öffentlichkeit gegangen ist, obwohl er den Beweis nicht antreten konnte, bleibt wohl für immer sein Geheimnis. Seine Schlagzeilen im In- und Ausland hat es allerdings gehabt. Mit Bescheidenheit hat dies (siehe oben) nichts zu tun. Und die Sache wird nicht dadurch besser, dass Tsokos die Unterlagen aus Freiburg kannte – im Gegenteil (!), möchte man sagen. Die Großnichte von Rosa Luxemburg, eine noch heute in Israel lebende Professorin, konnte nur noch den Kopf schütteln, wie sie mir bei einem Besuch in Berlin sagte. Zugleich ist den damaligen Obduzenten, den Professoren Strassmann und Fraenckel, indirekt der Vorwurf gemacht worden, dass sie 1919 an einer Fälschung mitgewirkt haben – sie hätte damals eben nicht die Leiche von Rosa Luxemburg obduziert, sondern möglicherweise irgendeine Selbstmörderin aus dem Landwehrkanal. Prof. Tsokos hat meinen Lehrstuhl am 1. Januar 2007 übernommen. Die Personalunion in der Leitung (Universitätsinstitut/Landesinstitut) wurde beibehalten.

In meiner ergänzenden gutachterlichen Stellungnahme vom 16. Oktober 2009 habe ich mich wie folgt geäußert: „Die Identifizierung der (vollständigen) Leiche erfolgte durch Zeugen und durch die beiden Obduzenten Prof. Strassmann und Prof. Fraenckel (Kleidung, Schmuck, Körpergröße, Haarfarbe, Hautverfärbungen durch die nasse Kleidung, Wasserliegezeit (beginnende Fettwachsbildung), Übereinstimmung der festgestellten Verletzungen mit den Angaben zum Tatgeschehen). An einem Kopfschuss (Durchschuss) gibt es nach den Obduktionsbefunden auch keinen Zweifel – Einschusslücke (Durchmesser etwa 7 mm) vor dem linken Ohr, Ausschuss über dem rechten Unterkiefer (überlagert möglicherweise von stumpfen Verletzungen durch Kolbenhieb). Die Einschusslücke ist auf dem Lichtbild zu erkennen (bei nicht optimaler Bildqualität infolge der Fäulnisveränderungen). Das Gehirn war nicht unmittelbar verletzt, war aber bei dem Schussverlauf (von links nach rechts absteigend) auch gar nicht zu erwarten. Gleiches trifft auch für die harte Hirnhaut zu. Die feingeweblichen Untersuchungen geben weitere Aufschlüsse (z.B. Fettembolie) – Anmerkung: ein vergleichbarer Fall wäre heute auch nicht anders bearbeitet worden, sieht man einmal von den Möglichkeiten moderner Labormethoden ab. – Ohne Zweifel gehören das Obduktionsprotokoll mit dem vorläufigen Gutachten und das Nachtragsgutachten zur gleichen Leiche, nämlich zur Leiche der Rosa Luxemburg. Die beschriebenen Verkrümmungen der Wirbelsäule könnten die bekannten Gang- Veränderungen zu Lebzeiten erklären".

Mir selbst war in meiner aktiven Zeit, nachdem ich im Jahre 2003 auch das Ost- Berliner Institut für Rechtsmedizin mit übernahm, zu Ohren gekommen, dass sich in dem dortigen Instituts-Museum möglicherweise die Leiche von Rosa Luxemburg befinden würde. Ohne Kenntnis der Unterlagen in Freiburg hatte ich sogleich eine DNA-Untersuchung veranlasst, ebenso auch eine Foto- und Röntgendokumentation. Die Ergebnisse waren aber nicht weiterführend, so dass ich veranlasst hatte, die kopflose Leiche zu bestatten. In diese Zeit fiel dann der Wechsel in der Leitung mit allen weiteren medienwirksamen „Auftritten" meines Nachfolgers – z.B. Spurensuche in Warschau, begleitet von einem Filmteam. Die kopflose Museums-Leiche ist inzwischen nach erfolgter gerichtlicher Obduktion (!) unter „unbekannt, weiblich" bestattet worden. Diesmal allerdings ohne „Medien-Rummel".

Prof. Strassmann hat diesen Umgang posthum nicht verdient, auch nicht der zweite Obduzent, Prof. Fraenckel. Beide können sich heute ja nicht mehr gegen diese unwahren Behauptungen wehren. Fraenckel, ebenso wie Strassmann aus einer jüdischen Familie stammend, hat sich später, wenige Tage nachdem er den „Juden-Stern" hätte tragen müssen, selbst vergiftet. Unter dem Titel „Wo befindet sich die Leiche von Rosa Luxemburg? Über unbewiesene Behauptungen eines jungen Professors – oder – Wie schafft man es, 90 Jahre nach dem Mord an Rosa Luxemburg über Monate in den Medien zu sein? Zeitgeschichte mal ganz anders" habe ich mich mit einer Dokumentation (133 Seiten) zu Wort gemeldet, ohne aber dass die Medien davon Kenntnis genommen hätten. Die Richtigstellung war eben keine Schlagzeile mehr wert. Wer mehr dazu wissen möchte, dem sei auch die Monografie von Annelies Laschitza und Klaus Glietinger empfohlen mit dem Titel „Rosa Luxemburgs Tod – Dokumente und Kommentare" (Rosa-Luxemburg-Stiftung Sachsen, 2010). In einer Fernseh-Dokumentation wurde meine Richtigstellung nur „halbherzig" aufgegriffen. Der Film war wohl schon weitgehend abgedreht.

Nun aber zurück zu Prof. Strassmann. Hier orientiere ich mich an den Ausführungen von Prof. Winau, den leider viel zu früh verstorbenen Vertreter der Medizingeschichte an der Freien Universität, später dann an der Charité (neu). Seinen Vortrag „Die Familie Strassmann" hielt er im Botanischen Museum anlässlich meines 60. Geburtstages, d.h. im Jahre 2000. Des weiteren verweise ich auf unser kleines Buch „Eine bedeutende Ärztedynastie – Die Strassmanns", erschienen als Band 129 in der Reihe „Jüdische Miniaturen" im Hentrich und Hentrich Verlag, Berlin 2012. Mitautorin ist Frau Dr. Jutta Lange-Quassowski. Ein besonderer Kenner der Berliner Medizin ist auch der Medizinhistoriker, Herr Dr. Dr. Stürzbecher, dem ich wichtige Information verdanke. Zusammen mit dem Enkel von Prof. Strassmann, Fred Strassmann (USA), habe ich unlängst die Lebenserinnerungen seines Großvaters herausgegeben (Privatdruck, 2013). Und schließlich liegt auch noch eine Doktorarbeit über Fritz Strassmann vor (C. Menzel, Humboldt-Universität, 1989).

In den Jahren 1866 bis 1875 besuchte Fritz Strassmann das Friedrichs-Gymnasium in Berlin, das er mit dem Zeugnis der Reife verließ. Schon in jungen Jahren, so Menzel, hatte er viele Interessen. Literatur und Kunstgeschichte zogen ihn besonders an und seine Vorliebe für Geschichte war so groß, dass er sich eine Zeit lang mit dem Gedanken trug, das Studium der Geschichte zu seiner Lebensaufgabe zu machen. Mit seiner Entscheidung, ein Medizinstudium aufzunehmen, führte er einerseits eine Familientradition fort und andererseits entsprach sie der typischen Berufsstruktur, die sich über Jahrzehnte für die jüdische Bevölkerungsgruppe herausgebildet hatte.

Über seinen Vater, geboren 1826, schreibt Fritz Strassmann, dass er in den vierziger Jahren nach Berlin kam, hier Medizin studierte und dann bis zu seinem Tode als Arzt wirkte. Er war bei seinen Patienten außerordentlich beliebt und genoss die besondere Hochachtung seiner Kollegen. Bei seinem Tode wurde in der „Berliner Klinischen Wochenschrift" von ihm gesagt, er war eine Zierde seines Standes. Er betreute die Familien, deren Hausarzt er war, das Jahr über und empfing dann am Jahresende das von diesen Familien selbst bestimmte Honorar. Er hat nie in seinem Leben eine Rechnung geschrieben, war überhaupt von einer vorbildlichen Noblesse in seiner Gesinnung, wie es heißt.

Seitdem haben sich die Verhältnisse schon ein wenig geändert. Rechnungen zu schreiben, gehört für einige unserer Kollegen mit zum wichtigsten Teil ihrer Arbeit. Medizin ist inzwischen zu einem Geschäft geworden, für nicht wenige zu einem lukrativen Geschäft. Als ich einmal im Urlaub von einem Auto angefahren und dann mit Blaulicht ins nächste Krankenhaus gebracht worden bin, war dort nicht die erste Frage, wie es mir ginge, ob ich Schmerzen habe, sondern wie ich denn versichert sei. Man redet schon seit einiger Zeit von der Zwei-Klassen-Medizin. Andererseits gibt es auch heute noch unter den jungen Ärzten solche, die den Arztberuf aus innerer Überzeugung gewählt haben. Von meinem Sohn kann ich das auch behaupten. Dass er nicht Rechtsmediziner sondern Anästhesist und Intensivmediziner geworden ist, kann ich ihm nicht vorwerfen. Wenn unter den sechs Enkeln von uns auch wieder ein Enkel (oder mehrere?) den Arztberuf ergreifen sollte, geschähe dies dann schon in der sechsten Generation. Ganz zu Beginn war der Vorfahre meiner Frau allerdings ein Bader, also kein studierter Mediziner.

In seinen Lebenserinnerungen bemängelt Strassmann, dass die jungen angehenden Ärzte zwar fleißig gearbeitet hätten und medizinisch gut ausgebildet seien, dass aber ihre allgemeine Bildung gegenüber der älteren Generation nachgelassen habe. Ich denke, dass dieser Eindruck auch heute besteht. Während meiner aktiven Zeit habe ich über viele Semester an den sogenannten Aufnahme-Gesprächen für Erst-Semester teilgenommen. Nachdem, was ich dabei erfahren habe, würde ich mich der Einschätzung von Strassman, bezogen auf die heutige Zeit, durchaus anschließen. Das Internet trägt offensichtlich nicht gerade zur Bildung bei, und auch die sozialen Netze tun dies eher nicht. Das Internet bahnt geradezu den Weg für Plagiate. Und auf das „studium generale" hat man ohne Not schon vor Jahrzehnten verzichtet. Auch bei der Betreuung von Doktorarbeiten gewinnt man manchmal den Eindruck, dass Schule und Elternhaus vielleicht etwas mehr hätten tun sollen. Heute herrscht die Ansicht vielfach vor: viel erreichen bei möglichst wenig Anstrengung. Spaß haben ist angesagt, auch oder gerade bei den Jung-Akademikern.

Sein Studium begann Strassmann im Wintersemester 1875 in Berlin. Im zweiten Semester ging er nach Heidelberg, im dritten nach Leipzig, das damals, wie Strassmann schreibt, ähnlich wie zu Goethes Zeiten, sehr in Mode war. Physikum 1878. Den klinischen Teil seines Studiums absolvierte er wiederum in Berlin. Zu dieser Zeit war Helmholtz Rektor. Sein „examen rigorosum" bestand Strassmann 1879 mit „cum laude". Geprüft wurde er u.a. von den Professoren v. Bardeleben und du Bois-Reymond, Namen, die auch heute noch einen Klang haben. In das gleiche Jahr fällt auch seine Promotion. Thema seiner Dissertation: „Über die präfebrile Harnstoffausscheidung" – Note: „cum laude". Als Assistent war er dann in Jena, Leipzig und wieder in Berlin.

Georg Strassmann, sein Sohn – ebenfalls Professor für Gerichtsmedizin, zuletzt vor der Emigration in die USA in Breslau tätig – hatte folgendes zu berichten: „Als er, Fritz Strassmann, das Leipziger Pathologische Institut verließ, um sich der gerichtlichen Medizin zuzuwenden, fragte ihn Cohnheim, warum er plötzlich solches Interesse für Wasserleichen zeige. Es war offenbar eine weit verbreitete Ansicht, dass die gerichtlichen Mediziner nichts anderes zu tun hätten, als Wasserleichen zu sezieren". Hier darf ich einfügen, dass ich selbst auch einen „Hang zu Wasserleichen" habe, insofern als ich über den Nachweis von Diatomeen zur Diagnostik des Ertrinkungstodes promoviert habe. Also, die Vermutung des Leipziger Pathologen ist nicht ganz von der Hand zu weisen. Promoviert habe ich im Jahr 1965. Ich sehe somit dem goldenen Doktorjubiläum schon entgegen.

Am 1. April 1884 trat Strassmann als Assistent in das Berliner Institut ein. Als Liman, sein Chef, am 22. November 1891 starb, wurde es notwendig, das Direktorat der Unterrichtsanstalt für Staatsarzneikunde neu zu besetzen. Ende 1891 wurde Strassmann kommissarischer Leiter. Es sollten aber noch drei Jahre vergehen, bis die Nachfolge endgültig entschieden wurde. Er war dann ab 1894 regulär Direktor des Instituts für Gerichtsmedizin, außerdem Direktor der Praktischen Unterrichtsanstalt für Staatsarzneikunde und außerordentlicher Professor. Drei Jahre musste er also warten. Lag es daran, dass das Fach, die Gerichtsmedizin, wenig Ansehen genoss? Lag es daran, dass Strassmann aus einer jüdischen Familie stammte? In einem Gutachten der Medizinischen Fakultät, unterschrieben u.a. von Ernst von Bergmann, hieß es: „Dr. Fritz Strassmann hat sich die Zufriedenheit der Fakultät und die Anerkennung seiner wissenschaftlichen Leistungen zu verdienen gewusst. Seine Lehrtätigkeit ist eine fruchtbare gewesen, da im Augenblick nicht weniger als 94 Zuhörer bei ihm inscribiert sind. Ebenso hat er tüchtige Arbeiten in den letzten zwei Jahren veröffentlicht". Auch stand er damals in Innsbruck auf Platz 1 der Berufungsliste. 1895 wurde er in die Deutsche Akademie der Naturforscher Leopoldina aufgenommen. Im gleichen Jahr erschien auch sein berühmtes Lehrbuch. 1921 erhielt er schließlich eine ordentliche Professur für gerichtliche Medizin. Zwischen der Ernennung zum außerordentlichen Professor und der Berufung als ordentlicher Professor lagen somit 27(!) Jahre. Am 1. Oktober 1926 wurde er emeritiert. Sein kommissarischer Nachfolger als Direktor des Instituts für Gerichtsmedizin wurde Paul Fraenckel, mit dem er u.a. auch die Leiche der Rosa Luxemburg obduziert hatte.

Der Ruf an die Berliner Universität war früher die Krönung der beruflichen Karriere eines Wissenschaftlers. Das mag heute vielleicht anders sein. Nach wie vor misst man aber die Güte einer Universität an der wissenschaftlichen Reputation der Fachvertreter. Schlechte Berufungen können ein Fach um Jahrzehnte zurückwerfen. Die Hoffnung, dass ein „schwacher" Fachvertreter bald wieder weg berufen wird, dürfte eher gering sein. Bei „Fehlbesetzungen" löst sich das Problem meist erst biologisch und das kann dauern. Mit der Berufung Strassmanns lag man aber richtig. Mit seinem Lehrbuch hat er sicher alle überzeugt. Eine italienische und eine russische Übersetzung ließ nicht lange auf sich warten. Ein weiterer Höhepunkt, so sah es Strassmann auch selbst, war seine Ehrenpromotion durch die Universität Edinburgh im Jahre 1913 zum Dr. jur. h.c. sechs Jahre vor dem Mord an Rosa Luxemburg.

Aber auch die Leiche von Karl Liebknecht – Dr. Karl Liebknecht müsste man richtiger Weise sagen – ist von Prof. Strassmann obduziert worden. Er hat darüber auch in einer wissenschaftlichen Publikation berichtet und zwar unter der Überschrift „Erschießen auf der Flucht" (Dtsch. Zschr. ges. gerichtl. Med. 4 (1925) 247–253). Drei Jahre später, d.h. im Jahre 1922, fand wieder ein politischer Mord statt, genauer gesagt in Berlin-Grunewald. Opfer war der damalige Reichsaußenminister Walther Rathenau. Sein Wohnhaus in der Königsallee gibt es noch heute mit einer Gedenktafel. Am Ort des Geschehens steht ein Gedenkstein. Auch in diesem Fall hat Prof. Strassmann die gerichtliche Obduktion durchgeführt.

Für einen Gerichtsmediziner in leitender Position muss das eine aufregende Zeit gewesen sein, vergleichbar mit den Morden, die wir zu bearbeiten hatten, beginnend mit der Leiche von Benno Ohnesorg 1967 bis hin zu den Fällen „von Drenkmann", „Schmücker" und „von Rauch", um nur einige Beispiele zu nennen – siehe hierzu auch meine beiden Bücher aus dem Militzke Verlag, Leipzig „Brisante Fälle auf dem Seziertisch" und „…und Tote reden doch".

1924 wurde die Gerichtsmedizin als Prüfungsfach in die Prüfungsordnung aufgenommen. Im Vorlesungsverzeichnis des Wintersemesters 1927/28 ist vermerkt, dass Prof. Strassmann von seinen amtlichen Pflichten entbunden ist. Im Sommer- Semester 1928 kündigte er aber noch eine Vorlesung über Gerichtliche Medizin für Juristen an, die er „privatim" hielt. Nachdem Zangger aus Zürich abgesagt hatte, wurde Müller-Heß (Bonn) 1930 nach Berlin berufen. Als Strassmann aus seinem Amt ausschied, wurde eine Bronzebüste von ihm im Institut aufgestellt. Als ich „sein Institut" in Berlin-Mitte im Jahr 2003 mit übernahm (nach der Fusion der beiden Universitätsinstitute für Rechtsmedizin – FU und HU), war seine Büste offensichtlich nicht mehr vorhanden. Über ihren Verbleib ist mir nichts bekannt. Vielleicht wird sie irgendwann einmal entdeckt, wie jetzt die Bilder in der Wohnung des Sohnes von dem Kunsthändler Gurlitt.

Am 4. Dezember 1933 trat Fritz Strassmann gemeinsam mit seiner Ehefrau aus dem Judentum aus. Zwei Jahre später musste er eine dienstliche Erklärung abgeben, dass all seine Großeltern jüdischer Abstammung waren. Damit galt er für die Nazis als Jude. Am 22. Februar 1936 teilte der Rektor der Berliner Universität Strassmann mit, dass ihm mit Ablauf des 31. Dezember 1935 die Lehrbefugnis an der Universität entzogen wurde. Ab 1939 mussten alle Juden zwangsweise den Vornamen Israel bzw. Sara tragen, in ihre Pässe wurde als Kennzeichen ein „J" eingestempelt. 1934 starb seine Ehefrau Rose. Fritz Strassmann folgte ihr sechs Jahre später. Beide liegen auf dem Südwestkirchhof in Stahnsdorf. Meine Bemühungen, die Grabstelle in eine Ehrengrabstelle umzuwandeln, ist mir bis heute nicht geglückt, obwohl ein positives Gutachten bereits vorlag und man mir von Seiten des Senats Hoffnungen gemacht hatte.

Dann aber kam alles ganz anders. Inzwischen gab es nämlich neue Statuten. Dies wurde mir in einem kurzen Telefonat mitgeteilt. Auf eine schriftliche Antwort warte ich noch heute. Die letzte Entscheidung hat, wie mir gesagt wurde, immer der Regierende Bürgermeister.

Prof. Fritz Strassmann starb am 30. Januar 1940. Zuvor hatte er einen Schlaganfall erlitten. Einen Nachruf aus dieser Zeit sucht man vergebens. Durch seinen Tod blieb ihm aber erspart, miterleben zu müssen, dass sein jüngerer Sohn, der Mathematiker Dr. Reinhold Strassmann, 1944 in Auschwitz ermordet worden ist. Für ihn, den Sohn, ist kürzlich ein „Stolperstein" in Schlachtensee vor dem ehemaligen Wohnhaus der Familie Strassmann verlegt worden. Georg, der ältere Sohn, konnte noch 1938 in die USA emigrieren. Ich selbst habe ihn bei einem Besuch hier in Berlin kennen gelernt. Dessen Sohn Fred kam jetzt aus Amerika zur Verlegung des Stolpersteins für seinen Onkel Reinhold. Wer mehr über die Strassmanns in Berlin erfahren möchte, dem sei das Buch von W. Paul Strassmann (USA) empfohlen „Die Strassmanns – Schicksale einer deutsch-jüdischen Familie über zwei Jahrhunderte" (Campus Verlag, 2006). Über das Schicksal von Reinhold hat meine Mitautorin, Frau Dr. Lange-Quassowski, viel zusammengetragen, ein bewegendes Schicksal (siehe hierzu: http://www.tribuene.de/Lange-Quassowski_Strassmann).

180 Namen befinden sich auf den beiden Stelen auf dem Gelände der Charité in Berlin-Mitte, darunter auch die Namen von Fritz Strassmann, dem Gerichtsmediziner und Paul Strassmann, dem Frauenarzt. Beide sind zwar eines natürlichen Todes gestorben, in der NS-Zeit ist aber beiden großes Unrecht widerfahren. Damit sich solches nicht wiederholt, ist es wichtig, die Erinnerungen an das dunkle Kapitel unserer Geschichte auch für die nächst folgenden Generationen wach zu halten. Zeitzeugen wird es bald nicht mehr geben. Bücher, wie die genannten, sind deshalb wichtiger denn je – nicht nur dass sie gekauft, sondern dass sie auch gelesen werden. Für ihr Engagement möchte ich Frau Dr. Nora Pester, Verlegerin und Besitzerin des Hentrich und Hentrich Verlages Berlin, an dieser Stelle und zum Schluss meiner Ausführungen herzlich danken, dass sie sich dieser Aufgabe mit der Herausgabe der Reihe „Jüdische Miniaturen" angenommen hat. Wir sollten gerade die jüngeren Verleger und Verlegerinnen bei ihrem Engagement unterstützen.

Leicht haben sie es nicht in der heutigen Zeit, in der Bücher wie „Feuchtgebiete" den Markt beherrschen und den Umsatz bringen. Leider leben wir in einer Zeit, in der auch Ordinarien Bücher schreiben bzw. schreiben lassen, die nur der Unterhaltung dienen mit meist sehr kurzer Halbwertszeit. Die seriöse Wissenschaft mutiert – dank des Fernsehens – immer mehr zur „Unterhaltungs"-Wissenschaft, mein Fach mit eingeschlossen. Früher wollten alle Menschen in den Himmel, heute wollen alle ins Fernsehen – nach dem Motto: Ich talke – also bin ich.

Bernd Mahr

Furcht und Angst und das Verhältnis von Prophezeiung und Modell

1. Vorbemerkungen

Mein Vortrag hat eine Vorgeschichte: 2006 bat mich der ZEIT-Verlag um ein Essay zur ‚*Probabilistik der Apokalypse*'. Ich fragte damals, wie ein Wahrscheinlichkeitsraum begründet werden könnte, in dem die in der Offenbarung des Johannes prophezeite Apokalypse eine positive Wahrscheinlichkeit hat.[1] Vier Jahre später lasen Daniel Weidner und Stefan Willer vom Berliner Institut für Literatur und Kulturforschung meinen Text und luden mich ein, bei ihrer Jahrestagung einen Vortrag zu halten. Mich interessierte der Zusammenhang, der allgemein erklärt, wie wir die Zukunft aus der Gegenwart heraus fassen, wie wir auf Zukünftiges Bezug nehmen und wie wir im Hinblick auf zukünftige Sachverhalte und Ereignisse Überzeugungen gewinnen. Im Nachgang zu dieser Tagung entstand das von Weidner und Willer herausgegebene Buch ‚*Prophetie und Prognostik – Verfügungen über Zukunft in Wissenschaften, Religionen und Künsten*', in dem auch eine Ausarbeitung meines damaligen Vortrags enthalten ist.[2] Kurze Zeit nach meinem Vortrag wurde ich von dem Münsteraner Ethnologen Andreas Hartmann eingeladen, einen Beitrag zu einem Buch über Repräsentationen der Zukunft zu schreiben. Diese Aufgabe hat mich dann lange beschäftigt und schließlich zu einem umfangreicheren Text geführt.[3] Ich vergleiche darin verschiedene Erklärungen des intentionalen Akts der Bezugnahme, insbesondere der Bezugnahme auf Zukünftiges (Parmenides, Leibniz, Frege, Brentano, Twardowski, Husserl und Searle), und stelle sie meinem aus der Mathematik und Linguistik inspirierten Modell der

1 Bernd Mahr: *Die Probabilistik der Apokalypse*, in: Kursbuch, Heft 164 zum Thema *Von Prophezeiungen und anderen Unglücksraben*, Hamburg: ZEIT Verlag 2006, S. 59–71.

2 Bernd Mahr: *Furcht und Angst und das Verhältnis von Prophezeiung und Modell – dargelegt an der Offenbarung des Johannes*, in: Daniel Weidner, Stefan Willer (Hg.): *Prophetie und Prognostik – Verfügungen über Zukunft in Wissenschaften, Religionen und Künsten*, Reihe: Trajekte, München: Fink Verlag 2013, S. 167–190.

3 Bernd Mahr: *Modelle der Bezugnahme auf Zukünftiges*, in: Andreas Hartmann, Oliwia Murawska (Hg.): *Representing the Future: Zur kulturellen Logik der Zukunft*, Bielefeld: transcript 2015, S. 111–178.

Auffassung gegenüber. Der heutige Vortrag greift auf alle diese Vorarbeiten zurück. Und er war für mich eine Gelegenheit, das Thema wieder weiter zu denken.

2. Der Zusammenhang von Angst, Prophezeiung und Modell

Schon in der antiken Philosophie, explizit aber mit der Existenzphilosophie des 19. und 20. Jahrhunderts macht man einen Unterschied zwischen Furcht und Angst. Furcht ist ein intentionaler Zustand, der mit einer Vorstellung von dem verbunden ist, was gefürchtet wird. Angst dagegen ist eine Befindlichkeit, die auf nichts gerichtet ist. Sie ist unbestimmt. Beide sind auf Zukünftiges hin orientiert, aber nur bei der Furcht ist dieses Zukünftige auch vorstellbar. Bei der Angst fehlt diese Vorstellung. Weil Prophezeiungen Vorstellungen von etwas geben, das zukünftig sein wird, können sie Angst in Furcht und Erwartung verwandeln. Dies ist meine erste These. Die Frage, warum Prophezeiungen, wenn sie unscharf sind, eventuell über lange Zeit hin ihre Kraft nicht verlieren, kann man dadurch erklären, dass sie Modelle sind. Das ist meine zweite These. Als Modelle greifen Prophezeiungen Ängste auf und stellen sie in einen geordneten Zusammenhang von Vorstellungen. Sie treten uns dann als *Modelle für eine zukünftige Realität* entgegen. Anhaltende Wirkkraft besitzen sie besonders dann, wenn die Vorstellungen, die sie vermitteln, über die Zeit hinweg an veränderte Realitäten angepasst werden können.

Wie kann man diese Thesen beweisen? Gar nicht! Man kann sie nur glaubhaft machen. Während ich die These über den Zusammenhang von Furcht, Angst und Prophezeiung weitgehend aus der Literatur begründen kann, muss ich die These von Prophezeiungen als Modelle exemplarisch belegen. Das Beispiel, an dem ich das tue, ist die Offenbarung des Johannes, die in unserer Kultur die wohl bedeutendste Prophezeiung ist.

3. Die Emotion der Furcht

Furcht ist als mentaler Zustand auf etwas gerichtet und besitzt daher Intentionalität; Furcht ist eine Emotion[4]; *man fürchtet etwas*. Furcht wird erlebt. Ihr liegt eine Vorstellung von dem zugrunde, was gefürchtet wird, ein propositionaler Gehalt, etwas, das gesagt werden kann.[5]

---

4 Sabine A. Döring (Hg.): *Philosophie der Gefühle*, Frankfurt a.M.: Suhrkamp 2009.

5 Vgl. Bernhard Bolzano: *Wissenschaftslehre* (1837), 4 Bände, Aalen: Scientia Verlag 1981, Band 1, § 47 bis § 114, S. 215–536; Franz Brentano: *Psychologie vom Empirischen Standpunkt – Von der Klassifikation der psychischen Phänomene* (1874), in: Thomas

Das, worauf sich Furcht bezieht, ist nicht das, was sie auslöst. Das Aufziehen eines Gewitters kann die Furcht auslösen, dass das Haus, in dem man sich aufhält, vom Blitz getroffen wird, oder ein Hund kann die Furcht vor einem Biss auslösen. In beiden Fällen ist das Ereignis, das die Furcht auslöst, d.h. das Gewitter oder der Hund, nicht das, was gefürchtet wird, sondern ein Zeichen, ein Index. Es verweist auf etwas Anderes, auf etwas, dessen Vorstellung mit einem Schrecken verbunden ist, zu dem es möglicherweise kommen kann: im ersten Fall ist dieser Schrecken das Erleiden eines Verlustes und im zweiten Fall das Erleben der Pein des körperlichen Schmerzes einer Verwundung. Im Moment der Furcht sind das Erleiden und das Erleben nicht real. Sie existieren nur in der Vorstellung.

Zur Furcht kommt es durch das Gefühl einer Bedrohung. Dieses Gefühl kann durch äußere Ereignisse ausgelöst sein, wie im Fall des Gewitters und des Hundes, aber es kann auch durch innere Bedingungen verursacht sein, zum Beispiel durch das Erinnern oder Projizieren eines mit Angst besetzten Erlebens. Dabei geht eine Bedrohung niemals von etwas aus, das sich aktuell ereignet oder das sich schon ereignet hat. Bedrohung kann nur von der Vorstellung von etwas ausgehen, das entweder eintreten wird, dessen Eintreten geglaubt wird, oder dessen Eintreten möglich ist und das deshalb nicht ausgeschlossen werden kann. Und zu einem Gefühl der Bedrohung kann es auch nur dadurch kommen, dass das vorgestellte Ereignis erlebt werden wird, wenn es sich tatsächlich ereignet. Deshalb ist der ursächliche Grund der Furcht auch nicht das Ereignis, dessen Eintreten erwartet, geglaubt oder für möglich gehalten wird, sondern das Gefühl der Bedrohung, die mit der Vorstellung des Eintretens dieses Ereignisses verbunden ist.

Furcht lähmt und bewegt zur Flucht. Nicht umsonst wird in der Fähigkeit, Furcht zu empfinden, ein wesentliches Moment der Überlebensfähigkeit gesehen. Etwas fürchten zu können, ist offenbar biologisch begründet. Die Fähigkeit zur Furcht aber ist kein bloßer Instinkt. Sie hat ihre Wurzeln auch in der Vergangenheit. Sie setzt sich im Erleben fest oder wird gelernt, durch eigene Erfahrung, durch die Beobachtung der Furcht Dritter, durch Vermittlung oder durch gedankliches Schließen. Zudem gibt es viele Hinweise darauf, dass das, was als Furcht vor der Wiederkehr eines bedrohlichen Ereignisses erscheint, tatsächlich die Furcht vor der Wiederkehr des Erlebens von Angst und Furcht ist. Der Berliner Historiker Andreas

---

Binder/Arkadiusz Chrudzimski (Hg.): *Franz Brentano: Sämtliche veröffentlichte Schriften, Band 1*, Heusenstamm: Ontos Verlag 2008; Kasimir Twardowski: *Zur Lehre von Inhalt und Gegenstand der Vorstellungen – Eine Psychologische Untersuchung* (1894), eingeleitet von Rudolf Haller, München, Wien: Philosophia Verlag 1982; John R. Searle: *Intentionalität – Eine Abhandlung zur Philosophie des Geistes* (1983), Frankfurt a.M.: Suhrkamp 1987.

Bähr fand im Studium biographischer Selbstzeugnisse des 16. und 17. Jahrhunderts, dass der verbreitete Schrecken dieser Zeit weniger durch die Furcht vor Tod, Verstümmelung und körperlichen Schmerzen zustande kam, als vielmehr durch die Furcht vor dem Wiedererleben der Angst und vor dem Wiederhaben der Furcht vor diesen Ereignissen.[6] Offenbar lösten nicht die vergangenen schrecklichen Ereignisse des Krieges das Gefühl der Bedrohung aus, sondern die Angst und die Furcht vor ihnen, die im Gedächtnis geblieben waren. Schon Thomas von Aquin sprach von der Furcht vor der Furcht.[7]

Unser Verständnis von Furcht hat lange Wurzeln. Im Griechischen Wortgebrauch verbindet sich Furcht (*φόβος*) mit der Flucht, der Scheu und der Gefahr (*δέος*) und mit dem Schreckensbild und Schrecken (*δεῖμα*), also einerseits mit dem, was sie bewirkt und andererseits mit dem, was sie auslöst.[8] Für Platon ist Furcht die Erwartung eines Übels.[9] Er unterscheidet sie nicht von der Angst.[10] Thomas von Aquin sieht in ihr eine „*Leidewegung der Seele*" und erklärt sie durch ihren Kontrast zur Hoffnung. Er beschreibt sie durch die Beengung, die sie hervorruft, und sieht sie der „*Kühnheit*"[11] entgegengesetzt. Für Descartes steht Furcht im Zusammenhang mit Affekten, die bei ihm „*Leidenschaften der Seele*" sind, d.h. „*Wahrnehmungen oder Empfindungen oder Emotionen der Seele, die ihr in besonderer Weise zugehören und die durch die Bewegung der Lebensgeister veranlasst, unterstützt und verstärkt werden.*"[12] Er sieht sie der „*Schlaffheit*" verwandt, die in seinen Augen eine „*Mattigkeit*" und eine „*Kälte*" ist. Zum Formenkreis der Furcht

---

6 Vgl. Andreas Bähr: *Furcht, Divinatorischer Traum und Autobiographisches Schreiben in der Frühen Neuzeit*, in: Zeitschrift für Historische Forschung, 34. Band, 2007, Heft 1, S. 1–32; Ders.: *Die Furcht der Frühen Neuzeit*, in: Historische Anthropologie – Kultur, Gesellschaft, Alltag, 16. Jg., 2008. Heft 2, S. 291–309; Ders.: *‚Unaussprechliche Furcht' und Theodizee. Geschichtsbewusstsein im Dreißigjährigen Krieg*, in: *Gefürchtete Geschichte*, WerkstattGeschichte 49, 17. Jg., November 2008, S. 9–32.

7 Thomas von Aquin: *Summe der Theologie* (1268–1273), 3 Bände, hg. von Joseph Bernhart, Stuttgart: Kröner, 1985; hier Band 2: *Die sittliche Weltordnung*, 42. Untersuchung.

8 In der Übersetzung des Dialogs von Rudolf Rufener wird *φόβος* mit Angst und δέος mit Furcht übersetzt (vgl. Platon: *Sämtliche Werke*, Band 1, Zürich/München: Artemis Verlag 1974), während Hans-Wolfgang Krautz *φόβος* mit Angst und δέος mit Schrecken übersetzt (vgl. Platon: *Protagoras*, Stuttgart: Reclam 1987).

9 Platon: *Laches*, 398a ff.

10 Platon: *Protagoras*, 358d–358e.

11 Thomas von Aquin: *Band 2 (Die sittliche Weltordnung)* (Anm. 5), 45. Untersuchung.

12 René Descartes: *Die Leidenschaften der Seele* (1649), Hamburg: Felix Meiner 1984, Art. 27.

zählt er die „*Verzweiflung*", die „*Eifersucht*" und die „*Unentschiedenheit*"; und ihr entgegengesetzt sind für ihn „*Hoffnung*", „*Kühnheit*" und „*Begierde*".[13]

Furcht ist bei Platon, Thomas von Aquin und Descartes aber nicht bloß eine Emotion, sondern auch eine ethische Kategorie. Für Platon ist die Furcht des Feigen schimpflich, die Furcht des Tapferen dagegen schön und gut.[14] Thomas von Aquin sieht in der Furcht eine mögliche Sünde und misst den Grad ihrer Sündhaftigkeit an der Vernunft, an der Liebe zu Gott und am göttlichen Gesetz[15]; und Descartes verwirft Furcht als grundsätzlich lasterhaft und sieht in ihr ein „*äußerstes des Sichgehenlassens*"[16]. Um schimpflich, sündhaft oder lasterhaft zu sein, braucht Furcht aber ein Handlungsziel, auf das sie bezogen wird. Prototypisch findet sich dieses Ziel im Kampf und im Krieg, wo der Furcht Tapferkeit und Kühnheit gegenüber stehen.[17] Traditionell gilt Furchtlosigkeit als eine Tugend des Adels und der Ritter, während sich durch Furcht, wie Vergil schreibt, „*niedere Geburt*" verrät.[18] So verwundert es nicht, wenn Descartes im Kampf zwischen Seele und Körper die Furcht als Schwäche des Willens und im Konflikt mit der „*Ehrsucht*" sieht.[19]

Wie Platon mit der „*Vorbedachtheit*"[20], sieht auch Descartes ein Mittel gegen die Furcht: die „*Vorüberlegung*", die dem Gefürchteten die Unsicherheit nimmt, die im Zukünftigen liegt, und die Sicherheit gibt, „*auf alle Ereignisse vorbereitet zu sein*"[21]. Vorbedachtheit und Vorüberlegung setzen aber voraus, dass die Vielfalt der Ereignisse auch erfasst werden kann. Wo dies nicht mit rationalen Mitteln gelingt[22], bieten sich Prophezeiungen an, die dieser Vielfalt einen Rahmen geben. Während Vorausdenken im Zustand der Furcht zumindest in Grenzen möglich erscheint, ist es im Zustand der Angst unmöglich.

---

13 Ebd., Art. 165, 166, 167, 170, 172, 174.

14 Platon: *Protagoras*, 360 ff.

15 Thomas von Aquin: *Band 3 (Der Mensch und das Heil)*, 125. Untersuchung.

16 Ebd., Art. 176.

17 Vgl. Platon: *Protagoras*, 359 e; Descartes: *Leidenschaften der Seele*, Art. 173.

18 Jean Delumeau: *Angst im Abendland – Die Geschichte kollektiver Ängste im Europa des 14. Bis 18. Jahrhunderts* (1978), Hamburg: Rowohlt 1989, S. 9–25, hier S. 13.

19 Descartes: *Leidenschaften der Seele*, Art. 48.

20 Platon: *Protagoras*, 361 d.

21 Descartes: *Leidenschaften der Seele*, Art. 176.

22 Diese Vielfalt wird in der Wahrscheinlichkeitsrechnung durch einen so genannten ‚Wahrscheinlichkeitsraum' erfasst.

4. Die Befindlichkeit der Angst

Angst ist eine „*Befindlichkeit*", wie es Heidegger ausdrückt; *man hat Angst.*[23] Ebenso wie die Furcht wird auch die Angst von messbaren und wahrnehmbaren körperlichen Erscheinungen begleitet, und ähnlich wie die Furcht wird auch die Angst erlebt. Anders als die Furcht hat Angst als mentaler Zustand aber keine Richtung; sie ist auf nichts bezogen; sie ist neutral; sie hat keine Intentionalität; es fehlt ihr, im Gegensatz zur Furcht, die Vorstellung von dem „*Wovor*".[24] Weil Angst damit keinen propositionalen Gehalt besitzt, kann sie nicht benannt werden;[25] „*sie verschlägt uns das Wort*"[26], sagt Heidegger. Dabei ist Angst nicht in dem Sinne kontingent, dass es etwas geben könnte, auf das sie sich bezieht, das wir nur nicht kennen, das aber denkbar ist. Das Fehlen einer Vorstellung im mentalen Zustand der Angst ist viel mehr die Unmöglichkeit einer Vorstellung von dem, was ängstigt; es ist, wieder mit Heideggers Worten, „*die wesenhafte Unmöglichkeit der Bestimmbarkeit*".[27]

Das Fehlen einer Vorstellung bedeutet nicht, dass es nichts gibt, was Angst auslöst. Wie Furcht, entsteht auch Angst aus dem Gefühl einer *Bedrohung*. Bedrohung selbst ist unbestimmt.[28] Das, was Bedrohung auslöst, dagegen, kann etwas Bestimmtes sein, wie etwas, das ein Ereignis möglich macht: wie ein Gewitter, durch das es zu einem Blitzschlag kommen könnte, oder ein Blitz, dessen Einschlag zu einem Verlust führen könnte oder zu einer Verletzung oder zum Tod. Das Gefühl einer Bedrohung kann aber auch durch innere Bedingungen ausgelöst sein, z.B. dann, wenn frühere Ängste oder erlebte Schrecken Spuren hinterlassen haben und akut werden, ohne dass die gefühlte Bedrohung einen aktuellen auslösenden äußeren Grund hat. Nicht die Bedrohung, die Furcht erzeugt, sondern die

---

23 Martin Heidegger: *Sein und Zeit* (1927), Tübingen: Max Niemeyer Verlag 1967, § 40, S. 184–191.

24 Zwar sagen wir oft, dass wir *Angst vor etwas* haben, aber im reflektierten Sprachgebrauch wäre das Furcht.

25 Während Brentano in [Brentano: *Psychologie*] davon ausgeht, dass mentale Zustände, die er psychologische Aktivitäten nennt, immer Intentionalität besitzen, unterscheidet Searle in [Searle: *Intentionalität*] zwischen mentalen Zuständen, die intentional sind und solchen, die es nicht sind. Sprechakte haben immer propositionalen Gehalt, vgl. John R. Searle: *Sprechakte – Ein sprachphilosophischer Essay* (1969), Frankfurt a.M.: Suhrkamp 1971.

26 Martin Heidegger: *Was ist Metaphysik?* (1929), Frankfurt a.M.: Vittorio Klostermann 1968, S. 32.

27 Heidegger: *Was ist Metaphysik*?, S. 31–32.

28 Heidegger: *Sein und Zeit*, S. 187.

Bedrohung, die Angst auslöst, lässt das, was ängstigt, unbestimmt; und es scheint gerade diese Unbestimmtheit zu sein, die als bedrohlich empfunden wird.[29] Wenn das, was ein Gefühl der Bedrohung auslöst, vollständig unbekannt ist oder gänzlich unvorstellbar, wie der Gedanke an das Ende der Welt oder an das Erleben des eigenen Todes, dann ist das, was das Gefühl einer Bedrohung hervorbringt, nicht Furcht, sondern Angst; denn dem Gefühl der Bedrohung fehlt dann die Vorstellung von etwas Bestimmtem.

Im Griechischen Wortgebrauch verbindet sich Angst (*φόβος, αγωνία, απορία*) nicht nur mit der Furcht, durch die sie ausgelöst werden kann, sondern auch mit dem Wetteifern und der Anstrengung, der Unwegsamkeit, der Ratlosigkeit, dem Zweifel und der Unmöglichkeit. Anders als Furcht, wird im Verständnis der Griechen Angst also nicht durch das bestimmt, was sie bedingt oder durch das, was sie auslöst, sondern situativ und als ein bloßes Gefühl. Daraus kann man wohl schließen, dass es schon in der Antike eine begriffliche Trennung von Angst und Furcht gab.[30] Angst ist in der griechischen Philosophie und Religion aber kein gesondertes Thema. Sie ist in erster Linie eine Erscheinung des Körpers. Eine metaphysische Deutung der Angst kündigt sich erst mit dem Christentum an, vor allem in dem Satz, den Jesus vor seiner Festnahme am Ölberg zu seinen Jüngern spricht: „*In der Welt habt ihr Angst; aber seid getrost, ich habe die Welt überwunden.*“[31] Hier wird das Haben der Angst in seiner Universalität ausgesagt, und auf ihre Überwindung verwiesen, durch Jesus, der zu Gott zurückkehrt. Zwar sagt Jesus nichts zu dem *Wovor* der Angst und zu deren *Worum*, aber mit seinem Überwinden der Welt muss der Trost durch seine wiedergewonnene Nähe zum Vater zustande kommen und folglich die Angst, so muss man es wohl verstehen, nach christlichem Verständnis durch eine *Gottesferne* ausgelöst sein.

---

29 Vgl. Gudrun Perko: *Angst im Übermaß – Philosophische Reflexionen über die Gestaltungen der Angst im Hinblick auf Geschlechterverhältnisse*, Dissertation, Institut für Philosophie, Universität Wien, November 1995; zitiert nach www.perko-profundus.de (letzter Zugriff: 16.12.2011). Gudrun Perko schreibt in der Einleitung ihrer Dissertation: „[…] *unbestimmbare Angstanfälle und Angstzustände sind mir nicht unbekannt, die in einen Zustand versetzen, in dem nichts mehr gesichert scheint. Angst ist mir aber auch nicht fremd angesichts gesellschaftlicher und politischer Ereignisse; sie lässt sich diesbezüglich keineswegs auf Furcht vor … reduzieren, denn die Ungewissheit darüber, was uns bevorsteht, versetzt nicht wenige Male in ein angstgenerierendes Vakuum – insbesondere aufgrund irreversibler Instituierungen.*“ (S. 5–6).

30 Vgl. Aristoteles: *Über die Seele*, Buch I, 403a.

31 Johannes: *Evangelium*, 16(33).

Kierkegaard ist der Erste, der 1844 die Trennung von Angst und Furcht thematisiert[32] und der das Phänomen der Angst ontologisch und existenziell erklärt: er versteht sie als „*Wirklichkeit der Freiheit als Möglichkeit für die Möglichkeit*“[33] und erkennt in dieser Wirklichkeit das „*Nichts*“, das „*Angst gebiert*“, wenn es vor Augen ist.[34] Das *Wovor der Angst* bestimmt er als die Möglichkeit des Möglichen, die auf das Nichts verweist, und in der Angst, die er mit einem Schwindel vergleicht, der einen packt, wenn man in eine gähnende Tiefe blickt[35], sieht er eine Reaktion des Geistes auf dieses Nichts.[36] Auch Heidegger verweist auf die Verschiedenheit von Furcht und Angst[37] und erkennt das *Wovor der Angst* als das „*geworfene In-der-Welt-sein als solches*“ und das *Worum der Angst* als das „*In der Welt sein können*“[38]. Er sieht in der Angst die Befindlichkeit, in der einem, im tiefsten Sinne, „*unheimlich*“ ist.[39]

Der irritierende Charakter der Angst und die Unbestimmtheit dessen, worauf sie sich bezieht, machen die Frage nach ihrem Ursprung virulent. Wie kommt es, dass der Mensch Angst hat? Angst wird allgemein als etwas gesehen, das dem Menschen eigen ist, als eine anthropologische Konstante; aber die Erklärungen zu ihrem Ursprung weichen stark voneinander ab. So ist Angst im Neuen Testament *Gottesferne* und bei Kierkegaard Voraussetzung und zugleich Folge der „*Erbsünde*“, durch die das *Wissen von Gut und Böse* in die Welt gekommen ist.[40] Bei Heidegger, der sich vom theologischen Zusammenhang der Deutung der Angst abgrenzt, erwächst Angst aus dem „*Un-zuhause*“ des „*In-der-Welt-seins*“,[41] und bei Freud ist Angst durch die „*Urangst der Geburt*“ als „*Angstvorbild*“ begründet, zu dem es durch das erste Erleben eines Verlustes bei der Trennung von der Mutter kommt[42]. In ihren jeweiligen Zusammenhängen erhalten diese verschiedenen Bestimmungen des Ursprungs der Angst ihren Sinn. Sie zeigen aber allesamt, dass Angst immer in Gegebenem verankert ist, das aus der Vergangenheit kommt.

---

32 Søren Kierkegaard: *Der Begriff der Angst* (1844), Stuttgart: Reclam 2008.
33 Ebd., S. 50.
34 Ebd.
35 Ebd., S. 72.
36 Ebd., S. 50–55.
37 Heidegger: *Was ist Metaphysik?*, S. 31–32.
38 Heidegger: *Sein und Zeit*, S. 191.
39 Ebd., S. 188–189.
40 Kierkegaard: *Der Begriff der Angst*, S. 64.
41 Heidegger: *Sein und Zeit*, S. 189.
42 Siegmund Freud: *Hemmung, Symptom und Angst* (1926), in: Sigmund Freud: *Gesammelte Werke*, Bd. XIV, Frankfurt a.M.: S. Fischer 1976, S. 111–205, hier S. 167–174.

Dadurch besitzt Angst ständige Präsenz. Die *„ursprüngliche Angst wird im Dasein zumeist niedergehalten. Die Angst ist da. Sie schläft nur.“*[43], schreibt Heidegger.

Auf das individuelle oder kollektive Erleben von Angst haben diese sensiblen und in tiefer Einfühlung gefundenen Erklärungen keinen direkten Einfluss. Sie versuchen eine Befindlichkeit in Worten zu beschreiben, die sich auf nichts bezieht, das sagbar wäre, und die durch die körperliche Verursachung der wahrnehmbaren Erscheinungen, die mit ihr einhergehen, zwar belegt, aber nicht angemessen erfasst werden kann. Sie eröffnen nur Räume der Deutung. Aber diese Versuche einer begrifflichen Bestimmung machen doch klar, dass die individuelle Wirklichkeit des Geistes nicht bloß von Gedanken und Emotionen bevölkert ist, die sich in schimpfliche und gut zu heißende, in sündhafte und nicht sündhafte, in lasterhafte und lobenswerte, oder in pathologische und nicht pathologische teilen lassen, sondern dass die individuell erlebte und gestaltete Wirklichkeit offenbar an Bedingungen geknüpft ist, die eine rastlose, erwartende und zugleich einengende Bewegung des Erlebens hervorrufen. Kierkegaard schreibt dazu: *„Die Wirklichkeit des Geistes zeigt sich ständig als eine Gestalt, die seine Möglichkeit versucht, jedoch fort ist, sobald er nach ihr greift, und ein Nichts ist, das nur zu ängstigen vermag.“*[44]

5. Bindung der Angst durch die Vorstellung

Wenn die individuelle Wirklichkeit solchen Bedingungen unterliegt, ganz gleich, wie diese erklärt werden, dann muss es auch eine Empfänglichkeit für etwas geben, das der ängstigenden Bedrohung entgegenwirkt. Aber was ist es, das die Angst vertreiben kann? Im Erleben ist Angst ein Zustand, der unfasslich ist, unheimlich, mit Erwartung verbunden, unbefriedigt, Bindung suchend und nach seiner Auflösung strebend. Aber wie kann es zu einer solchen befreienden Auflösung des Gefühls der unbestimmten Bedrohung kommen? Offenbar nur dadurch, dass sich das Unbestimmte verliert und in Bestimmtes übergeht, d.h. dass aus Angst Furcht, Hoffnung oder frohes Erwarten wird. Doch dazu muss es eine Vorstellung geben, die an das, was das Gefühl der Bedrohung verursacht, anknüpft und die an die Stelle des nicht Bestimmbaren tritt.

Die Bestimmtheit einer die Angst vertreibenden Vorstellung hat jedoch ihren Preis. Denn mit der Auflösung der ängstigenden Bedrohung kommt es auch zum Schwinden der als Möglichkeit zum Möglichen verstandenen Wirklichkeit der Freiheit, weil dann an die Stelle der Angst die Erwartung von etwas tritt, das möglich erscheint. Als Preis zu zahlen ist aber nicht nur mit dem Verlust der

---

43 Heidegger: *Was ist Metaphysik*, S. 37.

44 Kierkegaard: *Der Begriff der Angst*, S. 50.

Freiheit, sondern auch mit der Einbindung der die Angst vertreibenden Emotion in ein System ethischer und moralischer Setzungen. Die Angst weicht dann der Möglichkeit des Vorausdenkens und mit ihr drängt sich in den Vordergrund, was gut und was böse ist.

Nicht nur das Erleben der Furcht, sondern auch das Erleben der Angst ist auf Zukünftiges hin orientiert. Das zeigt sich nicht zuletzt in der Angst, die in der Sehnsucht nach einer besseren Zukunft steckt, in der Ungewissheit des Zukünftigen, in der Unvorstellbarkeit künftiger Ereignisse und in der Sorge um die Bewahrung der Vergangenheit. Diese Orientierung auf die Zukunft hin lässt sich auch aus den Bestimmungen des *Wovor* und des *Worum* der Angst herauslesen. Als „*Wirklichkeit der Freiheit*", verstanden als „*Möglichkeit für die Möglichkeit*"[45], ist die Angst für den Menschen deshalb eine Begleiterscheinung der Zeit. Denn die Möglichkeit betrifft Mögliches in der Zukunft und die Möglichkeit für diese Möglichkeit betrifft demnach die zukünftige Zeit.

Im Hinblick auf Zukünftiges bestehen nun im Wesentlichen *zwei Aporien*: zum einen, dass sich das zukünftig Wahre in dieser Welt nicht sicher wissen lässt, und zum anderen, dass Überzeugungen, die Zukünftiges betreffen, durch objektivierende Gründe nicht sicher gemacht werden können. Die Unmöglichkeit sicheren Wissens schließt jedoch nicht aus, dass andere Arten der Überzeugung möglich sind, von der Vermutung mit nur geringer Verbindlichkeit, über den Glauben bis hin zu gesichertem Wissen, das, soweit das eben möglich ist, keinen Zweifel mehr zulässt. Arten der Überzeugung differenzieren sich vor allem mit der Zeitlichkeit der Sachverhalte, auf die sie sich beziehen. Ohne Zweifel können Überzeugungen, die Vergangenes betreffen, auf gesichertem Wissen beruhen, wenn Erinnerungen, beobachtete Veränderung und Zeugnisse diese bestätigen. Das gilt sogar für Sachverhalte, die weit in der Vergangenheit zurückliegen. Überzeugungen, die Zukünftiges betreffen, scheinen dagegen durch die weit gehende Unzugänglichkeit der zukünftigen Welt stärker auf Vermutungen und Glauben angewiesen zu sein. Denn Zukünftiges, das möglich ist, kann nicht beobachtet werden und deshalb auch nicht belegt. Zwar können Überzeugungen von Zukünftigem einen gewissen Grad der Sicherheit haben, durch die Gültigkeit von Prinzipien der Kontinuität, nach denen die Natur keine Sprünge macht, oder von Prinzipien der Trägheit, weil es ja für jede Betrachtung Zeitdauern gibt, in denen das Betrachtete unverändert erscheint. Aber für das Bestehen zukünftiger Sachverhalte, die ohne vorherige Ankündigung zustande kommen und die auch keinen Vergleich zu etwas zulassen, das in der Vergangenheit schon einmal der Fall gewesen ist, ist der Grad

45 Kierkegaard: *Der Begriff der Angst*, S. 50.

der Überzeugung gering. Denn es können für das Bestehen solcher Sachverhalte keine objektivierenden Gründe vorgebracht werden. Es bedarf deshalb anderer Mittel, die zu Überzeugungen von Zukünftigem führen.

Diese Situation fehlender Sicherheit könnte natürlich mit Gleichmut ertragen werden, aber sie ist nicht von der Angst zu trennen, die mit der Ungewissheit des Zukünftigen erlebt wird. Wie jede Angst drängt auch diese Angst nach ihrer Auflösung, und so ist der Glaube an Vorhersagen und Prophezeiungen ein nahe liegender Weg, diese Angst zu überwinden. Nun kann offenbar aber einer Angst, wenn sie nicht schläft, nur durch die Auflösung ihrer Unbestimmtheit begegnet werden, d.h. dadurch, dass sie durch eine Vorstellung des Zukünftigen in Furcht, Hoffnung oder freudiges Erwarten verwandelt wird; und Angst kann offensichtlich auch nur dann weichen, wenn die gewonnene Vorstellung, die sie verwandelt, mit einer gewissen Überzeugung ihrer Gültigkeit verbunden ist. Deshalb müssen Vorhersagen und Prophezeiungen, wenn sie funktionieren sollen, Glaubwürdigkeit erlangen. Und wenn sie die höchste Qualität der Gewissheit anstreben, dann müssen sie einen Glauben beanspruchen, der die Sicherheit bietet, die der des Habens von sicherem Wissen gleicht.

Die Offenbarung des Johannes ist eine Prophezeiung, die nicht nur Angst in Furcht zu verwandeln vermag, indem sie mit ihrer Niederschrift eine Vorstellung der Zeit des Kampfes und der letzten Tage vermittelt, sondern die mit dem Kontext, in dem sie steht, und mit der Rhetorik, in der sie sich präsentiert, auch einen Glauben an ihren Wahrheitsgehalt einfordert, der die Überzeugungskraft von sicherem Wissen hat.

6. Die Offenbarung des Johannes

Nach der Zerstörung Jerusalems am Anfang des 5. Jh. vor Christus wuchs Daniel als Geisel am Hof des Königs in Babylonien auf. Er war ein kluger Seher und ein geschickter Botschafter seines Gottes. Als er gerufen wurde, Nebukadnezars Traum zu deuten, offenbarte er ihm, was dieser im Schlaf gesehen hatte, und entschlüsselte ihm den Sinn des erschreckenden Bildes. Er las die Teile der metallenen Gestalt als das *Kommen von vier Reichen*, und schloss seine Auslegung mit der Prophezeiung: „*Aber zur Zeit solcher Königreiche wird der Gott des Himmels ein Königreich aufrichten, das nimmermehr zerstört wird; und sein Königreich wird auf kein ander Volk kommen. Es wird alle diese Königreiche zermalmen und zerstören; aber er selbst wird ewiglich bleiben.*“[46] Die Zerstörung der von der Schlange

46 Daniel 2(44), in: *Die Bibel*, übers. von D. Martin Luther, Berlin: Preußische Haupt-Bibelgesellschaft, keine Jahreszahl.

beherrschten Weltreiche, die Erlösung der Gläubigen auf der Erde und die endgültige Herrschaft Gottes im Himmel sind Elemente einer geweissagten Zukunft, über die im Alten und Neuen Testament[47] an vielen Stellen berichtet wird. Als Gottes Sohn ist Jesus der Sieger im Kampf gegen das Böse und der Vollstrecker, der nach der Auferstehung von den Toten und nach der Himmelfahrt wieder auf die Erde kommen wird, um Gottes Plan der Vernichtung der Reiche und des Gerichts am jüngsten Tag zu erfüllen. Von dieser Zukunft handelt auch die Offenbarung des Johannes. Was er schreibt, ist die Beschreibung einer Vision, eines divinatorischen Traums: „*…ich war auf der Insel, die da heißt Patmos, um des Wortes Gottes willen und des Zeugnisses von Jesus. Der Geist kam über mich an des Herrn Tag, und ich hörte hinter mir eine große Stimme wie von einer Posaune, die sprach: Was du siehest, das schreibe in ein Buch* […]“[48]. Und so schrieb er, was er sah und überbrachte eine Botschaft von Gott: das grausame Geschehen der letzten Tage und das Heilsversprechen, das uns gilt, wenn wir die Worte dieser Botschaft „*hören*“ und „*behalten*“.

Zunächst sieht Johannes die Herrlichkeit Gottes und die sieben Leuchter, die vierundzwanzig Throne und die vier Gestalten. Gott hält ein Buch in der Hand, mit sieben Siegeln, die zu brechen nur das Lamm würdig ist: vier Reiter und das „*Komm*“, das „*Komm*“ der vier Donnerstimmen, „*Komm*“, „*Komm*“; die gerechten Seelen der Toten, die mit weißen Kleidern getröstet werden, das Beben der Erde, die Sonnenfinsternis, der Blutmond und die herabstürzenden Sterne; Engel an den vier Ecken der Erde halten die Winde auf und die Auserwählten, die Einhundertvierundvierzigtausend, werden versiegelt. Aber bevor die sieben Posaunen ertönen, ist Stille; dann kommt die Zerstörung und es kommt die quälende Plage der Heuschrecken. Vier kriegsbereite Engel werden am Euphrat von ihren Ketten befreit und töten mit ihren Rössern, wie Panzer, den dritten Teil der Menschheit. Und Johannes sieht einen Engel vom Himmel steigen, bekleidet mit einer Wolke, von sieben Donnern gefolgt. Um der Welt zu weissagen, muss er ein offenes Buch verschlingen. Zwei Zeugen sind angekündigt, die eintausendzweihundertsechzig Tage lang das Wort Gottes predigen, bis sie vom Tier aus dem Abgrund getötet werden und auf der Gasse der Stadt liegen, nicht begraben, dreieinhalb Tage, bis endlich der „*Geist des Lebens von Gott*“ in sie fährt und sie wieder aufstehen und zum Himmel aufsteigen. Und wieder berichtet Johannes von der Lobpreisung Gottes; und dann von den zwei Zeichen: vom Drachen, der ein Drittel der Sterne

47 *Das Neue Testament*, übers. von D. Martin Luther, Stuttgart: Privilegierte Württembergische Bibelanstalt 1956; alle folgenden Zitate sind aus dem Neuen Testament dieser Ausgabe entnommen.

48 Ebd., 1(9) bis (11).

vom Himmel fegt, und vom schwangeren Weib, das einen Sohn unter Schmerzen gebärt; es muss vor dem Drachen in die Wüste fliehen, wo es ernährt wird, dreieinhalb Zeiten lang. Er sieht Michaels Armee im Kampf gegen den Drachen und er sieht das schreckliche Tier mit seinen Lästerungen, zweiundvierzig Monate lang, angebetet und verherrlicht, weil seine tödlichen Wunden wieder geheilt waren; dem ersten Tier folgte die Schreckensherrschaft des zweiten.

„*Hier ist die Weisheit!*" ruft Johannes aus „*Wer Verstand hat, der überlege die Zahl des Tieres; denn es ist eines Menschen Zahl, und seine Zahl ist sechshundertsechsundsechzig*".[49]

Die Einhundertvierundvierzigtausend, „*unsträflich*" und „*nicht mit Frauen befleckt*", sammeln sich am Berg Zion. Ein Engel verkündet ein ewiges Evangelium und mahnt vor dem kommenden Gericht. Dann kommt es zur blutigen Ernte und der Tod kommt mit der Sichel und dem scharfen Winzermesser. Gottes Zorn ergießt sich mit schrecklichen Folgen aus sieben Schalen mit Blut und Geschwüren und Hitze; der Euphrat trocknet aus, für die Könige, die aus dem Osten kommen, und die Feinde sammeln sich, von Propheten und unreinen Geistern gerufen, aus dem Mund des Drachens und des ersten Tiers. Zeichen erscheinen am Himmel und auf der Erde, und aus der siebten Schale fließt die Zerstörung. An den Flüssen sitzt die Hure Babylon, auf dem Tier mit seinen sieben Häuptern und zehn Kronen, und die Stadt geht unter, verwüstet in einer einzigen Stunde. Wieder hört Johannes den Jubel im Himmel. Er wird Zeuge von Christus' Sieg über das Tier und sieht, wie der Drache gefangen wird und für tausend Jahre weggesperrt. Aber nach tausend Jahren kommt er zurück, die Völker an den vier Enden der Erde zum Kampf zu verführen, Gog und Magog, um mit Heerscharen wie Sand am Meer im letzten furchtbaren Kampf zu unterliegen, in Strömen von Blut und bestraft in einem Pfuhl von Feuer und Schwefel mit ewiger Qual. Dann sieht Johannes das Weltgericht, bei dem alle Toten gewogen werden und nach dem Buch des Lebens gerichtet, bevor das neue Jerusalem, von Gott, aus dem Himmel herab gefahren, im Glanz seiner Edelsteine erstrahlt, wie eine Braut geschmückt und zur Vermählung mit Jesus bereit. Und Johannes berichtet, dass Gott zu ihm sprach: „*Wer überwindet, der wird alles ererben, und ich werde sein Gott sein, und er wird mein Sohn sein*".[50]

---

49 Ebd., 13(18).

50 Ebd., 21(7).

7. Die Deutung des Offenbarten

Gott und seine Engel sprechen in Rätseln. Denn das, was die Worte der Offenbarung in aller Klarheit bezeichnen, ist nicht das, was sie sagen: wer ist das Tier mit der Nummer 666, wer sind die zwei Zeugen, die dreieinhalb Tage tot auf der Gasse liegen, unbegraben, bevor sie zum Himmel aufsteigen, und wer ist der Führer der Heere Gog, und welche Völker sind Magog? Ganz offensichtlich muss der hintergründige Sinn dieser Worte erst entschlüsselt werden. Und ganz offensichtlich müssen im Verlauf der Zeit, bis Jesus auf die Erde zurück kommt, immer wieder Lesarten gefunden werden, die erfassen, was hinter dem vordergründigen Sinn der Worte „*geschrieben*" steht, Lesarten, die der jeweiligen Lebenswelt entsprechen, in der die Offenbarung gelesen wird.

Die Fragen, wann Jesus kommen und wann er Gericht halten würde, wurden zu Kernfragen der Exegese. Man suchte ihre Antworten in Zeitrechnungen und in der Deutung der angekündigten Zeichen. An großen politischen Entwicklungen und an den Kämpfen zwischen den Religionen, bis in die Neuzeit hinein, glaubte man erkennen zu können, welches die vier Reiche sind, und wer das Tier. Und um das Unvorstellbare der Prophezeiung besser verstehen zu können, sponn man den Faden weiter, wie in der Prophezeiung vom Weltkaiser der Endzeit.[51] Das tausendjährige Bestehen des Römischen Reiches im Jahr 248 und das Jahr Tausend der Zeitrechnung wurden zu fokalen Punkten der Erwartung. Aber man irrte mit der Datierung durch die Zeitgeschichte. Schon früh, im 3. Jahrhundert, setzte sich bei vielen Interpreten der Bibel eine vergeistigte Form der Auslegung durch, die die Offenbarung nicht mehr historisch und wörtlich deuteten, sondern mystisch und mit übertragenem Sinn. Außerdem verblasste mit dem Mailänder Edikt, das den Christen im Jahr 313 die Religionsfreiheit gab, die Überzeugungskraft einer historischen Deutung. Und so wurde der Glaube an die baldige Endzeit schwach. Mit der Verbreitung des Islam, der mit der Mahdi-Vorstellung einen ähnlichen Mythos des Kommens besitzt, wurden später die Konturen des Antichristen wieder belebt. Und die kulturellen und politischen Umwälzungen im Mittelalter und die Schrecken der Pest schürten wieder die Angst vor dem Kommen und stärkten die sehnsüchtige Erwartung der Erlösung.

Von Walther von der Vogelweide ist ein Gedicht erhalten[52], in dem er ein Ende des Wartens auf den Tag des Jüngsten Gerichts ersehnt:

---

51 Hannes Möhring: *Der Weltkaiser der Endzeit – Entstehung, Wandel und Wirkung einer tausendjährigen Weissagung*, Stuttgart: Jan Thorbecke Verlag 2000.

52 Von Walthers Leben ist wenig bekannt. Es gibt neben Gedichten ein einziges aktenkundiges Zeugnis seines Lebens: am 12. November 1203 erhielt er Geld für einen Mantel;

„Wacht auf! Es naht uns der Tag,
den mit Grund in Ängsten erwartet
ein jeder, ob Christ, Jude oder Heide.
Wir haben viel der Zeichen gesehen,
an denen wir sein Kommen deutlich erkennen,
wie uns die Schrift in ihrem Wahrheitsgehalt belehrt hat:
Die Sonne hat sich verfinstert,
Treulosigkeit ihren Samen ausgestreut
überall an den Wegen:
der Vater findet Treulosigkeit bei dem Sohn,
der Bruder belügt den Bruder,
und Betrug treibt der geistliche Stand,
der uns doch der Weg und Steg zum Himmel sein sollte:
Gewalttätigkeit schießt auf – Recht vor Gericht welkt dahin.
Auf denn! Wir haben schon zu viel gesäumt.“[53]

Martin Luther sah in Kaiser Karl V den Antichrist und erwartete, die letzten Tage noch zu erleben. Im Blick auf die Wiederkehr Christi zeichnete er von dem dann anbrechenden Reich das Bild eines Paradieses[54]. Auch wenn es im christlichen Glaubensbekenntnis über Jesus heißt, *„er sitzt zur Rechten Gottes, des allmächtigen Vaters; von dort wird er kommen zu richten die Lebenden und die Toten*“, und wir im Vaterunser die Erlösung von den Übeln erbitten, so ist das Wissen, das die Worte der Offenbarung vermitteln, heute doch weitgehend weich geworden. Ihr Gewissheitsanspruch ist kaum größer als der, den wir einer Metapher zugestehen. Johannes' Bericht wird von der evangelischen Kirche nicht mehr historiographisch, sondern als historischer Text von wesentlich zeitgeschichtlicher Bedeutung gelesen. Dennoch wird ihm noch immer eine Funktion zugeschrieben. Das zeigt ein genehmigter Kommentar, den ich in meiner Ausgabe des Neuen Testaments aus dem Jahr 1956 fand: *„Die Offenbarung des Johannes ist uns nicht dazu gegeben, damit wir in ihr einen Abriss der Weltgeschichte suchen und uns fragen, mit welchem der Bilder wohl dieses oder jenes Ereignis unserer Geschichte gemeint sein könnte; sie will uns in der Gewissheit froh machen, dass Gott der Herr durch alle Kämpfe und Nöte hindurch die Geschichte seinem großen Ziel entgegenführt: der neuen Offenbarung seines Sohnes in sieghafter Herrlichkeit*“?[55]

---

vgl. Walther von der Vogelweide: *Gedichte*, übers. von Peter Wapnewski, Frankfurt a. M.: Fischer 1966, S. 287.

53 Ebd., S. 137.

54 Martin Luther: *Tischreden*, Werke, WA III, Bd. 1, S. 568, zitiert nach Delumeau: *Angst im Abendland*, S. 323–324.

55 *Das Neue Testament*, S. 413–414.

In ihrer Wirkung auf die Menschen ist die Offenbarung jedoch auch grausam gewesen. Sie hat Gewalt, Mord und Schrecken in die Welt gebracht und war die Rechtfertigung für unvorstellbaren Missbrauch der Macht. Und auch heute noch wird sie gelegentlich zu einer Folie für monströse Rechtfertigungen und religiösen Wahn. Ungeachtet ihrer wechselhaften Rezeption ist das, was die Christen über alle Zeit hinweg mit der Offenbarung erwarteten, die Wiederkehr Christi, die Niederwerfung des Tiers, ein herrliches, tausendjähriges Reich auf der Erde und nach dieser Zeit das Jüngste Gericht und Gottes himmlisches Reich.

Wie kann eine Prophezeiung über zweitausend Jahre hinweg fast nichts von ihrer Kraft verlieren? Ist es die Angst um das eigene Leben und die Welt, die sie verwandelt? Ist es die Furcht vor dem Sterben und die Angst vor dem unvorstellbaren Nichts nach dem Tod? Ist es das Gefühl der Schuld und der beängstigende Kampf zwischen Gut und Böse? Oder ist es die Angst in ihrer Allgemeinheit, als ungerichtete Befindlichkeit, als Reaktion auf die Möglichkeit des zukünftig Möglichen, als ein nach Verwirklichung und Befriedigung suchendes Streben? Die Empfänglichkeit für Prophezeiungen alleine kann die Persistenz der Offenbarung nicht erklären. Eine mögliche Erklärung ist ihre Befestigung. Sie ist als Schrift nicht isoliert. Sie ist durch Verbote und Drohungen geschützt, sowohl *von außen*, durch andere Texte und durch Passagen, die den Text ihrer Niederschrift begleiten, als auch *von innen* durch ihren Inhalt.

8. Die Befestigung der Prophezeiung

Insbesondere ist die Prophezeiung durch die Unbestimmtheit ihrer Zeit geschützt. Obwohl es viele Zeichen geben wird, die den Tag des Jüngsten Gerichts ankünden, ist die Zeit des Endes der Welt nicht genannt. Von Johannes erfahren wir, dass sie bald sein wird. „*Selig ist, der da liest und die da hören die Worte der Weissagung und behalten, was darin geschrieben ist; denn die Zeit ist nahe*“[56], schreibt er zu Beginn seines Berichts, und er bekräftigt seine Aussage am Ende noch einmal mit Gottes Worten: „*Siehe, ich komme bald*“[57]. Und durch das „*Komm*“ der vier Donnerstimmen, die Johannes vernahm, wird die Zeit auch noch herbeigerufen. Ohne Zweifel werden wir durch diese zeitliche Unbestimmtheit der letzten Tage gefesselt, denn wenn das Ende nahe ist, betrifft es uns, weil wir es noch selbst erleben könnten.

Auch an anderen Stellen im Neuen Testament wird über die Zeit gesprochen. Als Jesus kurz vor den Ostertagen auf dem Ölberg saß, fragten ihn seine Jünger,

56 Johannes: *Offenbarung*, 1(3).
57 Ebd., 22(6) und (7).

wann denn dieser Tag der Zerstörung kommen werde. Er antwortete ihnen: „*Von dem Tage aber und von der Stunde weiß niemand, auch die Engel nicht im Himmel, auch nicht der Sohn, sondern allein der Vater*“[58]. Er ließ an seinem Wiederkommen aber keinen Zweifel und fuhr deshalb fort: „*Darum wachet; denn ihr wisset nicht, welchen Tag euer Herr kommen wird* [...] *Denn des Menschen Sohn kommt zu einer Stunde, da ihr's nicht meinet*“[59]. Der Tag des baldigen Endes ist aber nicht nur nicht zu erfahren, sondern es gilt auch das Verbot seiner Entdeckung. Denn als Jesus vor seiner Himmelfahrt noch einmal von seinen Jüngern nach dem Tag gefragt wurde, an dem er wiederkommen werde, antwortete er ihnen: „*Es gebührt euch nicht, zu wissen Zeit oder Stunde, welche der Vater in seiner Macht bestimmt hat*“[60]. Trotz des Verbots fordert er wieder Wachheit: „*Sehet zu, lasset euch nicht verführen. Denn viele werden kommen unter meinem Namen und sagen: Ich bin's, und: Die Zeit ist herbeigekommen. Folget ihnen nicht nach!*“, und er verwies auch auf Zeichen: „*Wenn ihr aber hören werdet von Kriegen und Empörungen, so entsetzet euch nicht. Denn solches muss zuvor geschehen; aber das Ende ist noch nicht so bald da.*“[61]

Die unbestimmte Zeitangabe „*bald*“ und der Widerspruch des „*Bald*“ und „*Nicht so bald*“, können nur im Subjekt Bestand haben, nicht auf der Zeitachse. Hier ist von einer Zeit die Rede, die erlebt wird, und nicht von einer Zeit, die einen objektiven Verlauf hat. Durch diesen Widerspruch des zeitlich Unbestimmten wird das offenbarte Geschehen der Gefahr entzogen, mit fortschreitender Zeit immer überzeugender bezweifelt werden zu können. Um doch solchem Zweifel vorzubeugen, schreibt Petrus in seinem zweiten Brief: „*Der Herr verzögert nicht die Verheißung, wie es etliche für eine Verzögerung achten; sondern er hat Geduld mit euch und will nicht, dass jemand verloren werde, sondern dass sich jedermann zur Buße kehre.*“[62] Weil aber die Tage der Zerstörung und des Jüngsten Gerichts nicht nur unbekannt sind, sondern auch Geheimnisse und sogar Verbote des Wissens, können wir ihr baldiges Kommen auch nicht widerlegen. Wir können uns aber auch der Bedrohung durch ihre Nähe nur schwer entziehen.

Die Prophezeiung wird noch auf andere Weise geschützt. Im Text der Offenbarung heißt es: „*Ich bezeuge allen, die da hören die Worte der Weissagung in diesem Buch: Wenn jemand etwas dazusetzt, so wird Gott zusetzen auf ihn die Plagen, die in diesem Buch niedergeschrieben stehen. Und wenn jemand etwas davon tut von*

---

58 Matthäus: *Evangelium*, 24(36).

59 Ebd., 24(42) und (44).

60 *Apostelgeschichte*, 1(7).

61 Lukas: *Evangelium*, 21(8).

62 Petrus: *2. Brief*, 3(8) und (9).

den Worten des Buchs dieser Weissagung, so wird Gott abtun seinen Anteil vom Baum des Lebens und von der heiligen Stadt, davon in diesem Buch geschrieben steht.“[63] Dass die Worte der Offenbarung auch so geschützt werden, kommt daher, dass sich für die Menschen in der Antike Gewissheit nicht nur an Inhalten fest machte. Im nominalistischen Denken der alten Zeit besaßen Worte nicht nur durch das Gültigkeit, „*was in ihnen geschrieben*“ war, wie Johannes es formuliert, sondern auch dadurch, dass sie *gesagt* oder *geschrieben* waren. Was nicht gesagt oder geschrieben war, konnte nicht glaubwürdig sein. Glaube war deshalb auch ein Glaube *durch* die Schrift (diese Tradition hat sich offenbar im Islam erhalten, in dem der Koran in der Beziehung zwischen Menschen und Gott eine ähnliche Rolle einnimmt, die im Christentum Jesus hat). Nun sprechen Gott und seine Engel in Rätseln. Fügt dann nicht eine Deutung von Worten dem Buch etwas hinzu? Vermutlich nicht, denn sie verfälscht ja das Geschriebene nicht. Sie ist Teil der Lektüre, die der Einstellung des Hörers unterliegt, der damit die Verantwortung für das trägt, was er hört, weil *er* verantwortet, wie er es versteht.

Noch etwas anderes schützt die Prophezeiung der Offenbarung: Sie ist die Niederschrift einer Botschaft Gottes. Deshalb hängt ihre Glaubwürdigkeit auch von der Verlässlichkeit der Vermittlung ab. Da der Weg von Gott zu den Menschen weit ist, bedurfte es der sicheren Übertragung seiner Worte: *zunächst* durch Jesus, der von der Endlichkeit des irdischen Lebens in die Unendlichkeit der göttlichen Zeit aufstieg, und der zu verstehen gibt, dass er als Sohn seinem Vater so nahe ist, dass er dessen Worte hören kann; *dann* durch die Engel, denen es möglich ist, Menschen leibhaftig zu erscheinen, und die in der Lage sind, glaubhaft unergründbare Worte zu deuten; und *schließlich*, bei den Menschen am Ende der Kette, eines Getreuen, der schreiben konnte und der als unmittelbarer Empfänger die göttliche Botschaft unverzüglich, glaubwürdig und wirksam verbreitete. Wie anders als so konnten die Worte Gottes, die von Menschen nicht gewusst werden können, und die von dem, der sie spricht, nicht zu hören sind, dennoch lesbar und glaubwürdig vermittelt werden?

Um Gottes Botschaft nicht unglaubwürdig zu machen, musste sich Johannes, als schwächstes Glied der Kette, als verlässlicher Vermittler ausweisen. Und er bedient sich dafür eines Arguments. Am Ende seines Berichts zitiert er Gott: „*Diese Worte sind gewiss und wahrhaftig; und der Herr, der Gott der Geister der Propheten, hat seinen Engel gesandt, zu zeigen seinen Knechten, was bald geschehen muss. Siehe, ich komme bald. Selig ist, der da hält die Worte der Weissagung*

---

63 Johannes: *Offenbarung*, 22(18) und (19).

in diesem Buch. Und ich, Johannes, bin es, der solches gehört und gesehen hat.“[64] Diese Sätze sind keine Beschwörung. Sie sind ein Argument, ein *Argument aus der Autorität*, wie man es in der Logik nennt[65]. Ein Argument aus der Autorität stützt sich auf die Prämisse, dass das, was für gewiss gehalten wird, durch eine Autorität bestätigt ist.

Die Autorität in diesem Argument ist Gott. Johannes lässt daran keinen Zweifel: „[…] *er sprach zu mir: Es ist geschehen. Ich bin das A und das O, der Anfang und das Ende. Ich will den Durstigen geben von dem Brunnen des lebendigen Wassers umsonst. Wer überwindet, der wird es alles ererben, und ich werde sein Gott sein und er wird mein Sohn sein. Der feigen Verleugner aber und Ungläubigen und Frevler und Totschläger und Unzüchtigen und Zauberer und Götzendiener und aller Lügner, deren Teil wird sein in dem Pfuhl, der mit Feuer und Schwefel brennt; das ist der zweite Tod.*“[66]

Nun liegt einem Argument aus der Autorität aber kein deduktiver Schluss zugrunde, bei dem das, was die Konklusion aussagt, schon in der Prämisse enthalten ist, sondern nur ein induktiver Schluss. Und für Argumente, die auf der Grundlage eines induktiven Schlusses vorgebracht werden, gibt es möglicherweise keine Berechtigung. Gegen die Berechtigung eines Arguments aus der Autorität gibt es klassische Einwände: die Autorität ist falsch zitiert oder missverstanden; bei der Autorität handelt es sich nicht um eine echte Autorität, sondern um einen Scharlatan oder nur um eine Persönlichkeit mit großem Prestige oder großer Popularität; die Autorität überschreitet die Grenzen ihres Kompetenzbereichs; die Autorität kann im Hinblick auf das, was sie bestätigt, unmöglich über Erfahrungsdaten verfügen; oder die Autorität steht mit ihrer Auffassung in Konkurrenz zu anderen Autoritäten. Konfrontiert man die Autorität Gottes mit diesen Einwänden, erkennt man, gegen welche Zweifel die Prophezeiung befestigt werden musste.

Die so geschützte Prophezeiung vom Geschehen der letzten Tage betrifft eine unfassbare Wahrheit. Trotz seiner Unfassbarkeit soll dieses Geschehen, um es mit Kants Worten zu sagen, sowohl *subjektive* als auch *objektive Gültigkeit* besitzen. Es soll nicht so sein, dass dem Glauben an das Prophezeite, wie es Leibniz sagen würde, noch *Gründe* fehlen, um sicheres Wissen zu sein. Das aber geht nur, wenn der Glaube alleine diese objektive Gültigkeit garantiert. Und das ist nur möglich, wenn die objektive Gültigkeit des Prophezeiten ein Teil des Glaubensinhalts ist. Grundlage dieses Glaubensanspruchs ist Gott, der in der Offenbarung von sich

64 Ebd., 22(6) und (7).
65 Wesley C. Salmon: *Logik*, Stuttgart: Reclam 1983, S. 184–191.
66 Johannes: *Offenbarung*, 21(6) bis (8).

sagt: „*Ich bin das A und das O, der Anfang und das Ende, der da ist und der da war und der da kommt, der Allmächtige*"[67]. Als Kontrast zu unserer Geburt und Sterblichkeit, als das grundsätzlich Andere, als Idee der Allmacht, und als der, der „*von Ewigkeit zu Ewigkeit*" ist, präsentiert er sich als das Ganze. Er verspricht, uns von unserer, wie es Plessner formulierte, „*hälftenhaften Natur*"[68] zu erlösen und uns die ersten Ursachen zu nennen und die letzten Ziele; und er bietet sich selbst an, wenn wir an die Grenzen kommen, wo sich nichts mehr denken lässt. Er ist ungreifbar. Denn als Allmächtiger verkörpert er einen Widerspruch, aus dem sich mit unserer Logik alles ableiten lässt. Darüber hinaus übersteigt er in seiner Unendlichkeit alle Grenzen der Zeit, sodass er auch mit unseren Sinnen nicht zu fassen ist. Für die Wahrheit, deren Anerkennung er fordert, argumentiert er mit seiner Allmacht und mit der Natur seiner umfassenden Existenz. Die ausgesagte Wahrheit seiner Worte kann nach menschlichem Maß nur subjektive Gültigkeit begründen, denn sie lässt sich nicht erschließen und sie lässt sich auch nicht erkennen, in der Beobachtung nicht und auch nicht im Experiment. Aber der Glaube an die Worte macht das Offenbarte zu sicherem Wissen, weil dieses Wissen zu seinem Inhalt gehört.

9. Die Offenbarung als Modell

Kommen wir zurück zu der Frage, wie es möglich ist, dass die Prophezeiung der Offenbarung über zweitausend Jahre hinweg fast nichts von ihrer Kraft verloren hat. Sicher gibt ihr ihre Befestigung einen gewissen Schutz, aber die lange Zeit ihres Bestands lässt sich dadurch nicht erklären. Überzeugender scheint mir dagegen eine andere Erklärung zu sein: sie konnte überdauern, weil sie ein Modell ist, das der Vorstellung von dem, was sich ereignen wird, einen zeitunabhängigen Deutungsrahmen gibt.

Als Modell besitzt die Offenbarung eine einem Gedanken vergleichbare Existenz.[69] Für diese Existenz muss man nicht glauben, was sie sagt, sondern nur anerkennen, dass sie etwas sagt. Das macht sie nicht nur mit jeder Art des Zweifels verträglich, sondern erlaubt sogar, sie als bloßes Konstrukt aufzufassen und

---

67 Ebd., 1(8).

68 Vgl. Helmuth Plessner: *Der Mensch als Lebewesen*, in: *Mit anderen Augen – Aspekte einer philosophischen Anthropologie*, Stuttgart: Reclam 1982, S. 25; Parmenides: *Vom Wesen des Seienden – Die Fragmente*, Frankfurt a.M.: Suhrkamp 1969.

69 Gottlob Frege: „Der Gedanke. Eine logische Untersuchung" (1918/1919), in: Günther Patzig (Hg.): *Gottlob Frege: Logische Untersuchungen*, Göttingen: Vandenhoeck & Ruprecht 1966, S. 30–53, hier S. 43/44.

zu benutzen. Trotz dieser Unverbindlichkeit in ihrer bloßen Rolle als Modell, kann sie zur Grundlage individuellen und vor allem auch institutionellen Glaubens werden, weil sie sich mit großem Spielraum der Deutung zu allen Zeiten in der jeweils erlebten Welt verankern lässt. Sie macht dadurch aus Theologen Ingenieure, die, wie beim Umbau eines Systems, ihre Deutung an das Wissen der jeweiligen Zeit anpassen.[70] Diese Eigenschaft der Anpassbarkeit wird ganz offensichtlich durch die Geschichte ihrer Rezeption belegt. Noch überzeugender wird diese Rolle der Offenbarung, wenn man sie im Hinblick auf die *Logik von Modellen* untersucht[71]. Dann muss man fragen, *von was* sie ein Modell ist, d.h. *von was ausgehend* sie als Modell formuliert wurde, *wofür* sie ein Modell ist, d.h. was durch ihre Anwendung als Modell entsteht, was ihr *Cargo* ist, d.h. was sie als Modell transportiert[72], und schließlich, worin ihre *Autorität* als Modell besteht.[73]

---

70 Die Theologie als Ingenieursdisziplin zu sehen, die Systemanpassungen vornimmt, wurde mir vor einigen Jahren von einem als Unternehmensberater tätigen katholischen Theologen in überzeugender Weise dargelegt.

71 Vgl. Bernd Mahr: *Modellieren. Beobachtungen und Gedanken zur Geschichte des Modellbegriffs*, in: Sybille Krämer/Horst Bredekamp (Ed.): *Bild-Schrift-Zahl*, München: Fink 2004, S. 59–86; Ders.: *Ein Modell des Modellseins. Ein Beitrag zur Aufklärung des Modellbegriffs*, in Ulrich Dirks/Eberhard Knobloch (Ed.): *Modelle*, Frankfurt a.M.: Peter Lang 2008, S. 187–218; Ders.: *Die Informatik und die Logik der Modelle*, Informatik Spektrum, 32, 3, 2009, pp. 228–249; Ders.: *On the Epistemology of Models*, in: Günter Abel/James Conant (Hg.): *Rethinking Epistemology*, Berlin, New York: de Gruyter 2012, S. 249–302.

72 Ähnliche Beziehungen kann man auch bei Zeichen und Bildern finden: so werden Zeichen hergestellt und rezipiert, wie z.B. ein schriftlicher Text geschrieben und gelesen wird; und durch die Verbindung ihrer Herstellung und Rezeption wird das, was sie bezeichnen von ihrem Produzenten zu ihrem Rezipienten übertragen; so kann z.B. mit Schriften etwas mitgeteilt werden. Eine vergleichbare Transportfunktion kann man auch bei Bildern erkennen, die gemalt und angesehen werden. In konkreten Situationen werden diese verschiedenen Transportfunktionen auch ohne eine verbindliche Definition mit klarer Intuition unterschieden. Schriften und Bild sind im Hinblick auf diese Transportfunktion aber Medien, während Modelle Inhalte sind, die als Schriften Bilder oder anderes medial repräsentiert werden müssen; vgl. Bernd Mahr: *Cargo. Zum Verhältnis von Bild und Modell*, in: Ingeborg Reichle/Steffen Siegel/Achim Spelten (Ed.): *Visuelle Modelle*, München: Fink 2008, S. 17–40.

73 Vgl. Bernd Mahr/Reinhard Wendler: *Modelle als Akteure: Fallstudien*, Technische Universität Berlin, KIT-Report 156, Februar 2009, ISSN 0931-0436; Bernd Mahr: *Tragen Modelle Verantwortung? Zur Autorität und Befragbarkeit von Modellen*, in: Patrick Grüneberg (Hg.): *Das modellierte Individuum. Biologische Modelle und ihre ethischen Implikationen*, Bielefeld: transcript 2012, S. 69–88.

In der Beziehung, ein *Modell von etwas* zu sein, greifen die Worte der Offenbarung ein Vorverständnis auf, wie es in bündiger Form im christlichen Glaubensbekenntnis ausgedrückt ist. Andererseits nimmt sie auf etwas Bezug, das alle Menschen betrifft. Sie spricht über das Gefüge des Großen und Ganzen und über ein Ende der Welt, dessen Notwendigkeit sie in Gottes Willen und Wissen erkennt. Gleichzeitig berühren ihre Worte aber auch das Erleben jedes Einzelnen: Zukunftsängste, Gefühle der Schuld, der Hoffnung und des Sehnens; Erfahrungen von Schrecken und Bösem, von unerklärlichen und ängstigenden Naturerscheinungen, von langen Dauern und plötzlichen Ereignissen und von Unrecht, Tod und Krieg. Sie spricht von Vertrauen und Verrat, von Tradition und Zerstörung, von Tapferkeit und Verbrechen, von Lüge und Zeugenschaft, von Reinheit und Befleckung, vom Kampf zwischen Gut und Böse, und vom Recht, vom Unrecht und vom Gericht. Sie beschreibt die verheißenden Insignien der Macht und lockt mit der Brillanz des Glanzes, mit der Strahlkraft des Lichts, mit dem Versprechen der Erlösung und mit der Gewähr der Gerechtigkeit. Und sie sagt schließlich, was zu tun ist: standhafte Treue und Wissen im Glauben.

Als Modell von etwas bringt die Offenbarung diese Erfahrungen und Gefühle in einen kohärenten Sinnzusammenhang und verbindet mit ihnen die Vorhersage zukünftiger Ereignisse. Die Worte der Offenbarung formulieren aber keine Information, die keiner Nachfrage mehr bedürfte um verstanden zu werden, sondern sie bleiben, zwar nicht in ihrer direkten Wortbedeutung, aber in dem, wie sie sagen, weitgehend unbestimmt. Diese Unbestimmtheit ist nun ein wesentliches Merkmal ihres Modellseins. Denn die Worte müssen gedeutet werden, weil das, was sie unmissverständlich besagen, der erlebten Wirklichkeit nicht entspricht, und weil das, was sie bedeuten könnten, nicht gegenwärtig ist. Denn es gibt keine vielköpfigen Monster und das Jüngste Gericht findet noch nicht statt. So wird die Offenbarung als *Modell für etwas* zu einem zeitlosen Dispositiv für individuelle und institutionalisierte Vorstellungen von den letzten Tagen, von Gut und Böse, von Recht und Gericht und von Strafe und Erlösung. Sie entwickelt ihre Wirkkraft jedoch nicht durch Gesetze, Regeln und Auslegungen, sondern durch die Mahnung zum Glauben, zum Glauben an Gott, den Gerechten, der zugleich Richter und Erlöser ist. Der *Cargo*, den sie als Modell transportiert, ist eine Beziehung zur Welt, die zunächst mit Angst und als Vorstellung dann mit Furcht verbunden ist, die sich aber in der Anerkennung der Offenbarung und im Glauben an Gott, also gleichsam in ihrer Anwendung als Modell, in den intentionalen Zustand der Furcht, der Hoffnung oder des frohen Erwartens verwandelt. *Autorität als Modell* gewinnt die Offenbarung schließlich durch ihre Niederschrift, durch die Befestigung ihrer Worte und durch die immer wieder bezeugte Glaubwürdigkeit, deren Beschwörung später zu Grundsteinen der Macht der Kirchen wurde, die sie predigten.

10. Schluss: Prophezeiung und Modell

Ohne Zweifel hat die Offenbarung das Potenzial, die Unbestimmtheit der auf die Zukunft hin orientierten Angst durch etwas zu ersetzen, das man fürchten muss oder erhoffen darf oder auch froh erwarten. Sie begegnet aber auch der damit verbundenen Furcht, indem sie der ohnmächtigen Erwartung, die erneut Angst auslöst, Wissen entgegensetzt, Wissen von dem, was gut ist und was böse, und was zur Erlösung führt und was zur Verdammnis. Die Offenbarung erfüllt ihre Funktion damit in zwei Schritten: erst durch die Bindung der Angst an eine Vorstellung und dann durch die Belehrung zum Glauben. Sie ist deshalb nicht nur Vorhersage, sondern auch Maßgabe.

Devrim Deniz Taner

Alevitisches Leben in der Diaspora

Die Aleviten, die nach Deutschland kamen, hatten unterschiedliche Motive, ihre Heimat zu verlassen. Die Ersten unter ihnen kamen im Zuge der Anwerbung ausländischer Arbeitnehmer in den Jahren ab 1961 nach Deutschland. Nach dem Septemberputsch Kenan Evrens im Jahre 1980 verließen erneut viele Aleviten die Türkei und suchten im Ausland, insbesondere in Deutschland, nach Asyl. Mittlerweile leben seit fünf Jahrzehnten Aleviten in unserer Gesellschaft und genossen lange Zeit nur wenig Beachtung in der deutschen Öffentlichkeit. Wurden die Aleviten anfangs unter „Gastarbeiter", dann unter „Ausländer" und „Türken" subsumiert, treten heute verstärkt die eigenständigen Züge der religiösen und kulturellen alevitischen Traditionen hervor, die von internen Diskursen zur Identität, Ethnizität und Konfessionalismus geprägt sind. So sprechen nicht wenige Aleviten davon, dass das Alevitentum nicht nur klar vom schiitischen und selbstverständlich vom türkisch-sunnitischen Islam zu unterscheiden sei, sondern überhaupt außerhalb des Islams stehe und eine eigenständige Glaubensgemeinschaft bilde.

Dass die eigene religiöse Zuordnung und damit das Selbstverständnis der Aleviten selbst nicht einheitlich ist, hängt mit der Geschichte und der Situation der Aleviten in der Türkei zusammen, die Jahrhunderte lang assimiliert, stigmatisiert, verfolgt, ermordet und letztendlich in die Marginalität gedrängt wurden. Die Aleviten gehören zweifellos zu jenen Religionsgemeinschaften, die trotz ihrer Bedeutung in der Diaspora lange Zeit unbekannt blieben oder verschwiegen wurden.

Alevilik („Alevitentum") ist ein moderner Überbegriff für ursprünglich verschiedene heterodoxe Strömungen im Osmanischen Reich, die allesamt von der islamischen Orthodoxie als häretisch verunglimpft wurden. Viele Angehörige heterodoxen Glaubens mussten „Takiye" betreiben, das heißt, dass sie ihre eigene religiöse Identität verbergen mussten, um in einem potenziell missgünstigen Umfeld nicht aufzufallen. Spätestens seit dem Pogrom von Sivas 1993 haben viele Aleviten, die zuvor jahrhundertelang als Kizilbas, zu deutsch Rotkopf, bezeichnet wurden, sowohl in der Türkei als auch in Deutschland die Takiye aufgegeben. Viele Aleviten, die in ihrer Kindheit und Jugend keinen Zugang zu den eigenen Wurzeln hatten bzw. haben konnten, entdecken nun ihre religiösen und kulturellen Überlieferungen neu, teilweise mit beträchtlichen biografischen Folgen. Erstmals wächst eine selbstbewusste alevitische Generation heran, die zugleich mit den nachhaltigen Prägungen der älteren Generationen umgehen muss, für die die Entwicklungen zum Teil schwer nachvollziehbar sind.

In Deutschland erreichten die Aleviten 2007/2008 den endgültigen Durchbruch zur größeren Bekanntheit mit einer Großdemonstration in Köln, an der mehrere Zehntausend Demonstranten aus ganz Europa teilnahmen. Eine Welle von Veranstaltungen in ganz Deutschland, Presseerklärungen und juristische Klagen gegen einen „Tatort-Krimi", der am 23.12.2007 in der ARD ausgestrahlt wurde, war der Anlass für diese „Bekanntheit". Die deutsche Öffentlichkeit reagierte größtenteils mit Unverständnis und verglich das Verhalten der Aleviten mit dem der gegen die Muhammed-Karikaturen im Herbst 2005 weltweit protestierenden Moslems. Der Protest wurde als Angriff auf die künstlerische Meinungs- bzw. Gestaltungsfreiheit interpretiert.

Was war jedoch der Auslöser für Tausende von Aleviten aus ganz Europa, am Tag vor Silvester 2007 den weiten Weg mitten im Winter nach Köln auf sich zu nehmen? Warum reagierten die Aleviten so empfindlich auf diesen Krimi?

Der Anlass für den alevitischen Protest waren die im „Tatort" reproduzierten verleumderischen Vorwürfe gegen die Aleviten. Schon seit Jahrhunderten wurde dieser Gemeinschaft Blutschande in religiösen Zeremonien, die Respektlosigkeit gegenüber anderen Religionen sowie ausschweifendes und tabuloses Sexualleben, Blasphemie und vieles mehr vorgeworfen, mit fatalen Folgen für die Aleviten. Jene Ressentiments, die über Jahrhunderte zum Tod von Abertausenden Aleviten führten, wurden im „Tatort" ausgestrahlt und zwar am exakten Jahrestag des Maras-Massakers von 1978/79, wo ein grausames Pogrom an Aleviten vollzogen wurde, das sehr vielen Menschen das Leben kostete und dessen juristische und politische Aufarbeitung bis dato nicht vollständig erfolgt ist. Mittlerweile sind Aleviten europaweit vernetzt, gut organisiert und stellen eine politisch aktive gesellschaftliche Gruppe dar. Es gibt zurzeit mehr als 150 alevitische Vereinigungen in Deutschland, die dem Dachverband der Alevitischen Föderation Deutschland bzw. der Alevitischen Konföderation Europa angehören. In der Diaspora erlangten Aleviten Rechte, die ihnen in ihrer Heimat bis heute verwehrt sind: Zum ersten Mal weltweit wurde 2002 der alevitische Religionsunterricht an Berliner Schulen eingeführt, in vielen anderen Bundesländern ist der alevitische Religionsunterricht bereits obligatorisch, das heißt, ein versetzungsrelevantes Pflichtschulfach (beispielsweise in Nordrhein-Westfalen). Die Hansestadt Hamburg schloss einen Staatsvertrag mit den Hamburger Aleviten, in vielen deutschen Bundesländern arbeiten die lokalen Vereinigungen an der Einrichtung eines universitären Lehrstuhls oder streben wie im Land Berlin die Körperschaft des Öffentlichen Rechts an.

In der Migration, zwischen mehreren Kulturen, Sprachen und Religionen aufwachsend, suchen immer mehr türkischsprachige, kurdischsprachige, zazasprachige und arabischsprachige Migranten mit alevitischem Hintergrund nach ihrer Identität. Das Ergebnis dieser Suche ist von vielen multikausalen Faktoren abhängig: Zum einen müssen die Migranten sich mit ihren ursprünglichen Wurzeln bzw. mit der Geschichte ihrer ursprünglichen Heimat, der Türkei, auseinandersetzen und zum anderen müssen sie sich in der hiesigen Mehrheitsgesellschaft Deutschlands positionieren und ihre religiösen und kulturellen Rechte einfordern, die der Rechtstaat ihnen garantiert. Im Fall der Gemeinschaft der Aleviten ist dies äußerst schwierig, weil sie in der Türkei weder als religiöse noch als sozial eigenständige Gruppe anerkannt sind. Das hat zur Folge, dass die Aleviten einem staatlich gelenkten Assimilationsdruck ausgesetzt sind, der das Ziel hat, die Aleviten in den sunnitischen Islam zu integrieren. Zum anderen müssen die Aleviten sich als Migranten in der hiesigen Mehrheitsgesellschaft definieren können, um gesellschaftlich partizipieren zu können.

Die Geschichte der alevitischen Bewegung ist insgesamt betrachtet noch relativ sehr jung, und in der Spannung zwischen Herkunftskontext und neuem Heimatland kommt es innerhalb der Gemeinschaft zu sozialen und damit letztlich auch zu religiösen, politischen und kulturellen Neuorientierungen. Insofern sind wir gegenwärtig Zeugen des Selbstfindungsprozesses einer Religionsgemeinschaft, die sich in der Diasporasituation gleichsam neu definiert bzw. zu definieren versucht. In dieser Transformationsphase spielen die alevitischen Gemeinden, die Cemevis, eine wesentliche Rolle und fungieren als Katalysatoren im Selbstfindungsprozess, da sie Anlauf- bzw. Organisationsstellen für Aleviten sind, die in diesen Orten Antworten auf Fragen, die ihre Identität, ihr soziokulturelles und religiöses Leben prägen, suchen. Die Alevitische Gemeinde zu Berlin ist der Vorreiter dieser Emanzipationsbewegung und diente als Vorbild für weitere alevitischen Gemeinden, nicht nur in Deutschland, sondern auch über die Grenzen der Republik hinaus.

Die Zahl der in Berlin lebenden Aleviten ist nicht bekannt, da sie statistisch nicht erfasst werden. Daher schwanken die Schätzungen zwischen 50000 bis 70000 Personen. Ihr prozentualer Anteil jedenfalls dürfte höher liegen als in der Türkei, von wo sie wegen ihrer stärkeren Diskriminierung auswanderten. Bis jetzt wurden in Berlin keine ernsthaften Spannungen zwischen Aleviten und Sunniten, die mit Gewalt gelöst wurden, registriert. Eine gegenseitige Abgrenzung dagegen ist partiell sichtbar, weil die religiös-kulturellen Differenzen zu groß sind und unüberwindbar scheinen. Während viele Aleviten ihre Religion, Kultur und Tradition zu Hause zu pflegen versuchten, entschlossen sich im Jahre 1978 300 aktive Aleviten in Berlin einen Verein zu gründen. Gegründet als patriotische Einheit, bekannte sich diese Organisation erst 1991 auch dem Namen nach zu seiner alevitischen Identität. Zu deutsch nannte sich der Verein „Deutsch Türkischer Arbeiter Bund e.V." Die organisierte Vereinsarbeit begann in einer Fabriketage am Kottbusser

Damm 74 in Berlin-Kreuzberg. Mehrheitlich waren die aktiven Mitglieder Sympathisanten der türkischen Einheitspartei (TBP). In den ersten Jahren widmete sich die Vereinsarbeit politischen Fragen, die für die Zukunft der Türkei relevant zu sein schienen. Nach 1980, das Jahr, in dem General Evren putschte und die Militärjunta die Staatsgewalt an sich riss, kämpfte der Verein für die Verbesserung der politischen Situation der Aleviten in der Türkei. Die Mitglieder organisierten Diskussionsveranstaltungen, Demonstrationen und verfassten politische Flugblätter. Interessant ist, dass von 1978 bis 1991 die Bezeichnung „Alevi" nie öffentlich von den Vereinsmitgliedern erwähnt wurde, obwohl alle Mitglieder alevitischer Herkunft waren. In den Vereinsräumlichkeiten wurden neben politischen Aktivitäten auch kulturelle angeboten. Neben einem Jugendchor verfügte der Verein über ein Theater- und Semah-Gruppe, die bundesweit auftrat. Einmal im Jahr flog der Verein einen Geistlichen, Dede genannt, aus der Türkei ein, der die religiöse Cem-Zeremonie durchführte. Die Aleviten organisierten zu dieser Zeit in Berlin-Kreuzberg zum ersten mal eine größere Veranstaltung, mit der sie nicht nur Aleviten, sondern auch die Berliner Öffentlichkeit erreichen wollten. Die Plakate, die zu dieser Veranstaltung konzipiert wurden, glichen einer Sensation. Zum ersten Mal lernte Berlin das Wort „Alevi / Alevite" kennen, das auf öffentlichen Plätzen zu lesen war. Dieses Coming out hatte unmittelbar auch Konsequenzen auf die Vereinsmitgliedschaft: Auf der einen Seite standen die älteren Mitglieder, die die verinnerlichte Verheimlichung nicht ablegen wollten, weil sie Anfeindungen befürchteten – und auf der anderen Seite jene, die ihre Identität als Alevite nicht mehr verstecken wollten. Diese inneren Differenzen bezüglich der alevitischen Vereinsarbeit hatte unmittelbar eine interne schriftliche Befragung der Mitglieder zur Folge. In einem Fragebogen sollten sich die Mitglieder entscheiden, ob der Verein zum Kulturzentrum anatolischer Aleviten e.V. Berlin (Anadolu Alevileri Kültür Merkezi) umbenannt wird. Mehrheitlich sprachen sich die Mitglieder für die Umbenennung des Vereins aus. Nun begann die Planung dieser Großveranstaltung, die gut ein Jahr dauerte. Zwischen dem 26. und 31. März 1991 fand im Haus der Kulturen der Welt in Berlin-Tiergarten eine „Alevitische Kulturwoche" statt, mit der das Coming out der Berliner Aleviten endgültig besiegelt wurde. Diese Kulturwoche war ein voller Erfolg. Neben sehr vielen Aleviten nahmen auch Nicht-Aleviten aus Europa und aus der Türkei an dieser Veranstaltung teil. Das Programm beinhaltete neben folkloristischen und künstlerischen Darbietungen auch zahlreiche Vorträge und Podiumsdiskussionen zum religiösen Aspekt des Alevitentums. Diese Kulturwoche trug in einem sehr hohen Niveau zur Stärkung des alevitischen Bewusstseins nicht nur in Berlin, sondern im gesamten Bundesgebiet bei. Zwei Jahre später ereignete sich das Sivas-Massaker in der Türkei. Am 02.07.1993 kamen im Rahmen eines Kulturfestivals zu Ehren des alevitischen Dichters Pir Sultan

Abdal 35 Menschen, darunter Kultur-, Musik- und Literaturschaffende alevitischen Glaubens ums Leben. Eine religiös fanatische und aufgebrachte Menschenmenge umzingelte den Austragungsort des Kulturfestivals – das Madımak Hotel – und warf Brandsätze gegen das Hotel. Dabei verbrannten 35 Menschen. Obwohl Polizei und Rettungskräfte sofort alarmiert wurden, griffen sie erst Stunden später ein. Nach 19 Jahren erklärte die von der AKP dominierte türkische Justiz die Massaker für verjährt. Die Angeklagten wurden von 28 Strafverteidigern vertreten, die sich aus AKP Abgeordneten, AKP Ministern, AKP Bürgermeistern, AKP Stadträten und AKP Kreisvorsitzenden zusammensetzten. Nach der Entscheidung des Gerichtes über die Einstellung des Strafverfahrens kam es zu gewaltsamen Übergriffen der türkischen Sicherheitsbehörden auf Aleviten, bei der auch die Vorsitzenden der Alevitischen Gemeinde Deutschland und der Alevitischen Union Europa verletzt wurden. Dieses Verbrechen und dessen juristische Aufarbeitung bzw. die Haltung der Regierung beeinflusste weltweit die Emanzipation der Aleviten und stellte einen Wendepunkt dar: Viele alevitische Vereine entstanden überall auf der Welt. Im Kulturzentrum anatolischer Aleviten e.V. stieg die Zahl der Mitglieder unmittelbar nach diesem Verbrechen stark an. Dies hatte zur Folge, dass der Verein umziehen musste. Die neue Räumlichkeit befand sich nun in der Lindowerstraße in Berlin-Wedding. Noch im selben Jahr organisierte das Kulturzentrum zahlreiche Protestdemonstrationen, die die Sensibilisierung der Öffentlichkeit im Bezug auf die Bedrohung der Aleviten als Minderheit in der Türkei bezwecken sollte. Mittlerweile war die Anzahl der Mitglieder so stark gewachsen, dass die Räumlichkeiten in der Lindowerstraße auch zu klein wurden. Da kam der Gedanke auf, ein viel größeres Objekt zu erwerben. Der alevitischen Mitgliedschaft gelang es, die Berliner Aleviten für dieses Vorhaben zu mobilisieren. Der langersehnte Wunsch, in den neuen Räumlichkeiten ein Ort zu schaffen, in dem die Aleviten ihre rituelle Totenwaschung durchführen können, wirkte in diesem Zusammenhang wie ein Katalysator für dieses Vorhaben. Das Kulturzentrum erwarb in Berlin-Kreuzberg ein früheres Gebäude der neu-apostolischen Kirche, das Mitte 1999 bezogen wurde. Die Eröffnung des Hauses fand in Anwesenheit des Bundesinnenministers Otto Schily, des Bundestagsabgeordneten Cem Özdemir und des Abgeordneten Özcan Mutlu statt. Die Eröffnung des Hauses und die inhaltlich-kulturelle Organisation dieses Abends demonstrierte eine weltoffene und integrationsbereite Haltung. Von nun an war eine programmatische Außenorientierung des Vereins zu sehen, die bis heute anhält. Mit dem Umzug nach Kreuzberg fand die dritte Umbenennung des Vereins statt. Bis 2011 hieß die Einrichtung „Anadolu Alevileri Kültür Merkezi e.V.", bis der Name in „Berlin Alevi Toplumu", zu deutsch „Alevitische Gemeinde zu Berlin e.V.", umbenannt wurde. Die Hinwendung zum religiösen Aspekt des Alevitentums veränderte insgesamt die Gemeindearbeit. In diesem Sinne wurde ein

„Rat der Geistlichen“ eingerichtet, der die Aufgabe hatte, auf die religiösen Fragen der Berliner Aleviten Antworten zu finden. Dieser Rat unterliegt der Kontrolle des Vorstands und darf eigenwillig nicht agieren. Dieser Kontext demonstriert eindrucksvoll eine für die neue alevitische Bewegung insgesamt symptomatische Entwicklung: Die einstigen geistlichen Führer, die sowohl für das religiöse als auch für das sozio-kulturelle Leben der Talips/Laienmitglieder verantwortlich waren, haben in der Gegenwart keinen autoritären Anspruch auf ihre Laien, zumindest nicht in der alten traditionellen Art und Weise. Dieser Umstand zeigt eindeutig, dass die sozio-religiösen Strukturen der Aleviten in der Diaspora stark säkularisiert sind bzw. durch die staatliche Gesetzgebung ersetzt wurden. Die Verlagerung der Autorität von Dedes/ Geistlichen auf die in der Regel besser gebildeten Talips/Laien ist im Grunde genommen die logische Schlussfolgerung dieser Entwicklung. Neben dem „Geistlichen Rat“ findet man in der Gemeinde weitere Teilorgane: Der Aufsichtsrat, der Ehrenrat, Frauen- und Jugendbeirat sowie die Hochschulgruppe. In der Alevitischen Gemeinde zu Berlin werden unterschiedliche Aktivitäten und Kurse angeboten. Mitglieder und Nichtmitglieder können an Folklore-, Saz-, PC-, Deutsch-, Schach- und Semah-Kursen teilnehmen. Für Kinder und Jugendliche werden Nachhilfekurse angeboten. Jugendliche können im BSV Al-Dersim Spor e.V. Fußball spielen bzw. trainieren. Für alevitische Akademiker werden Fortbildungen im Rahmen mehrmonatiger Seminare angeboten. Ziel dieser Fortbildung ist es, das Alevitentum wissenschaftlich aufzuarbeiten. Bis jetzt wurden vier Fortbildungen in dieser Art durchgeführt. Der Gemeindevorstand ist weiterhin an der Durchführung von solchen Seminaren interessiert und organisiert deswegen weitere Veranstaltungen. Die Gemeindearbeit wird zunehmender von religiösen Aspekten des Alevitentums geprägt. Anfänglich waren es die politischen Missstände in der Türkei, die im Mittelpunkt der Vereinsarbeit standen. Heute jedoch steht nicht mehr die Politik der Türkei, sondern die religiösen und soziokulturellen Aspekte des Alevitentums im Focus der Mitglieder, die teilweise seit mehr als Fünfjahrzehnten in Deutschland bzw. Berlin ihre neue Heimat gefunden haben.

Jene religiös-kultische Handlungen, die in den jeweiligen dörflichen Regionen über mehrere Jahrhunderte traditionell gepflegt und praktiziert wurden, in der Diaspora schon längst in Vergessenheit geraten oder aufgegeben, werden jetzt „wiederbelebt“. Die Rede ist in diesem Sinne von der Wiedergeburt des Alevitentums in der Diaspora, die zur Zufriedenheit aller Aleviten deutlich und sichtbar ist – das Alevitentum mit seinen unterschiedlichen Facetten gewinnt immer mehr an Bedeutung im Leben der Aleviten, die in Berlin bzw. in Deutschland leben. Seitdem steigen die Mitgliederzahlen in alevitischen Vereinen europaweit, so auch in Berlin. Die Gemeinde ist stets offen für alle Religionen, Ethnien und Kulturen und setzt sich seither für alle kulturellen und sozialen Belange der in Berlin lebenden Aleviten ein.

Durch seine religiöse Haltung geprägt, setzt sich die Gemeinde für die Vermittlung solcher Werte wie Nächstenliebe, Humanismus und die Gleichberechtigung von Mann und Frau ein. Darüber hinaus stehen sie, so die Gemeinde, für den interreligiösen und interkulturellen Dialog nach dem Inhalt eines zentral alevitischen Sprichworts: „Miteinander leben, voneinander lernen". Die Ziele, die die Alevitische Gemeinde verfolgt, sind die Förderung der universellen Werte des alevitischen Glaubens, seiner Lehre und Kultur, die unmittelbar mit seiner Kunst, Musik und Literatur verbunden ist. Der Glaube der Aleviten soll sich auch in der Diaspora weiter entwickeln und der Mehrheitsgesellschaft bekannt gemacht werden. Die Förderung der Begegnung zwischen deutschen und Migranten, insbesondere den Aleviten, sowie der Völkerverständigung und damit der Integration der Aleviten in die deutsche Gesellschaft sind weitere Anliegen. Die Förderung der Volksbildung, Erziehung und Ausbildung sowie die Förderung der Jugendpflege und der Jugendfürsorge und Hilfe für politisch, rassistisch und religiös Verfolgte sind weitere Ziele der Gemeinde, die sich als eine demokratische Vereinigung versteht. Sie führt seine Tätigkeiten im Rahmen der gesetzlichen Bestimmungen der Bundesrepublik Deutschland aus. Die freiheitlich demokratische Grundordnung der Bundesrepublik verstehen sie als unantastbar. Die Einrichtung ist überparteilich organisiert und sieht sich dem Grundgesetz der Bundesrepublik Deutschland verpflichtet. Für das Prinzip „Frieden und Freundschaft der Völker" nach dem Motto „die Vielfalt der Anschauungen ist unser Reichtum" setzt sich die Gemeinde ein und wehrt sich entschieden gegen Ausländerfeindlichkeit und rassistisch motivierte Angriffe. Sie lehnt jegliche bevorzugende und benachteiligende Behandlung von Menschen wegen ihrer Religion, Rasse, ethischer Herkunft, Kultur und Geschlechts grundsätzlich ab.

In Berlin erlangten Aleviten Rechte, die sie in ihrer ursprünglichen Heimat bis dato nicht erreichen konnten. So wird seit dem Schuljahr 2002 Alevitischer Religionsunterricht weltweit zu ersten Mal an Berliner Grundschulen erteilt und seit 2014 ist die Gemeinde schulrechtlich befähigt, Alevitischen Religionsunterricht auch an Berliner Oberschulen anzubieten. In der Diaspora erfuhren die Aleviten Wertschätzungen durch den deutschen Staat, die ihnen über Jahrhunderte in ihrer Heimat verwehrt wurden. Das Grundgesetz der Bundesrepublik und die daraus resultierenden Rechte garantieren den Aleviten das Recht auf freie Religionsausübung, und schützen sie vor Anfeindungen durch Dritte.

Die alevitische Bewegung ist in einen Selbstfindungsprozess und wir sind Zeitzeugen einer dynamischen Entwicklung, dessen Ende nicht voraussehbar ist. Die nächsten Jahre werden dazu beitragen, ein noch klareres Bild zu den Aleviten zu entwickeln, die sich noch in der Definitionsphase befinden. Es ist spannend, abzuwarten, wie sich dieser Prozess auf das Leben der Aleviten in der Diaspora auswirken wird.

Michael Wolffsohn

Universität im Zeichen globaler Kulturrevolutionen

1968 – magische Jahreszahl bundesdeutscher Nachkriegsgeschichte: Sie steht, zurecht oder nicht, für Aufbruch und Umbruch, Neues und Dynamik, mehr Demokratie, Bewältigung der NS-Vergangenheit, Neue Linke, Studentenrevolte, Breitenbildung,

Antiautoritäres, Selbstverwirklichung, Lebens- und scheinbar erstmals in der Menschheitsgeschichte entdeckte Liebeslust oder Sex statt Krieg. Parolen, Parolen, Phrasen, Phrasen. Oder auch nicht. Einerlei.

Umbruch und Aufbruch kennzeichneten die Stimmung der Jugend-Mehrheit, der 68er. Längst sind die meisten selbst 68 oder auch älter. Gerne verklären sie nostalgisch die selbsterlebte Epoche ihres basisdemokratisch geprägten, rebellischen Jugendzaubers. Der Rebellion gegen folgte die stille Konversion zum Establishment, dessen Wohlstand verführte und den man emsig vermehrte. Das einst Verpönte verwöhnte. Wie so viele Menschheitsgenerationen vor ihnen wurden auch die meisten 68er die „Kinder ihrer Eltern". Wie und warum, das hat Götz Aly in seinem brillanten Buch „Unser Kampf 1968" ebenso empirisch-faktenreich wie kritisch und nicht zuletzt selbstkritisch beschrieben.

Der Titel war Programm, denn der Autor hielt den 68ern, die für sich beansprucht hatten, das NS-Erbe ihrer Eltern und Großeltern zu überwinden und zu bewältigen, den Spiegel vor. Der antifaschistische Schein habe zumindest teilfaschistisches Sein der Rebellierenden überdeckt. Es sei nicht erst durch den Übergang von Anführern wie Horst Mahler und Bernd Rabehl von linksaußen nach rechtsaußen erkennbar geworden, sondern schon von Anfang an vorhanden gewesen.

Wir kennen aus Geschichte und Religion solche Fundamental-Wandlungen. Aus dem Christenjäger Saulus wurde der Christenapostel Paulus. Götz Aly war, wie Mahler, Rabehl & Co, Saulus. Er entwickelte sich im Sinne der pluralistisch-demokratischen Ideale zum Paulus. Mahler und die Seinen wechselten von Saulus-eins(t)-links zu Saulus-zwei-rechts.

Als Jung-Student der Freien Universität (FU) Berlin habe ich 1966/67 die rebellischen Scharen erlebt. Auch Götz Aly, Horst Mahler und die anderen damals wie auch immer Linkspositionierten. Ich stand schon früh auf der anderen Seite der Barrikaden. Dabei gefiel mir ihre kesse Aufsässigkeit zunächst. Doch das oft kindisch übersteigerte, antibürgerliche Gehabe dieser mehrheitlich Bürgerkinder, ihr schriller, rechthaberischer, aggressiver Ton, das Demagogische, missfiel mir sofort. Besonders bei Rudi Dutschke weckten diese Stimmen Erinnerungen an Stimmungen, die ich aus NS-Film- und Tondokumenten oder Erzählungen meiner Eltern und Großeltern kannte. Ja, für mich klang D(utschke) wie seinerzeit G(oebbels). Auch der rauschhafte Jubel der Jüngermassen war mir, wie jeder Massenauflauf, zutiefst zuwider. Bitte so nicht, bat ich innerlich inständig. Auf die Barrikaden der Studentenrebellen, diese Möchte-gern-Revolutionäre, konnte und wollte ich daher nicht steigen. Später kamen noch andere Gründe hinzu, doch der Grundstein meiner politischen Bürgerlichkeit war gelegt. Seltsamerweise erhörten die Revoluzzer meinen Ruf nicht. Stattdessen trägt heute eine Straße in Berlin Rudi Dutschkes Namen. Als Symbol und Beweis deutschdemokratischer Erneuerung. Nebbich.

Viel Wasser ist seit 1968 durch deutsche und andere Flüsse geflossen, und beflissen passten sich die meisten dem einst so gescholtenen „System" an. Teil-Milieus konnten oder wollten sich dennoch nicht innerlich von der Tradition der Demonstration als (Ersatz-)Mittel gesamtgesellschaftlich, wahldemokratischer Legitimation trennen. Immer wieder suchten und fanden sie demonstrative und demonstrierende Betätigungsmöglichkeiten: Bei Massenprotesten gegen die Atompolitik des SPD-Kanzlers Helmut Schmidt seit Mitte der 1970er Jahre oder dessen NATO-Nachrüstungsinitiative in den Jahren 1979 bis 1982. Helmut Kohl, Schmidts Nachfolger setzte sie durch, so dass ungebrochen und unverdrossen durch Demonstrationen Weltuntergangsszenarien auf unterschiedlichen Demos inszeniert werden konnten. Auch gegen die „Militarisierung" der US-amerikanischen und in deren Gefolge seit 1991 bundesdeutschen Außenpolitik und nicht zuletzt gegen staatliche Großprojekte. Die Stichworte dazu lauten: 1991 Demos der Friedensbewegung gegen und Faschingsverzicht wegen des angeblich nur um Iraks Öls geführten Golfkrieg der ewig-„imperialistischen" USA. Blut würde für Öl vergossen, lautete der lautheftige Vorwurf. Als Iraks Diktator Saddam Hussein Raketen auf Israel niederprasseln ließ, protestierten und demonstrieren die demobeflissenen Pazifisten nicht. Wer es dennoch wagte, wurde beschimpft und behindert. Mit solchen Pazifisten wollte ich so wenig zu tun haben wie sie mit mir.

Sehr wohl gab es Massenproteste gegen die humanitären Interventionen des Westens im Balkankrieg 1991 bis 1999, als die so verhasste NATO die serbischen Mörder schasste. Zuvor hatten sie Bosniaken und dann Kosovaren regelrecht geschlachtet. Nein, So richtig überzeugt hat mich die Friedensliebe der jungen und älteren 68er nie. Weder vor 1968, nämlich 1967, während des Sechstagekrieges, noch seitdem. Vorhang zu.

Vorhang auf: Stuttgart 21. Bilder, Verhaltensweisen und Parolen glichen denen der Zeit um 1968. Nur waren inzwischen aus den damaligen Enkeln und Kindern längst Eltern und Großeltern geworden. Blieben sie nachpubertär, wurden sie nicht erwachsen? Ich bin der kulturrevolutionären Knotenzeit, den 1960ern, vorausgeeilt.

Anhand der Endung „gie" kann meine Gedankenführung und Erlebnisschilderung leicht nachvollzogen werden. Diese Endung oder, ach wie gebildet, „Suffix", weist zudem auf die große Welt, in der ich stets nur ein kleines Rädchen war. Ich skizziere meine wissenschaftshistorische Vergangenheit also anhand folgender Stichworte:

- Eventologie
- Chronologie
- Ideologie
- Theologie
- Geografie
- Demografie
- Biografie
- Ökonomie
- Soziologie
- Ökologie.

Biografische Ouvertüren

Recht besehen begann „1968", die (wievielte?) Neue Ära deutsch-dynamischer Gesellschafts- und Universitätsgeschichte, in den USA. Im November 1960 wurde der Demokrat John F. Kennedy mit denkbar knapper Mehrheit zum Präsidenten gewählt. Der Republikaner Richard Nixon unterlag. Ironie (oder nicht) der Geschichte: Er wurde JFK's Nach-Nachfolger und vollendete seit 1969 mit dem einst deutschjüdischen Sicherheitsberater-dann-Außenminister Henry Kissinger, was Kennedy, wie und weshalb auch immer, mit dem Abkommen über den Stopp von Atomtestes in der Atmosphäre im August 1963, kurz vor seiner Ermordung, begonnen hatte: Entspannungspolitik mit der Sowjetunion. Nixon und Kissinger setzten seit 1971 die ideologische und politische „Détente" fort (das Wort „Entspannung" formten deutsche Lippen erst später locker), besonders mit der Volksrepublik China, also der zweiten vorherrschenden Spielart des Kommunismus. Dieser Kurs, den, recht besehen, Frankreichs großsprecherischer und schön schreibender Präsident Charles de Gaulle (knapp verfehlte er den Literaturnobelpreis) bereits 1958 mit dem rumänischen Diktator Ceausescu (einem echten Menschenfreund, wie Mao und Breschnew) eingeleitet hatte, strahlte nach West-Deutschland aus.

Warum sollten sich die Großen im kleinen Deutschland oder die kleinen Studenten den kommunistischen Welten verschließen? Der große und lange französische Generalspräsident hatte sich der kommunistischen Welt gegenüber geöffnet, auch der im US-Spektrum linke Kennedy sowie der rechte, gar erzreaktionäre Nixon oder sein Nachfolger Gerald Ford (August 1974–Januar 1977). Die USA wetteiferten zwar mit den Kommunisten und in Südostasien sowie Afrika (Angola, Mocambique, Äthiopien) bekriegten sie die Rote Welt. Des Weltfriedens willen (und auf Kosten der vom und im Kommunismus unterdrückten Menschen) söhnten sich die Großen in West und Ost aus. Höhepunkt war der im Sommer 1975 in Helsinki auf der Konferenz für Sicherheit und Zusammenarbeit in Europa (KSZE) abgesegnete „Korb" liberalisierender Maßnahmen, die natürlich auch das Eis zwischen der Bundesrepublik und DDR schmelzen ließen. Dafür gab es gute welt- und friedenspolitische Gründe, doch gleichzeitig organisierte und finanzierte die DDR die Unterwanderung westdeutscher Universitäten, allen voran die Freie Universität (West-)Berlin, an der ich von 1970 bis 1975 Geschichte, Politikwissenschaft und Volkswirtschaftslehre studierte. „Mein Kampf" gegen die kommunistische, sprich: freiheitsfeindliche Unterwanderung – es war natürlich nicht in erster Linie meiner, doch der einer winzigen Minderheit – bekam deshalb weder national noch international Unterstützung. Am wenigsten lokal, im nur noch so genannten und sich längst nicht mehr als „Frontstadt" verstehenden West-Berlin, am allerwenigsten an West-Berlins Hochschulen, wo diverse K-Gruppen bis Mitte der 1970er die Gremien- und Inhaltsmacht weitgehend übernommen hatten. Tonangebend waren die zackig-oberspießigen, langweiligen, geistbegrenzten, geisttötenden DDR-orientierten und -gesteuerten Gesetz-und-Ordnung-Kommunisten. Von Grenzsicherung verstanden die DDR-Oberen wie ihre Nachläufer im Westen am meisten. Sie nannten sich in der Bundesrepublik „Spartakus" und in West-Berlin, der (DDR-Lesart) „selbständigen Politischen Einheit West-Berlin" „Aktionsgemeinschaft der Demokraten und Sozialisten" (ADS).

... Henry Kissinger... Meine Gedanken gleiten zur Familie meiner Mutter. Wie Henry K entstammte sie dem fränkisch-deutschjüdischen mehr oder weniger kleinbürgerlichen Milieu: Fürth, Nürnberg, Bamberg. Ohne Hitler wären sie alle dort geblieben, Henry wäre nicht in Harvard, sondern vielleicht in Hamburg, neben Harvestehude Hochschullehrer geworden, und über Super-Henry wüsste die große, weite Welt so viel wie über die meisten deutschen Professoren oder die Familie meiner Mutter: nichts. Was wäre gewesen, wenn...? Die Frage ist müßig. Doch seltsam ist so manche Nach- und Nebenwirkung der Ära des deutschen Urverbrechens. Nennen wir es „Historische Ironie".

An Henry Kissingers (auch Jakob Wassermanns und Ludwig Erhards) Fürther Gymnasium wurde – war es 1995? – die alljährliche Woche der Brüderlichkeit eröffnet. Das übliche Ritual, bei dem kaum noch jemand zuhört. Aus Selbstschutz, um nicht vom Phrasendreschflegel zerschlagen zu werden. Ich hielt die Festrede. Man schien mir zuzuhören, sogar die Schüler. Warum hatte ich trotzdem die Einladung zu dieser inflationierten und dadurch entwerteten Verbrüderungszappelei angenommen? Weil mich der Kissinger'sche Geist des Ortes reizte. Es erwies sich als reizlos. Ja, Kissingers ehemalige Schule. Na und? Nicht ganz, denn auch dort konnte ich eine Spät- und Fernwirkung der eigentlich antiamerikanischen Alt-68er sehen. Am liebsten trugen – und tragen – sie die Uniform amerikanischer und seit rund vierzig Jahren weltweiter Zivilisten-Uniform: gammelige Blue-Jeans. So auch die Kinder und Enkel der 68er. Ebenfalls die Schüler, ja, selbst die Chormitglieder des Fürther Kissinger-Gymnasiums bei jenem, wohlgemerkt, „Fest"akt.

Ich hatte es nicht einmal wahrgenommen, denn längst, seit 1968, ist der anti- oder unbürgerliche Stilbruch die Regel unserer nachbürgerlichen Gesellschaft geworden. Dem sozialdemokratischen Oberbürgermeister Uwe Lichtenberg – er trug einen blauen Nadelstreifenanzug – war jene uniformblaue Gesäßumkleidung seines Festchores ein Dorn im Auge: „Schauen Sie mal, so ungepflegt kommen die selbst zu so einer Veranstaltung." Dass dieser SPD-OB 1996 abgewählt und von einem CSU-Mann geschlagen wurde, habe ich bedauert. Bodenständige, firlefanzfreie Sozialdemokraten sind Deutschland immer gut bekommen. Über andere schweigt des Sängers Höflichkeit. Höflich und politisch korrekt wäre diese Kleidungs-Interpretation der 68er, ihrer Kinder und Enkel: Da der fränkisch-bambergische, ebenfalls in die USA (allerdings 1847) ausgewanderte Jude Levi (geborener „Löb") Strauss der Erfinder der Blue Jeans war, möchten sie ihm, Kissinger und allen aus Deutschland vertriebenen Juden, ja dem „Weltjudentum", je 24 Stunden an 365 Tagen lebenslang ihre Dankbarkeit und Bewunderung bekunden. So gesehen, war jene Fürther Schülergarderobe dem Anlass angemessener als mein und des Oberbürgermeisters dunkler Anzug. Man muss die Blue Jeans als 68er Ouvertüre zu den „Stolpersteinen" Gunter Demnigs auf Deutschlands Straßen sehen. Über diese stolpert man, jene sind hautnah. Was geht unter die Haut? Weder das eine noch das andere. Dass Demnig, Jahrgang 1947, zumindest chronologisch zur politischen Generation der 68er gehört, ist eine Tatsache. Bei seinem stramm germanischen Vornamen (Gunter aus dem Nibelungenlied) darf man zudem annehmen, dass er, wie viele 68er, seine familiär-ideologische Vergangenheitsbewältigung auf „die" Deutschen übertrug. „Unser Kampf" – Götz Aly…

Weshalb beschreibe ich, ausgehend von der Wissenschafts„landschaft", die zahlreichen Nebenflüsse der 68er? Weil sie Deutschland gewissermaßen überfluteten. Von den Nebenflüssen der Geschichte kehren wir zum Hauptfluss zurück. Von Nixon und Kissinger sei das Rad zurückgedreht, zu John F. Kennedy. Im Januar 1961, schien endlich die Jugend oder zumindest Jugendlichkeit ins Weiße Haus einzuziehen.

Bereits die kurze Beschreibung der 68er-Überflutung hat gezeigt: Wer diese nur als Phänomen deutscher Universitätsgeschichte kennt, verkennt den globalen Charakter jener Entwicklung, die sich so gerne – o je, das kannte man doch schon – „Bewegung" nannte und bekennt sich ungewollt und unbewusst zur Provinzialität, wo Globalität notwendig ist. Ich muss deshalb, wieder Allgemeines mit Persönlichem verknüpfend, die weite Welt der Kulturrevolutionen, also nicht eine, die der 68er, sondern mehrere, durchaus unterschiedliche und doch wirkungsähnliche beschreiben. Nennen wir das „globale Geografie". Sie sei ergänzt durch den zeitlichen Gang der Dinge (Chronologie), der aus Einzelereignissen besteht (Eventologie).

Kulturrevolution I: Die USA im südostasiatischen Dschungel

Es sei wiederholt: Deutschlands 1968 begann im November 1960. Mit der Wahl John F. Kennedys. Der neue Mann an der Spitze der Neuen Welt versprach nach Opa Ike (Ex-General Eisenhower) einen neuen, dynamischen, zivilen, kulturprallen, jungen Stil. Er versprach nicht nur Jugendlichkeit, er verkörperte sie. Scheinbar, denn, wie wir inzwischen wissen, war er ein schwerkranker Mann.

Aufbruch schien auch seine Antrittsrede im Januar 1961 anzukündigen. Hoch hinaus wollte JFK. Noch im selben Jahrzehnt zum Mond. Am 20. Juli 1969 war es so weit.

Recht besehen war Super-Jacks Antrittsrede schon damals anachronistisch. Warum? Weil Anfang der 1960er die Hochphase des Ich, der „Selbstverwirklichung" eingeleitet wurde. Was immer, wer auch immer darunter verstand. Der neue, nur altersjunge Präsident appellierte jedoch an Altes, ans Wir: „Frage nicht, was dein Land für dich tun kann. Frage, was du für das Land tun kannst."

Ausgerechnet diese Frage wollte sich nicht nur die US-Jugend eben nicht stellen. Sie wollte leben, sich ausleben, lieben, durch „Die Pille" erstmals in der Menschheitsgeschichte sorgen- und kindfolgenlos lieben.

Gerade dieses Lebensziel gefährdete Kennedy nicht subjektiv wollend, doch objektiv (be)wirkend. Die Ereigniskette (Eventologie) ist schnell geknüpft. Im April 1961 ließ JFK einen stümperhaften Invasionsversuch gegen Castros Kuba an der „Schweinebucht" zu. Es wurde ein Debakel. Im Juni 1961 trafen sich Kennedy und Kremlchef Chrustschow in Wien. Dieser nahm jenen als fliegengewichtigen Playboy wahr und machte nur wenige Wochen später, am 13. August, alte Drohungen wahr: West-Berlin weiter zu isolieren und die DDR vom Westen abzuschotten: Mauer und Stacheldraht. Als verhöhnte, unglaubwürdige „Schutzmacht" stand Kennedys Amerika auf der Weltbühne. Aus diesem Fehler hatte JFK gelernt. Während der Kubakrise, im Oktober 1962, blieb er hart und beharrte auf dem Abbau der auf Castros Insel stationierten, gegen die USA gerichteten Raketen. Wieder stellte ihn Chrustschow auf die Probe. Erneut hatte JFK gelernt – und plumpste in die nächste Falle: Anders als in Berlin und Deutschland ließ er nun in Südostasien gegen die von der Sowjetunion versorgten kommunistischen Guerillas Amerikas Muskeln spielen.

Kennedys Politik führte zum Krieg, zum Vietnamkrieg, für die jungen Amerikaner im Zeitalter der Allgemeinen Wehrpflicht also zur Alternative zwischen Leben und Lieben. „Make Love, not War!“ war seit dem Sommer 1964 ihre Antwort. Vornehmlich die Antwort der studentischen Jugend, die sich massenhaft dem Einberufungsbefehl widersetzte oder ihn vor laufender Fernsehkamera verbrannte. Hochburgen des studentischen Protests waren die kalifornischen Universitäten Berkeley und Standford. „Blumenkinder“ und Nackedeis, öffentlich oder nicht öffentlich den Liebesakt Vollziehende wollten diese jungen Männer mit ihren Mädchen sein, keine Soldaten und erst recht nicht im vietnamesischen Dschungel sterben. Der zwar rückenleidende, doch frontgesteuerte, liebestolle, der männlichkeitsvolle, am 22. November 1963 ermordete Frauenjäger JFK hätte dafür sicher Verständnis gezeigt, mit seinem sauertöpfischen Nachfolger, Lyndon B. Johnson (LBJ) war weniger zu spaßen.

Der scheinbare Friedensapostel JFK hatte diesen Krieg begonnen. LBJ ließ ihn eskalieren. Die südostasiatischen Verbündeten der USA faktisch verratend hat der vermeintliche Kriegstreiber und Reaktionär, der Republikaner Richard Nixon, 1973/75 das Blutvergießen beendet.

Nixon war auch so klug, gerissen oder opportunistisch, die Allgemeine Wehrpflicht aufzuheben, um auf diese Weise Massenproteste und Demos der jugendlichen Aktivisten und inszenierungsmächtigen Multiplikatoren schon im Ansatz auszuhebeln. Wieder eine Ironie der Geschichte: Der Reaktionär Nixon hatte sich an die Spitze des Fortschritts gestellt (man verwechsele fortschreiten nicht mit verbessern). Deutschland vollzog diesen faktischen (nicht rechtlichen) Schritt erst 2011.

All das hatte Nixon Dank des diplomatischen Magiers, seines Außenministers Henry Kissinger vollbracht, dem einstigen fränkisch-deutsch-jüdischen Quasi-Nachbarn meiner mütterlichen Großeltern, der Bamberg-Nürnbergischen Familie Saalheimer.

Während es bei meinem Großvater, dem Königlich-Bayerischen Ulan Justus, im Ersten Weltkrieg nur zum Eisernen Kreuz Zweiter (nicht erster) Klasse reichte, bekam Henry Kissinger 1973 zur Belohnung für jenen Verrat den Friedensnobelpreis. Von wegen Frieden. Friedhofsruhe herrschte nach 1975, nach dem Sieg der Kommunisten in Südostasien. Der Schein trog, denn die Roten Khmer metzelten unter Pol Pot von 1975 bis 1979 in Kambodscha während ihrer Terrorherrschaft etwa ein bis zwei Millionen ihrer Landsleute nieder. Von diesem chinesisch gestützten, kambodschanisch-kommunistischen Joch befreite Anfang 1979 das kommunistische und von der Sowjetunion gestärkte Vietnam sein Nachbarvolk, was dazu führte, dass die kommunistische Großmacht China Vietnam, und damit indirekt die UdSSR, bekriegte.

Was hat all das mit der deutschen Universität der 1960er und 1970er zu tun? Sehr viel, denn durch ihren Krieg in Südostasien hatten die USA, hatte das „Westliche Modell" bei Deutschlands studentischer Jugend an Strahlkraft verloren. Mehr noch. „Hitlers Kinder" setzen ihre einstigen amerikanischen Befreier mit Hitler gleich. Sie kehrten sich von den USA ab und die deutsch-amerikanische Moralität um. Als ausführendes Organ des Weltgewissens spielten sich nun Hitlers Kinder auf. Wie andere Junge Wilde Westeuropas riefen oder pinselten sie Sprüche wie „USA-SA-SS".

Auch ich war damals ein neunmalkluger und, versteht sich, moralingefüllter Jüngling. Die amerikanische Eskalation in Vietnam und Südostasien lehnte ich ab, zumal ich junge US-Freunde hatte, die im Dschungel kämpfen sollten. Jenes antiamerikanische Affentheater junger Deutscher, die Amerika am deutschen Wesen genesen lassen wollten, empfand ich jedoch als skandalös. Die erste und erst recht zweite deutsche Demokratie, die Weimarer, dann Bonner Republik, wäre ohne die USA nicht möglich gewesen. Die Eltern oder Großeltern meiner Mitstudenten hatten die erste deutschdemokratische Chance verspielt und Hitler ermöglicht. Manche jener Erzieher waren Mitschuldige, noch mehr Mit- und Nachläufer. Daran trugen ihre Nachfahren keine Schuld. Nun aber spielten sie „Ball Paradox". Sie verdammten nicht nur (wie dumm, diese und andere Verallgemeinerungen, Kollektivschablonen) „die" USA, sondern „das System", für das sie standen. Ein System, das sie mit den Schlagworten Kapitalismus, Imperialismus, Kolonialismus, Militarismus, Rassismus kennzeichneten. Diese Plattheiten und Dummheiten sollten der allgemeinverbindliche neudeutsche, zumindest universitäre Kanon sein? Nein Danke. „Die" Deutschen, das waren für die meisten meiner 68er-Mitstudenten stets die anderen Deutschen, nicht sie, oft ihre Eltern. Aus diesem Kollektiv schlossen sie sich aus. So weit gedanklich richtig. Andere, „die" Amerikaner oder „die" Zionisten wurden nicht so differenziert betrachtet. Das waren dann „die" Amerikaner, „die" Zionisten, „die" Israelis, die, die, die...

Dieses Denken à la carte fand ich unbekömmlich. Diese Revolution musste ohne mich auskommen. Das bekam ihr und mir. Weil das die universitäre Revolution sein sollte, wollte, war und die studentischen Massen sowie weite Teile der Professorenschaft, ebenso des akademischen Mittelbaus erfasst hatte, stand für mich fest: Mein Weg führte – im Jargon der 68er- zur wissenschaftlichen und wissenschaftspolitischen Konterrevolution, sprich zur einzigen Hochschulgruppe von Professoren, Assistenten und Studenten, die sich dem universitären Volksfrontkurs von Kommunisten, Sozialisten und linker Sozialdemokraten widersetzte. In dieser „Notgemeinschaft für eine freie Universität", dem Vorläufer des westdeutschen „Bund Freiheit der Wissenschaft", fanden sich Konservative, Liberale und sozialdemokratisches Urgestein wie die Politikwissenschaftler Richard Löwenthal oder Ernst Fraenkel zusammen. Beide echte und nicht nur selbsternannte Denker. Beide Juden. Beide während er Hitlerära im angelsächsischen Exil, Fraenkel in den USA, Löwenthal in Großbritannien. Beide gehörten, wie meine Eltern und väterlichen Großeltern, „nach Auschwitz" und trotzdem zur Mini-Minderheit der deutschjüdischen Rückkehrer. Wie weiland der Patriarch in „Nathan der Weise" schleuderten „uns" (polemisch-plakativ und nur wortbildhaft gesagt) Hitlers Kinder ein „Macht nichts, der Jude wird verbrannt" entgegen. Nein, verbrennen wollten sie uns natürlich nicht (mehr?), aber von weiten Teilen dieser wunderbaren studentischen Jugend wurden wir als „Nazis" und „Faschisten" bepöbelt. Das innere Beben dieser beiden brillanten FU-Professoren habe ich miterlebt. Die intolerante, ideologiebesessene Denk- und Vorgehensweise der linksrevoltierenden, antiwestlichen, neudeutschen Studenten erinnerten Fraenkel und Löwenthal, auch Otto von Simson ebenso wie andere jüdische und nichtjüdische Exilanten, die trotz allem nach Deutschland zurückkamen, an die unheilsträchtigen Universitätsjahre der späten Weimarer Republik. Damals die rechten Eltern, nun ihre linken Kinder. Beide Male schossen sich grölende Dummköpfe auf Denker ein. Unter den Grölenden und Schießenden gab es hier und da durchaus Denkende, doch den Ton gaben die lautstarken Parolendrescher und eher Denkschwachen an. 1933er und 1968er, o wie ähnlich trotz unterschiedlicher Polit-Farben. Damals braun, nun rot, inzwischen Millionen Juden tot und nun attackierten die Kinder dieselben Juden, die ihre Eltern angegriffen und aus Deutschland vertrieben und die überlebt hatten und machten aus den einstigen Opfern, bar jeder Pietät und Intellektualität, erneut Opfer – die sie Täter nannten. „Unser Kampf", 1926 bis 1933 und 1968 ff. „Unser Kampf", das ist der (zu)treffende Titel von Götz Alys Buch über die deutsche Studentenrevolte.

Dass die vermeintliche Konterrevolution, Kollegen und Gesinnungsfreunde von Fraenkel und Löwenthal, die 1973 die „Wissenschaftliche Gesellschaft Berlin" gründeten, ihre Colloquien nicht in den Räumen der FU durchführten, wo sie quasi vogelfrei waren und Freiwild glichen, sondern im Dahlemer Harnack-Haus als willkommene Gäste der US-Schutz(!)macht, lässt sich verstehen.

Eine ähnliche Täter-Opfer-Umkehrung wie Fraenkel, Richard Löwenthal – außeruniversitär sei an Gerhard Löwenthal erinnert, der in der NS-Zeit in Deutschland untertauchte und auf diese Weise als Jude gerettet wurde – erlebte ich im November 1995 in der WDR-Fernsehsendung „Zack". Wie jeder jeweilige, stets einzelne Studiogast wurde auch ich in Bild und Wort vorgestellt. Geschmackvollerweise wurde mein Kopf ins mittige Hakenkreuz der Reichkriegsflagge montiert. Rechts, links, oben, unten davon marschierende deutsche Soldaten, von denen man nur die Stiefel sah. Meine Eltern, Holocaust-Überlebende, die aus Deutschland vertrieben worden waren, glaubten ihren Augen und Ohren nicht und beschwerten sich beim Rundfunkrat. Sie seien nicht nach Deutschland zurückgekehrt, um ihr „Kind" von den Kindern und Enkeln der Täter als Nazi verunglimpfen zu lassen. Dank des Feingefühls von WDR-Intendant Fritz Pleitgen folgte (s)eine und seines Chefredakteurs unverzügliche Entschuldigung. Friedrich Küppersbusch, der zackige „Zack"-Moderator wurde auch von Teilen der Medien gerügt. In einem Leserbrief an die Frankfurter Allgemeine Zeitung rechtfertigte er sich mehr schlecht als recht. Als tätige Reue für seine Zack-Pietät inszenierte er im Mai 2004 eine landesweite Kampagne gegen mich: In der n-tv-Sendung „Maischberger" hätte ich Folter als Bestrafung von Terroristen gefordert. Ja, die Umkehrung von Tätern und Opfern haben Teile der bundesdeutschen Nachwuchs„elite" damals gut gelernt – und die Lektion behalten.

Die verschiedenen, sich durchaus und heftig bekämpfenden Jung-Revolutionäre (oder die sich dafür hielten) lehnten „die" USA und „den" Westen als „faschistisches Schweinesystem" ab. Für meine „konterrevolutionären" mich waren und bleiben die USA die Befreier vom Faschistenjoch. Was heißt „für mich waren die USA"? Die USA waren – das ist die unumstößliche historische Tatsache diejenigen, die die Welt von Hitler und seinen Mitverbrechern befreiten. Nun wollten Hitlers Kinder die Befreier von Hitler belehren? So eine Welt befand sich in meinen Augen im dauerhaften Kopfstand. Diese auf den Kopf Gefallenen sollten das neue Deutschland sein? Meines nicht. Mein Deutschland war und blieb die Bundesrepublik des Grundgesetzes, das es ohne die USA nicht gäbe.

Gewiss, Ideologie und Praxis der US-Außen- und Sicherheitspolitik waren höchst problematisch, teilweise geradezu debil. Auch tödlich, ja, mörderisch, massenmörderisch. Allerdings reaktiv und ungewollt, nicht aktiv, strategisch programmiert.

Waren die Alternativen der diversen Linksrevolutionäre überzeugend(er)? Etwa die kommunistische Sowjetunion, die mit anderen Staaten des Warschauer Paktes 1968 das zarte demokratische Pflänzchen der Tschechoslowakei niederkartäscht hatte? Die DDR, der Staat der deutschen Spießer, Trietzer und Mauererbauer, dem ohne Mauer Millionen seiner Bürger weggelaufen waren? Fidel Castros Gefängnis auf Kuba? Che Guevarras dortige Säuberungen nach dem Sieg der Revolution von 1959? Sein in Westeuropa romantisierter und natürlich blutig-brutaler Guerillakrieg? Maos China, für das circa 60 Millionen Menschen ihr Leben verloren? Kambodscha, Vietnam, Laos? Ab 1975 Mocambique und Angola als Vasallen Kubas und damit der Sowjetunion? Das alt- und nachstalinistische Albanien Enver Hodschas? Das außenpolitisch geschmeidige und innenpolitisch knallhart-diktatorische Rumänien Ceausescus?

Fast jede der studentischen Gruppen oder Grüppchen stand für die eine oder andere Variante dieser Kommunismus- und Sozialismus-Realitäten, wo die Freiheit von Wissenschaft, Forschung und Lehre (Artikel 5 Grundgesetz) ein Wunschtraum der Unfreien war. Jene nachweislich inhumanen politischen Mentalitäten entsprachen mir nicht.

Doch entsprachen die brennenden Ghettos der Schwarz-Amerikaner meinen Wunschvorstellungen? Natürlich nicht. Die Diskriminierung der Schwarzen US-Bürger war (ist noch? Trotz Obama) eine Schande. Sie goss in den 1960ern und 1970ern noch mehr Öl ins antiamerikanische Feuer. Man hatte es trotz der inhumanen Kommunismen schwer als Verteidiger westlicher Traditionen. Aber die Träume der Kulturrevolutionäre waren mir Albträume. Aber entscheidend war doch dies: Es gab nicht „die" USA, nicht „die" Amerikaner, sondern solche und andere. Sie rangen miteinander, mehr gegeneinander, aber innerhalb einer demokratischen Ordnung, die, sagen wir, etwas länger bestand und deutlich weniger Inhumanes hervorgebracht hatte als das allmählich immer mehr antiamerikanische Deutschland. Hat sich an dieser Aussage bis heute Grundlegendes geändert?

Wir wissen alle, dass dieser linke deutsche Antiamerikanismus strammrechte und konservative Vorläufer hatte. Dieses weite Feld kann hier nicht beackert werden. Erwähnenswert, weil bemerkenswert ist das eher amerikanische Erscheinungsbild der neudeutschen Antiamerikaner. Es entspricht fast jedem Amerikaklischee: Blue Jeans, Sportschuhe (Sneakers), Formlosigkeit (Füße auf den Tisch oder den Sitz in der Bahn), Kaugummi.

Auch die Forderung nach und Durchsetzung von Studenten-Mitwirkung („Partizipation") wurde von den US-Blumenkindern übernommen. Das verrieten schon die Aktions-Benennungen wie Teach-In, Go-In, Love-in und so weiter.

Einen fundamentalen Unterschied gab es zwischen den amerikanischen und scheinamerikanisch-antiamerikanischen Rebellen: Jene verlangten mehrheitlich Partizipation, um weiter, besser studieren zu können, um Liebe zu „machen", keinen Krieg(sdienst). Die deutschen Rebellen wollten das „System" ändern. Diese Bundesrepublik ändern? Den besten deutschen Staat, den es je gab? Nicht mit mir. Mit diesen Fassade-Demokraten, die im Binnenbereich intolerante, aggressive Dogmatiker waren? Außen Amerika, innen Anti-Amerika, Wasser predigen, Wein trinken? Nein Danke.

Demografie, Ökonomie, Soziologie

Die erste, westliche Kulturrevolution hatte jenseits der Ideologe, Chronologie auch eine innergesellschaftliche Ursache: die Demografie. Die Babies der Babyboomjahre waren Mitte der 1960er junge Erwachsene. Ihre Kindheit waren nicht nur Babyboom- sondern auch Wirtschaftsboomjahre. Nie zuvor war es den Menschen in den USA, ganz allgemein im Westen, so gut gegangen. Noch besser sollte es ihnen gehen. So wollten sie es. Das ist verständlich, weil menschlich.

Bildung ist der entscheidende Aufstiegskanal. Folglich strebten die jungen Massen an die Hochschulen. Deren Kapazitäten reichten nicht aus. Es wurden neue Universitäten errichtet. Demokratien müssen liefern. Breitenbildung ist unabhängig davon segensreich und beglückend. Sie steigert die Wirtschafsleistung.

Doch da gab es einen Pferdefuß. Die alten Universitäten boten und verlangten Klasse (oder taten so). Sie waren nicht ausgerichtet auf Masse. Nun aber strömte eine Riesenmasse in die Universitätsklasse. Bot sie die notwendige intellektuelle Klasse? Eher nicht.

Auf zweierlei Weisc wurde das Strukturproblem gelöst. Ein Großteil der Studentenmasse ohne die universitär-intellektuelle Klasse überflutete die leichten Fächer der Geistes- und Sozialwissenschaften. Der kleinere Teil studierte Naturwissenschaften und Technik. Hier fand – o, kein Wunder – weder Revolution noch Rebellion statt. Und wenn, dann sanft. Brise statt Sturm.

Stürmisch dagegen die weichen Fächer. Auch dieses Problem löste die Universität auf ihre Weise. Die wissenschaftlichen Angebote und Anforderungen wurden gesenkt, und es hagelte gute oder sogar sehr gute Zensuren für schlechte Leistungen. Überspitzt formuliert: Ein akademisches Proletariat entstand, das natürlich versorgt werden musste und schließlich in weichen Bereichen Arbeit fand. Doch Wissenschaft ade.

Ich erinnere mich an die meist miserablen Vorlesungen und Seminare von Professoren. Ausnahmen bestätigen die Regel. Ich erinnere mich an die unendlich vielen miserablen und dennoch gut benotete Studentenreferate, bei denen außer den Vortragenden jeder in Tiefschlaf verfiel, denn Inhalt und Form waren sonst unerträglich. Schier endlose Diskussionen folgten. Ahnungslos meistens, geschwätzig, ideologisiert, normativ, also bewertend, und selten analytisch, also Argument für Argument geistig zerlegend. Griffbereit waren die diversen kommunistisch-ideologischen Schubladen. Angesichts des real existierenden Sozialismus absurde Phrasendrescherei. Intellekt? Fehlanzeige.

Schon lange vor der Kanonisierung der unwissenschaftlichen Wissenschaft durch den Bologna-Prozess in Europa, waren die Universitäten, einst Institutionen der Bildungs- und Ausbildungselite zu Berufsschulen verkommen.

Für die neuen Studentenmassen brauchte man mehr Professoren. Sie wurden schnell geschaffen, massenhaft. In West-Berlin, wo ich studierte, 1971, sinnigerweise am 1. April. Wer als Assistent nur minimale Voraussetzungen erfüllte, wurde Professor. Auf Lebenszeit, unkündbar verbeamtet. Versteht sich. Dem nachwachsenden qualifizierten Nachwuchs blieb von diesen „Aprilprofessoren", auch „Discountprofessoren" genannt, die Universitätslaufbahn auf Jahrzehnte versperrt.

Massen sind schwer steuerbar, besonders für Steuerleute. Jedes Gemeinwesen hat Steuerleute, „Politiker" genannt. „Regieren", lateinisch „gubernare" bedeutet „lenken, steuern". Im Englischen wurde daraus „to govern", französisch „gouverner", Wen oder was? Das Staatsschiff. Berlins Steuerleute wollten die aufmüpfigen Studentenmassen „weg vom Ku'damm" haben. Das noble, großbürgerliche Dahlem schien eine ungefährliche Spielwiese. Dort sollten die Studentenmassen auch politisch beschäftigt werden. Die von den Studenten erwünschte, gewünschte „Partizipation" war dafür das Mittel zum Zweck. Hier durften sie sich jenseits des Kurfürstendamms austoben. Dass ihre zeitliche und inhaltliche Wirkung nicht auf ihre Ära oder Dahlem begrenzt blieb, versteht sich von selbst – und auch der Ku'damm wurde nicht wirklich stiller.

Die aus den USA importierte, den mehrheitlich antiamerikanisch gesinnten Jugendlichen offerierte Kleinform universitärer Mitbestimmung wurde vom kleinen Dahlem auf die große Bundesrepublik, „den" Westdeutschen übertragen: Willy Brandt prägte in seiner ersten Regierungserklärung, am 24. Oktober 1969, das (Schlag-)Wort „Mehr Demokratie wagen." Damals war ich im fernen Israel und war beeindruckt, ja, begeistert. Was für ein befeuernder Gedanke, welch' wunderbare Formulierung. An der FU Berlin begegnete ich den Geistern, die Willy Brandt gerufen hatte. Hatte er das gewollt? Jedenfalls verbreiteten sie nicht den Geist der repräsentativen, indirekten, parlamentarischen Demokratie. Sie vertaten nicht den Willen aller bzw. der Mehrheit, der „Volontée de Tous" (Rousseau), sondern den Geist der direkten Basisdemokratie und somit den Terror der jeweils anwesenden mehr oder weniger großen Massen, nicht der Mehrheit. Sie gaben vor, wieder im Geiste Jan-Jacques Rousseaus ausgedrückt, den „Allgemeinen Willen", die Volontée Générale zu verkörpern. Die immergleiche Anmaßung der Scheindemokraten. Die Mehrheit der Studenten studierte, sie partizipierte nicht an Studentenwahlen oder in Gremien, und für die allgemeine Bevölkerung sprachen diese Sektierer nicht. Aber sie umgab, genauer sie schmückten sich zu unrecht mit dem Glorienschein derer, die mehr Demokratie wagten.

Diese Leier ist bekannt, oft besungen. Auf den globalen Zusammenhang und die Ursachen des selbst Erlebten wollte ich hinweisen. Bloß nicht über den „Untergang des Abendlands" lamentieren. Es ist schon so oft untergegangen – und es lebt doch.

Kulturrevolution II: Mao

Die westliche, primär aus den USA importierte Kulturrevolution richtete sich im Prinzip gegen Gewalt, wenngleich sie an ihrem linken Rand zur aktivistischen, ja, terroristischen Gewalt führte, zum Beispiel zur Roten Armee Fraktion (RAF) in Deutschland, der Action Directe in Frankreich oder den Roten Brigaden in Italien. Die westliche Kulturrevolution richtete sich im Kern gegen Gewalt als Mittel der Politik - obwohl sie nicht selten militant und penetrant auftrat.

Millionenfach militant, mörderisch, war die etwa zur gleichen Zeit von Mao Zedong in der Volksrepublik China entfachte Kulturrevolution. Wer wollte, konnte auch im Westen erkennen, wie blutig die roten Junggardisten Chinas gegen vermeintlich Reaktionäre(s) im Namen und Auftrag Maos wüteten. Die freien Medien des Westens berichteten immer wieder über schreckliche Massaker. Fernsehbilder hierüber gab es nicht, wohl aber zahlreiche Augenzeugenberichte. Einer schlimmer als der andere.

Dennoch waren westeuropäische, deutsche und nicht zuletzt Westberliner Akademiker, Studenten, vermeintliche, wirkliche und Möchtegern-Intellektuelle von Maos Kulturrevolution fasziniert. Was gefiel Ihnen? Das scheinbar partizipatorische, basisbezogene, tatsächlich staatlich und parteipolitisch, vor allem von Mao selbst gelenkte Aufbegehren gegen Autoritäten. Die Dynamik. Jugendlichkeit. Der Brückenschlag zwischen Stadt und Land, die scheinbare Synthese von Kopf- und Handarbeit, die (scheinbare) Befreiung der Dritten Welt vom Joch der ersten, kapitalistischen. Das Freund-Feind-Denken wäre zu nennen. Doch führte das nicht auch zu Carl Schmitt, dem Vor- und Nachdenker des deutschen Nationalsozialismus? Wer dachte damals daran? Wenn überhaupt, dann nur wenige der kulturrevolutionären Studenten. Damals. Später und durchaus selbstkritisch manche der damals Jungen, die fasziniert schienen von Maos, sagen wir, konsequent blutigem Umgang mit „Reaktionären". Fiel den neudeutschen Maojüngern, abgesehen von der politischen Farbenlehre, nicht dessen instrumentelle Ähnlichkeit und Grausamkeit mit dem altdeutschen AH-Idol ihrer Eltern- und Großelterngeneration auf? Mörderisch-revolutionär wurde nur der linksextreme Rand der studentischen Kulturrevolution, und die meisten waren gewiss keine Maoisten, aber ihre Mehrheit war alles andere als frei von Bewunderung für Maos massenmobilisatorische, instrumentelle Dynamik.

Was immer die Motive, außer den amerikanischen Stürmern und Drängern hatte auch der Mao-Sturm westdeutsche Universitäten erfasst. Vor meinem Inneren sehe ich mich im Juni 1967 im Henry-Ford-Bau der Freien Universität Berlin. Der spätere Terrorist Fritz Teufel und Rainer Langhans (wie wurde er um die vielen, schönen Frauen wie Uschi Obermeier beneidet, die er beglückte – oder sie ihn) halten vor dem Audimax Geniesprechstunde ab. StudentenInnen-Knäuel um sie herum. Beide Knaben langhaarig wie einst Germaniens Könige, eher ungewaschen, gammelig (verbreiteten sie auch Körperduft? Ich weiß nicht mehr, bilde es mir aber – heute? – ein) trugen stolz am Hemdkragen einen goldfarbigen Metallbonbon, also eine Plakette. Darauf das Konterfei des Großen Vorsitzenden Mao. Waren daneben auch Marx, Engels, Lenin oder nur einer, nur zwei der drei? Oder keiner außer Mao? Jedenfalls Mao. Du von dem erzählten sie, über den schwärmten sie. Hielten sie auch Maos Rotes Buch, seine „Rote Bibel", in der Hand? Ich weiß nicht mehr.

Was ich aber weiß und woran ich mich sehr genau erinnere ist eine Szene im Sommer 1971. Ort: Freie Universität Berlin, die große Wiesen zwischen der Mensa und Wirtschaftswissenschaftlichen Fakultät. Akteure: Rund einhundert junge Leute. Ich komme von der U-Bahn und nähere mich. Ich sehe, dass sie einen Arm nach oben strecken. Den rechten, den linken? Ich erkenne nur einen nach oben ausgestreckten Arm. In der Hand halten sie…, ja, was? Als ich knapp hinter ihnen stehe, sehe ich: Es ist Maos Rote Bibel. Da steht und brüllt sie also, diese wundervoll-kritische deutsche Jugend, Arm ausgestreckt. O weh: Bilder schieben sich vor mein inneres Auge. Historische Bilder und Filme aus dem Deutschland der 1930er Jahre. Mein inneres Ohr hörte ihre Eltern und Großeltern „Heil Hitler!" schreien. Mein inneres Auge sah nicht das Rote Buch, sondern ein Hakenkreuz-Meer. Mehr wollte und konnte ich nicht ertragen. Das sollte der neue bundesdeutsche, der lokale Aufbruch zum globalen – „Brüder, zur Sonne, zur Freiheit" – sein?

Aus dem einst verschiedenroten und –rötlichen FU-Hexenkessel entstanden verschiedene politische Speisen. Manche kopierten chinesische, andere russisch-sowjetische, fast alle hatten eine antiwestlich, antidemokratische Grundwürze. Horst Mahler und Bernd Rabehl zauberten daraus viel später Braungerichte. Mein frühstudentisches Gefühl wurde bestätigt.

Aufklärung hatte die Studentenrevolte an der FU Berlin sich vorgenommen und sich selbst sowie – ganz bescheiden – der Gesellschaft versprochen. 5. Juni 1967. Vormittags. Audimax. Proppevoll. Die studentischen Massen protestieren gegen den „faschistischen SPD-Senat von West-Berlin". Sie machen ihn für den Tod des Anti-Schah-Demonstranten Benno Ohnesorg verantwortlich, den ein Polizist vor der Deutschen Oper am 2. Juni erschossen hatte.

Für den deutschen Terrorismus wurde dieses Datum Symbol und Programm. Jahrzehnte nach den Todesschüssen, 2009, wurde bekannt, dass der Todesschütze, zwar als Polizist Beamter des „faschistischen SPD-Senat Westberlins" – aber zugleich Inoffizieller Mitarbeiter (IM) der Staatssicherheit des „ersten Arbeiter- und Bauernstaates auf deutschem Boden" war. Und weil doppelt bekanntlich besser hält war er seinerzeit sowohl SPD- als auch SED-Mitglied.

Kehren wir zum 5. Juni 1967 zurück, ins Audimax der FU. Auch dieses Datum ist historisch (ge)wichtig: Es war der Beginn des Nahostkrieges, in dem Israel die Sinai-Halbinsel, die Golan-Höhen sowie Ost-Jerusalem und das Westjordanland eroberte. Das allerdings wusste man erst sechs Tage später. Am 5. Juni fürchtete man (ich, wie viele andere) den Untergang des vermeintlich total unterlegenen Israel. Das sahen viele FU-Aktivisten ganz anders. Vor und im Audimax verteilten sie Flugblätter, in denen sie den „von Anfang an" (also seit 1897) „imperialistischen, kolonialistischen und rassistischen Zionismus", der seit jeher die Dritte Welt unterdrücke, verdammten. Das war für mich Unsinn, doch von einem fernen Planeten. Bedeutungslos, dachte ich. Einer meiner zahlreichen Irrtümer.

Dennoch wähnte ich mich noch immer bei den Protestierern auf der richtigen Seite. Mein Glaubens„bruder", der Judaist Jakob Taubes, stand auf dem Podium und, wie erleichternd, er wurde bejubelt. Ich kannte ihn aus Vorlesungen und mochte ihn, obwohl oder gerade weil er ein kreativer Spinner war. Sein Kauztum pflegte er: Er trug meistens den einen uralten schwarzen, nie gereinigten, fleckigen Schlabberanzug. Schwarzer Rollkragenpullover, auch unter den Fingernägeln Schwarz. Manchmal verströmte er Körpergeruch, und auch seine Zähne waren ungepflegt. Sein Mundwerk funktionierte jedoch bestens. Nun aber das: Donnernd fragte er die Studenten: „...denn was ist Aufklärung?" Andächtiges Schweigen, dann wieder Bruder Jakob: „Aufklärung ist der Ausgang des Menschen aus seiner selbstverschuldeten Unmündigkeit!" Jubel – für einen weltberühmten Satz Kants, den eigentlich jeder aus dem Schul-Lesebuch gekannt haben müsste. Diese Brötchen waren alt und klein. Sollte das die neue Welt des Geistes sein? Natürlich wusste der gescheite Taubes, dass er den jungen Erwachsenen Kindernahrung aufgetischt hatte. Er wollte gefallen, geliebt werden. Ein Jahr vor seinem Tod, 1986, trafen wir uns zufällig im wunderschönen ost-jerusalemer Hotel „American Colony". Den Status einer Intellektuellen-Ikone genoss er, es verdross ihn die mangelnde geistige Neugier und Selbstgenügsamkeit seiner Mit- und Nachläufer. Auch er hatte diese Geister gerufen. Es war ihm bewusst.

War es den noch größeren westweltlichen Ikonen der Studentenrevolte, Theodor W. Adorno und Herbert Marcuse nicht ähnlich ge- und ergangen? Aus dem schließend, was ich über Adorno las, ja. Aus dem schließend, was und wie ich Herbert Marcuse im Sommer 1967 an der FU erlebte, ja: Wieder im Audimax der FU. Auf dem Podium diskutieren mit einigen wichtigtuenden, leichtgewichtigen Rebellenfreunden – ich weiß nicht mehr welchen – diskutierten „Herbert" und „Rudi" Dutschke. Staccatoartig, demagogisch, ja, in meiner Wahrnehmung braundeutsch volkspädagogisch hämmerte der Rote Rudi seine Parolen (es waren selten Analysen) in die Köpfe und noch mehr Herzen der begeisterten Studentenjugend. Mit Herbert stritt er unter anderem über Revolution, Kultur und

Ästhetik. Diese beiden seien bürgerlich-reaktionär und hemmten den revolutionären Elan, befand Rudi. Dieses Poltern, Plattern und Plappern war dem letztlich Doch-Bildungsbürger Herbert zu viel. Nein, Irrtum, klügelte Marcuse. Kultur und Ästhetik würden das jeweils Seiende, auch das verhasste kapitalistische System „transzendieren", denkend und fühlend überwinden. Unverständnis und Staunen auf dem Podium und im Saal. Schweigen. Dann Herberts erlösender (Zu)Satz: Weil Kultur und Ästhetik die Alternative des und zum Seienden seien, seien sie revolutionär. Erleichterung und Jubel dankten Herbert für das politisch korrekte, weil gewollte Adjektiv am Satzende. „Des Kaisers neue Kleider." Kein Kind, das es sagte. Auch ich nicht.

Seit Mitte der 1960er pilgerten westdeutsche Studenten geistig nach China. Das „System", gegen das sie kämpften, kopierte und übertrumpfte sie. Ein bundesdeutscher Spitzenpolitiker nach dem anderen flog nur wenige Jahre später ins ferne Reich der Mitte zu Meister Mao persönlich. Bundeskanzler Helmut Schmidt (SPD) ebenso wie der Lieblingsfeind aller Linken, Halblinken und vieler Nicht-Linken – Franz- Josef Strauß (CSU). Vor seiner Mao-Visite ließ er sich von meinem ersten und einzigen Vorgesetzten beraten, dem Chinafachmann Jürgen Domes, dessen Assistent ich an der Universität des Saarlandes, in Saarbrücken, von 1975 bis 1980 war. Domes hatte als einer der wenigen Experten weltweit bereits unmittelbar nach Beginn von Maos Kulturrevolution ihren massenmörderischen Charakter erkannt und benannt. „Fortschrittliche" Professoren und Studenten mieden ihn. Strauß suchte seinen Rat – aber hinter den Kulissen. Mit Domes wollte auch er sich nicht in China, gar bei Mao sehen lassen. Helmut Kohl und andere Granden der CDU handelten ähnlich. Vertraulich Wertschätzung zeigen, hofieren und beraten lassen? Ja. Sich mit ihm zeigen? Nein. Fällt einem dabei nicht unwillkürlich der gute alte, kluge, bissige, witzige Heinrich Heine ein? „Blamier mich nicht, / Mein schönes Kind / Und grüß mich nicht Unter den Linden. / Wenn wir nachher zuhause sind, / Wird sich schon alles finden."

Kulturrevolution III: Prager Frühling – Paris, Mai 1968

Das amerikanische Modell hatte nicht zuletzt durch junge, vorwiegend studentische US-Rebellen, die lieber liebten als kriegten, an Strahlkraft verloren – und paradoxerweise als Alternativmodell made in USA gewonnen. Maos Kulturrevolution war real, doch fern, und viel wussten die meisten darüber nicht. Sie klebten lieber am Wunschbild. Das andere nichtkapitalistische, sozialistische Modell war ebenfalls real. Es war auch nah, gleich nebenan, im zweiten deutschen Staat und in Ost-Berlin. Mich hat seine graugraue, kleinstbürgerliche, oberspießige, geistig erkennbare und geradezu körperlich spürbare und auch riechbare Tristesse bekümmert. Auch deshalb habe ich mich um diese Alternative nicht gekümmert. Um so mehr kümmerte sich die DDR um westberliner und westdeutsche Studenten. Systematisch wurde das West-System von dessen östlich-sozialistischer schlechtnachbarlicher Systemalternative unterwandert. Konzeptionell, ideell, materiell, personell. Das war seit Anfang der 1970er Jahre offenkundig und beweisbar. Zahlreiche Dokumentationen der West-Berliner „Notgemeinschaft für eine freie Universität" (im Bundesgebiet „Bund Freiheit der Wissenschaft"), deren Unterschreibevorstand ich 1973 bis 1975 mitangehörte, haben dies aufgedeckt. Aufgeschreckt hat es – außerhalb der Universitäten mehr als innerhalb. Hier dominierten die Recht-und-Ordnung-Sozialisten DDRdeutsch und sowjetisch orientierter Prägung seit 1970/71. Sie nannten sich in der Bundesrepublik (DDR-Aussprache „Bäärdä") „MSB Spartakus" und in West-Berlin „ADS"en =Aktionsgemeinschaft der Demokraten und Sozialisten. Weil West-Berlin für sie, gemäß der DDR-Lesart eine „selbständige politische Einheit" war, bedurfte es für dieselbe Kampftruppe eines anderen Namens. Der real existierende Sozialismus der DDR und mehr noch der UdSSR hatte zwar die Kraft einer Weltmacht, doch nicht die Leuchtkraft einer humansozialistischen Alternative zum westlich, „kapitalistischen" „System". Im Frühjahr 1968 wurde es ganz anders.

Der tschechoslowakische Reformkommunist Dubcek wollte mit seinen Mitstreitern einen „Kommunismus mit menschlichem Antlitz" verwirklichen. Dieses aufrichtig gemeinte Ansinnen entwickelte auch im Westen Strahlkraft. Sozialismus, Humanismus, Realität und Macht schlössen einander nicht aus, hofften viele in Ost und West. Ich auch. Doch ich war von 1967 bis 1970 als israelischer Soldat, weit weg, denn auch ich hegte, zeitgeistig an „Unbehagen an der Kultur" – des Westens. So ganz konnte auch mich damals nicht dem Zeitgeist entziehen. Dass der besser, schöner, reizvoller, liebe-voller und kriegsärmer war, stand zudem außer Frage. Aber das Ost-Modell als Modell? Nein Danke. Lieber lieben als leben? Ja bitte. So weit es meine militärischen Umstände erlaubten, erlaubte ich es mir – wenn es die jungen, friedlich-waffenlos, nur mit den Waffen eines jungen Mannes eroberten Frauen erlaubten, ohne dass sie in andere Umstände versetzt wurden, was durch „die Pille" revolutionär erleichtert wurde. Frühling allenthalben, sogar, zum Teil für mich, im israelischen Militär.

Frühling erst recht in Prag und von der CSSR überschwappend, in Westeuropa. In Vietnam hatte außerdem die Tet-Offensive des Vietkong die „imperialistischen USA/SA/SS", also den „Richtigen", gedemütigt. Die westdeutsche Revolte beklagte das fast tödliche Attentat auf Rudi Dutschke. Das war menschlich und verständlich, doch politisch nicht unwirksam, denn nun hatte die Studentenrevolte nach Benno Ohnesorg nicht mehr nur einen unbekannten, sondern weitbekannten Märtyrer. Märtyrer befeuern den Willen der Anhänger.

Stichwort „Feuer". Im Mai 1968 brannte Paris. Die westliche Kultur- und Studentenrevolution schien kurzfristig das „System" regelrecht zu verjagen. Der in jeder Hinsicht bis dahin große, seit 1958 regierende, fast herrschende, Präsident-General de Gaulle floh – ausgerechnet – nach Deutschland. Nach seiner Rückkehr stellte er Recht und Ordnung schnellstens wieder her und errang einen triumphalen Wahlsieg.

Kontrahent Nummer eins von Charles de Gaulle war im Frühling 1968 der Roty Dany, Daniel Cohn-Bendit, entfernt mit mir über die mütterliche Linie verwandt. Familie hin oder her, jüdisch oder nicht, ich nahm ihn bis heute als geltungssüchtigen Schwätzer wahr; nicht weniger demagogisch als Rudi D, der mich seinerseits an Joseph G erinnert hatte. Gottlob weniger folgenlos. Er sei „rhetorisch brillant", schwärmen auch bürgerliche Deutsche. Wie kann jemand auf deutsch mit falschem Deutsch die deutsche Sprache brillant nutzen?

West-Deutschlands Kulturrevolution schien 1968 bei den Großdemonstrationen gegen die Notstandsgesetze der Großen Koalition weit über die Universitäten hinaus mobilisierbar. Schien, denn der scheinrevolutionäre Aufbruch führte zu keinem System-, sondern 1969 zu einem Regierungswechsel, zur SPD/FDP-Koalition.

Diese Koalition begann und vollendete Großes: die neue Ostpolitik. Sie war unter der Regie von Bundeskanzler Willy Brandt (SPD) – und seinem Intimus Egon Bahr! – auch eine Art Frühling, ein Bonner Frühling. Ein (nach 1949 unter Adenauer) zweiter außenpolitischer Frühling West-Deutschlands. Welt- und deutschlandpolitisch war die Ostpolitik der neuen Koalition notwendig und richtig, sie war aber – Ironie der Geschichte – zugleich auch Legitimation des Volksfrontkurses sozialdemokratisch-sozialistischer Studentengruppen und Dozenten an Deutschlands Universitäten. Davon konnte auch ich von 1970 bis 1975 an der FU Berlin, der Frontuniversität singen. Das Absurde; oder auch nicht: Die SPD ließ bis weit in die 1970er Jahre ihre Dozenten und Studenten im Stich, die sich dem zeitgeistigen, machtvollen Volksfrontkurs von Sozialisten und Sozialdemokraten widersetzten. Damit goss sie Öl ins Feuer derer, die im Zusammenhang mit der Ostpolitik genau davor gewarnt und die Volksfront an den Universitäten als Ouvertüre einer gesamtdeutschen SPD-SED-Kooperation bezeichnet hatten.

Seltsamerweise – oder auch nicht – überstrahlte die Ostpolitik, die kreative Zusammenarbeit mit der Sowjetunion in den Jahren 1970 bis 1975, die Schatten der sowjetischen Panzer, die am 21. August 1968 die Tschechoslowakei überrollt hatten. Dem Prager Frühling folgte eisiger Winter, aber das sowjetische Panzermodell hatte an Schreckenskraft eingebüßt, erst recht die DDR. Ganz allgemein im Westen und erst recht an Deutschlands Universitäten. Als Nicht-Volksfrontler war ich an der FU einer der wenigen Exoten. Es gab auch an der FU und anderen westdeutschen Hochschulen ähnliche Außerweltliche und Außerzeitliche, aber wir waren wenige. Keine Mitläufer, keine Nachläufer, keine Nachplapperer. Nicht frei vom Zeitgeist, doch ihm nicht hinterherjagend. Aufgeklärt? Wer will, nenne es so. Ich halte es für übertrieben.

Man musste doch nicht einmal genau hinschauen, um auf Anhieb zu erkennen, dass die DDR der schlechtere deutsche Staat, nein, ein schlechter Kleinstbürger-und-Spießer-Staat, war. Die Bundesrepublik war, ist kein Paradies, aber in meinen Augen der beste Staat, den Deutschland je hatte. Er kann sich weltweit sehen lassen. Nicht nur ökonomisch, auch moralisch. Gleiches gilt auch für den „Kapitalismus", das, wie man es damals beschimpfte, „System". „Auferstanden aus Ruinen" – so begann, so wurde auch der Text der DDR-Nationalhymne bis 1972 gesungen. Danach wurde auf den Text verzichtet. Nicht nur, weil von „einig, Deutschland, Vaterland" die Rede war, sondern gewiss auch, weil es so lange nach dem großen Krieg immer noch so viele Ruinen gab und immer mehr ohne Waffen geschaffen hatte. Nur ein Blick hinter Mauer und Eisernen Vorhang oder das Überfliegen von ganz Berlin genügte, um zu erkennen, dass nur der westliche Teil Deutschlands und Berlins blühte. Es schien mir absurd, freiwillig diese „blühende Landschaft" für – aus meiner Sicht in jeder Hinsicht – Ruinenfelder aufzugeben. Von damaligen und noch früheren Mordfeldern abgesehen.

Das westlich und westdeutsch Wirkliche wurde von vielen studentischen Rebellen als Fratze wahrgenommen. Auch das hatte es in der Menschheitsgeschichte lange vorher gegeben. „Sie haben Augen und sehen nicht." Psalm 115,5.

Die Unfähigkeit oder Unwilligkeit zu sehen, besonderrs über den eigenen Gartenzaun zu sehen und selbständig, vor allem in Zusammenhängen zu denken, hat mich bei vielen Kommilitonen, Akademikern, auch Professoren oft erschüttert. Die meisten dieser vermeintlichen intellektuellen Vorreiter waren und blieben Nachleser, Nachplapperer, Mitläufer. Manche waren schlicht dumm.

Ich erinnere mich. Oktober 1970. Grundkurs Einführung in die Geschichte, Frühe Neuzeit. Die erste Lehrveranstaltung nach meiner Militärzeit in Israel. Ich konnte den Anfang kaum erwarten. Mein Hirn wie ein trockener Schwamm. Aufnahmefähig, aufnahmewillig. Der Dozent kam, wollte beginnen. Das verhinderten einige Studenten. Die Wortführerin protestiert gegen „Faktenhuberei". Verstehen müsse man. Das könne man nur, durch das Studium der Werke von Marx und Engels. Nun ja, gute Idee, dachte ich. Also bitte wo und wann? Hier und jetzt, meinte die Flotte. Schweigen. Auch der Dozent. Kommt nicht in Frage, verkündete ich. Wie alle bräuchte und wollte ich den Grundkursschein erarbeiten. Geht nicht, es sei „Rote Woche". Sprechen sie von Ihrer Periode? Nixx da „Sie", hier duzt man sich, du Ferkel. Ich kapiere. Sie meint politisches Rot, kein periodisches und will gleich mit der Lektüre von Friedrich Engels „Der Weg des

Sozialismus von der Utopie zur Wissenschaft" beginnen. Es kommt nicht dazu, denn nach drei Jahren in der israelischen Armee habe ich kein Problem, mit freundlich-klar-starken Worten die rote Frau und ihren Anhang des Feldes zu verweisen. Der Grundkurs begann. Ebenso meine Karriere als widerborstiger, „widerständlerischer" Student.

Am selben Tag besuchte ich zwei Lehrveranstaltungen in meinen Nebenfächern Volkswirtschaft und Publizistik. Die gleiche Ouvertüre mit anderen Akteuren. Noten und Melodie waren mir bekannt. Überrascht hatte mich nur: Auch in diesen sollte Fächern derselbe Engelstext gelesen werden. Drei Fächer, ein Aufund Umguss. Dünne Suppe. Ich war nach drei Jahren Militär an die Freie Universität zurückgekehrt, weil sie im „Spiegel", den ich wöchentlich in Israel gelesen hatte als die Reformuniversität schlechthin bejubelt wurde. So eine Reform war für mich eine Deformation des Geistes. Mühelos konnte ich auch jene Suppenköche hinauskomplimentieren. Das war das schnelle Ende meiner linksliberalen Karriere. Mein Ruf eilte mir schnell voraus. Negativ wie positiv. Negativ bei den Studenten„massen", positiv bei vielen Dozenten, die meinten, dass die Wende der studentischen Rebellion begonnen habe. Schnell stellte sich heraus, dass jeder Dozent denselben Studenten gemeint hatte: mich. Nebbich, diese Wende. Es war das Ende der Wende noch vor ihrem Anfang.

Noch ein Wort zu diesen, ja, den meisten Dozenten: Sie selbst wagten keinen Widerspruch, wie Angsthasen standen sie vor den Studenten und schienen heilfroh, als und dass sie von einem Studenten an ihr Pflicht erinnert wurden: zu lehren. Es gab auch welche, die daran nicht erinnert werden mussten.

Ebenfalls zu Beginn meines ersten nachmilitärischen Semesters sah ich in der Garderobe des Historischen Instituts ein Flugblatt: die Ankündigung eines Proseminars zur Frühgeschichte der USA. Der Dozent, Willi-Paul Adams, damals noch nicht Professor, nannte seine Anforderungen. Pro Woche zwei Fachbücher zum Thema, einen mündlichen Vortrag, eine schriftliche Hausarbeit. Endlich ein Dozent, der Studenten mehr als etwas (ab)verlangte. Ich kam und sah – außer mir zwei Studenten. Wegen Überfüllung geschlossen, während bei Schwätzerveranstaltungen kaum ein Platz zu bekommen war. Ich habe noch viele großartige Lehrveranstaltungen bei Willi-Paul Adams genießen dürfen. Lange danach, auch als Kollegen hielten wir lockeren Kontakt. Viel zu früh ist dieser großartige gelehrte Intellektuelle gestorben.

Biografisch Ideologisch politische Markierungen

Allmählich wurde das universitäre Chaos nicht nur an der FU Berlin Routine und weil alltägliche Routine langweilig. Die Revolution verlor ihre Faszination. Sie wurde auch durch eine teilentgegenkommende Hochschulpolitik der sozialliberalen Koalition sowie durch die Teil-Sozialliberalsierung der CDU-Bildungspolitik gezähmt.

Darüber hinaus waren welthistorische Kräfte am Werk, welche die Legitimation einer Revolution erschwerten: Unmittelbar nach dem 20. Juli 1969, der ersten Mondlandung von Amerikanern, entstand jenseits der herkömmlichen Ideologien eine neue Bewegung, für die es zunächst nur ein amerikanisches, kein deutsches Wort gab: Environmentalism, die Umweltbewegung. Grüne Blüten zeigten sich in der Politik. 1983 schafften die Grünen erstmals den Sprung in den Bundestag.

1973 schlossen die USA und Nord-Vietnam einen so genannten Friedensvertrag. Zwar zog sich der Krieg bis ins Frühjahr 1975, bis zum schmählichen Abzug der USA aus Saigon hin, doch schon zwei Jahre zuvor bestand kein Zweifel mehr am amerikanischen Rückzug aus Südostasien. Den USA-SA-SS-Brüllern war nun die Bestbegründung abhanden gekommen.

Ebenfalls 1975 hatte der US-„Kapitalismus-Imperialismus-Kolonialismus-Rassismus-Militarismus" einen weiteren Rückschlag hinzunehmen: In Afrika, Angola und Mocambique, hatten Fidel Castros kubanische Soldaten im Auftrag der und als Dank an die Sowjetunion Kommunisten an die Macht geschossen und NATO-Mitglied Portugal vertrieben. Diesen regulären Kriegseinsatz kubanischer Marionettensoldaten umwehte nicht mehr der Romantik-Hauch der einstigen Guerilleros Fidel Castro und Che Guevarra, dessen Konterfei seit den 68ern, bis heute millionenfach auf T-Shirts prangt. 1975 war Che schon lange tot, und Fidel hatte ihm nicht geholfen. Beim Sieg der kommunistischen Kubaner in Afrika, ihrem vermeintlichen Höhepunkt, war der revolutionär-nostalgische Lack längst ab, und Castros Kuba hing am sowjetischen Tropf, denn Fidels Topf war leer. Phrasen und endlose Reden konnten ihn nicht füllen.

1974 war das „Faschisten"regime des Mutterlandes im Mutterland von Sozialdemokraten, Sozialisten und Kommunisten gestürzt worden. Spaniens Franco lag, wörtlich, in seinen letzten Zügen. Er starb 1975. Von den meisten unerwartet wurde das Land eine funktionsfähige Demokratie.

Im September 1976 starb das Idol vieler Linker: Chinas Mao. Nach einer kurzen, unruhigen Übergangszeit würgte sein Nachfolger Deng Xiaoping seit 1978 die Kulturrevolution ab. Ihm war es egal, ob die Katze rot oder schwarz war, sie sollte Mäuse fangen. Solche Sprüche nahmen maorevolutionär gesinnten deutschen Studenten den Wind aus ihren Chinasegeln.

Das massenmörderische Rote-Khmer-Regime Pol Pots, dem Mao 1975/76 in Kambodscha zur Macht verholfen hatte, wurde 1979 von Vietnam, mit Zustimmung und Hilfe der Sowjetunion gestürzt. Der Recht-und-Ordnung-Kommunismus, linkes Spießertum, obsiegte. Ohne Faszination keine Revolution.

Das Charisma von Bundeskanzler Willy Brandt (1969–1974) wirkt heute, ob überhöht oder nicht, nostalgisch. In den frühen 1970ern hatte es sich schnell abgenutzt. Die studentischen Massen hatte es nie entzündet. Er oder gar sein Nachfolger Helmut Schmidt, der („igitt, igitt") „Macher" und einstige Stalinist Herbert Wehner, der (Be)Herrscher des SPD-Apparats, erreichten nie den Kult-Status eines Mao, Che oder Ho – von Unionspolitikern, die mit Ausnahme von Franz-Josef Strauß, dem „Urbösewicht", eher als Witzfiguren dargestellt wurden, ganz zu schweigen. Die allgemeine, in der Öffentlichkeit wahrgenommene, Veralltäglichung der Brandt'schen Ausstrahlung setze dann nach seinem fulminanten Wahlsieg vom November 1972 ein.

Allmählich wurde Ökologie dominante Ideologie. Die ökologische Frustration nahm zu, denn nach dem Ölschock 1973/74, dem explosionsartigen Preisanstieg und dem boykottbedingt verringerten Angebot an Öl, setzte die Bundesregierung unter Bundeskanzler Helmut Schmidt als Ersatz für Nahostimporte auf Atomkraft. Ein Atomkraftwerk nach dem anderen entstand.

Nun wurde kaum noch USA-SA-SS oder Ho-Ho-Ho-Chi-Minh gerufen als vielmehr „Atomkraft? Nein Danke!" verkündet. Rot war nicht „out", aber Grün wurde „in" und damit die Institutionalisierung und Parlamentarisierung weiter Teile der außerparlamentarischen, also auch studentischen Bewegung.

Auch die Universitätspolitik wurde immer mehr institutionalisiert und bürokratisiert. Nichts für mich, wenngleich ich noch als Assistent und junger Professor von 1975 bis 1989 hochschulpolitisch aktiv war. Ich war im Vorstand des Bund Freiheit der Wissenschaft, um auch in der Phase beginnender Kommunismen-Ebbe an den Universitäten die hier und dort immer noch brüchigen Dämme zu festigen, und ich gehörte von 1980 bis 1982 zum Präsidium des Deutschen Hochschulverbandes, der Spitzenorganisation der deutschen Professoren. Das war eine Auszeichnung, aber keine Aufgabe, bei der ich meinte oder mir einredete, ich könnte sie vielleicht etwa(s) besser als andere. Hochschulpolitik war für mich mein (An)Teil an der Weltpolitik. Inneruniversitäre Verteilungskämpfe oder die durchaus notwendige Standespolitik waren meine Sache nicht. Ich war auch hochschulpolitisch müde. 19 Jahre waren genug, mir jedenfalls. Das Abenteuer des Denkens, Intellektualität im Sinne an die geistige Wurzel (radix-radikal) gehender Einsichts- und Durchsichtsfähigkeit, institutionalisiert durch die und an der Universität – das reizte mich, das suchte ich. Gefunden? Pustekuchen. Womit nicht gesagt sei, es gäbe an Universitäten keine echten Denker. Es gibt sie – vereinzelt. Mein Pech ist, dass die meisten Akademiker, denen ich begegnete, gebildet, doch keine Intellektuellen waren. Waren sie etwa, wie Georg Christoph Lichtenberg (1742–1799) sie nannte, „gebildete Barbaren"? Nicht unbedingt Barbaren und nicht alle gebildet. Sofort übe ich Selbstkritik. Ich habe verallgemeinert.

Bernd Sösemann

Die deutsche Politik von 1914 in anderem Licht. Anmerkungen zur fehlerhaften Entzifferung eines Schlüsseldokuments und Lektüre-Empfehlungen zur „Julikrise“ und dem Ersten Weltkrieg

Die Autoren der meisten Bücher zum Kriegsausbruch von 1914 gestehen dem Tagebuch von Kurt Riezler, einem Adlatus des deutschen Reichskanzlers, in der „Julikrise“ von 1914 eine hohe Bedeutung zu, weil sowohl ähnliche persönliche Dokumente von der Hand Bethmann Hollwegs fehlen als auch tagesaktuelle Notizen aus dem engen Kreis der Macht.

Theobald Bethmann Hollweg, Reichskanzler

Doch Riezlers Aufzeichnungen aus den ereignisreichen Wochen des Sommers 1914 entstanden nicht unmittelbar aus der Situation heraus. Sie enthalten eine rückblickende Zusammenstellung auf Grund später von seinem Bruder Walter und wohl auch partiell von ihm, Kurt Riezler selbst, vernichteter Vorlagen.

In seiner ersten Publikation des gesamten Diariums (1972) schätzte Karl-Dietrich Erdmann, von 1975 bis 1980 Präsident des Historiker-Weltverbandes, die Problematik der Kompilation falsch ein, irrte sich wiederholt bei der Übertragung der Handschrift und kommentierte das Dokument tendenziös. Für seine Auseinandersetzungen mit Fritz Fischer über die Einschätzung des Ersten Weltkriegs benötigte er 1972 eine scharf geschliffene Waffe. Obwohl die Mängel und fehlende Authentizität seit 1983 nicht nur der Fachöffentlichkeit bekannt sind, druckte der Verlag Vandenhoeck & Ruprecht die unzulängliche Ausgabe 2008 unverändert nach. [1] *Da die Transkription und das editorische Verfahren besonders im wichtigen Abschnitt der „Julikrise" wissenschaftlichen Standards nicht genügen, wurde dieser Teil des Riezlerschen Tagebuchs in der „Historischen Zeitschrift" erstmals vollständig und kritisch veröffentlicht.*[2] *Zumindest in einem Fall ergeben sich für die Beurteilung der deutschen Politik neue Einsichten. Dadurch relativiert sich die Bedeutung des sogenannten Tagebuchs von Riezler in der „Julikrise" nochmals.*

---

1 Dazu im Einzelnen: *Kurt Riezler*, Tagebücher, Aufsätze, Dokumente. Hrsg. und eingeleitet von Karl Dietrich Erdmann. (Deutsche Geschichtsquellen des 19. und 20. Jahrhunderts, Bd. 48.) Göttingen 1972, unveränderter Nachdruck 2008, eingeleitet von Holger Afflerbach; *Bernd Sösemann*, Die Tagebücher Kurt Riezlers. Untersuchungen zu ihrer Echtheit und Edition, in: HZ 236, 1983, 327–369.
Karl Dietrich Erdmanns „Antikritik" (ebd., S. 371–402) unterlässt es, auf die aufgedeckten editorischen Versäumnisse einzugehen. Zur wissenschaftlichen Biographie Erdmanns siehe *Martin Kröger/Roland Thimme*, Die Geschichtsbilder des Historikers Karl Dietrich Erdmann. München 1996; *Fritz Fischer*, Griff nach der Weltmacht. Die Kriegszielpolitik des kaiserlichen Deutschland 1914/18.3., verbesserte Auflage Düsseldorf 1964; vgl. auch: *ders.*, Juli 1914: Wir sind nicht hineingeschlittert. Reinbek 1983, und *ders.*, Zwei, drei Leute entschieden das Schicksal Europas, in: Die Zeit 16, 13.4.1984, 17 f. – Zur Kontroverse ausführlich *Karl-Heinz Janßen*, August '14: Wahrheit auf Raten [...]. Wurde die deutsche Kriegsschuld am Ersten Weltkrieg im nationalen Interesse verschleiert?, in: Die Zeit 24, 10.6.1983, 9–11; zu Janßen und Sösemann (HZ 236) siehe den gemeinsamen Leserbrief von *Francis L. Carstens*, *Paul M. Kennedy*, *Wolfgang J. Mommsen*, *Hartmut Pogge v. Strandmann*, *John C. G. Röhl* und *Jonathan Steinberg*, in: Die Zeit 33, 12.8.1983, 27.

2 *HZ, Bd. 298, Heft 3, Juni 2014, S. 686–707.*

Kurt Riezler, Vertrauter des Reichskanzlers

Die internationale Forschung zur sogenannten Julikrise von 1914 hat in den letzten Jahrzehnten ihre Konzepte und Methoden verfeinert. Nationalstaatliche Verengungen wurden zu Gunsten einer internationalen Perspektive aufgegeben, kultur- und mentalitätsgeschichtliche Fragestellungen sowie globale Verflechtungen erhielten die erforderliche Aufmerksamkeit. In zahlreichen wichtigen Fragen ist ein Konsens erreicht worden. Doch die Bücherflut der vergangenen Monate offenbarte wiederum einige der alten und auch neuen Konfliktlinien. Deutlich tritt der Dissens bei der nicht immer vollständigen Einbeziehung von innen-, wirtschafts- und handelspolitischen Erwägungen auf die außenpolitischen Entscheidungen der europäischen Mächte hervor. In einigen der Veröffentlichungen treten gerade diese „realities behind diplomacy“ (Paul M. Kennedy) zu sehr in den Hintergrund, wenn sich ihre Verfasser bemühen, den Umfang der Verantwortung für die Auslösung des Krieges einzuschätzen. Die in der unmittelbaren Nachkriegszeit verständliche Kriegs-Unschuld-Apologetik ist dadurch zwar weniger in der Wissenschaft, aber in einem nicht geringfügigen Teil der bemerkenswert interessierten Öffentlichkeit wieder auferstanden. Die Hauptverantwortung für den Ausbruch des großen Orlogs wird entweder Serbien respektive Russland, Frankreich oder Österreich-Ungarn zugewiesen oder den kriegführenden Staaten insgesamt. In den Publikationen, Vorträgen und Diskussionsrunden zum Zentenarium wurden für diese Ansichten allerdings weder bislang übersehene noch unbekannte Dokumente präsentiert. Nach Jahrzehnten quellennaher Forschung durfte man mit derartigen Funden auch kaum rechnen. Die Historiker können zu neuen Erkenntnissen nur durch einen originellen methodischen Zugriff und eine unkonventionelle Perspektive gelangen oder aus der quellenkritischen Überprüfung bzw. Falsifizierung von Schlüsseldokumenten heraus. In allen Fällen liegt die unabdingbare Voraussetzung für eine überzeugende Revision in der unparteiischen, systematischen und nachvollziehbaren Quellenanalyse.

Fritz Fischer, deutscher Historiker

Die Forschungen des Hamburger Historikers Fritz Fischers und seine These von der wesentlichen Verantwortung des Deutschen Reichs waren vor mehr als vier Jahrzehnten provozierend und anregend zugleich, doch überwiegt heute ihre historiographische Bedeutung. Weil die über Fischer hinausgeschrittene Forschung von der Öffentlichkeit offensichtlich gar nicht oder nur unzulänglich wahrgenommen worden war und dessen Beurteilung sich zur Behauptung von einer „deutschen Alleinschuld" verzerrt hatte, konnte Christopher Clarks Buch über die angeblichen „Schlafwandler" in Deutschland eine so hohe Popularität erreichen, wie sie bislang in keinem anderen Land zu verzeichnen ist[3]. Befreite das Werk des in Großbritannien lehrenden australischen Historikers doch Deutschland vom Odium des alleinigen bzw. hauptsächlich verantwortlichen Aggressors, indem es die Auffassung von einem fatalistisch-unaufhaltsamen „Hineinschlittern" aller europäischen Staaten in den Krieg regenerierte. Mit der Erinnerung an dieses vielzitierte Wort von Lloyd George und der damit verknüpften These, die europäischen Staaten seien letztlich alle gleichermaßen verantwortlich für den Kriegsausbruch, fällt Clark auf einen überholten Stand der Forschung zurück.

3 Die Schlafwandler. Wie Europa in den Ersten Weltkrieg zog. Aus dem Englischen von Norbert Juraschitz. München 2013; im Januar 2014 erschien das Werk bereits in 10. Auflage.

David Lloyd George, britischer Politiker

Obwohl er dem Leser eine außerordentliche Fülle an Quellen zur Vorgeschichte des Sommers 1914 erschließt, führt seine Darstellung der außen- und bündnispolitischen Konstellationen zu einer perspektivischen Verengung. Sie geht einher mit einem Nachlassen der analytischen Präzision gerade dann, wenn sie, wie in der Beurteilung der Julikrise, entschieden zu leisten wäre. Inhaltsreiche deutsche, britische und vor allem österreichische Dokumente bleiben in den Sommerwochen 1914 in einem beträchtlichen Umfang unberücksichtigt. Dazu gehören Ministerialakten, Korrespondenzen und Vermerke von hoher Aussagekraft; des Weiteren Denkschriften, Telegramme, persönliche Zeugnisse sowie spontane Feststellungen zu dem direkt und unmittelbar Erlebten. In ihnen wird seit 1912 von kaiserlichen Politikern, Diplomaten, Ministerialbeamten und Militärs ein kurzer Präventivkrieg nicht ausgeschlossen oder seit dem sogenannten Blanko-Scheck des Kaisers (5. Juli) bewusst mit ins Kalkül einbezogen, um endlich „abrechnen zu können – koste es, was es wolle“ (Krumeich).[4]

4 Der Kabinettschef des österreichisch-ungarischen Außenamts Graf Alexander Hoyos erhielt am 5. Juli in seinen Gesprächen mit der deutschen Führung von Wilhelm II. und Bethmann Hollweg die Zusicherung, Kaiser Franz Joseph könne sich darauf verlassen, dass das Deutsche Reich seinen Bündnisverpflichtungen nachkommen werde. Das

Die österreichischen und deutschen Diplomaten und Generalstäbler gingen im Sommer 1914 das Risiko eines Militärschlags frühzeitig ein. Wien fühlte sich nach dem 5. Juli in seinen außenpolitischen und militärischen Planungen durch die bedingungslose Unterstützungserklärung Wilhelms II. rundum abgesichert. Beide Kaiser ignorierten Vorschläge zur Mediation. Das Ansinnen, den internationalen Haager Schiedsgerichtshof anzurufen, lehnten sie ebenso ab wie Verhandlungen, die Furcht und Misstrauen hätten verringern können. Die Führung in beiden Monarchien war sich dabei bewusst, dass aus einer örtlich beschränkten Aktion eventuell ein europäischer oder sogar ein „Weltkrieg" entstehen könne. Doch das Attentat auf das Erzherzogspaar hatte den beiden Regierungen die verlockende Aussicht geboten, endlich die Machtverhältnisse auf dem Balkan für die Mittelmächte günstiger zu gestalten. Sie wollten einen womöglich entscheidenden Moment nicht ungenutzt verstreichen lassen, in dem sich Bündnistreue und Entschiedenheit erkunden, die Haltung Frankreichs prüfen und die Bereitschaft Russlands zu einem Krieg an der Seite von Serbien testen ließen. Es war ein Jonglieren auf dem schmalen Grat zwischen Frieden und Krieg in dem Bestreben, eine Festigung der labilen russisch-französischen Koalition zu verhindern oder sie zu sprengen, wenn sie sich realisieren sollte. In der Wahrnehmung der Entente musste sich dieses Vorgehen der Mittelmächte wie das Konzept von Erpressern darstellen.

Etliche der Beteiligten in Wien und Berlin verstanden sich als „Spieler" auf einem weithin im Ungewissen liegenden Terrain. Ihr Taktieren konnte sich zu einem vorschnellen und waghalsigen Handeln entwickeln, aber auch in ein unentschlossenes

---

deutsche Lebensinteresse erfordere die „unversehrte Erhaltung Österreichs". Hoyos rekapitulierte, wie es bei Fritz Fellner (Vom Dreibund zum Völkerbund, Wien 1994, S. 138) heißt, Deutschland werde „uns mit seiner ganzen Macht den Rücken decken und seine Bündnispflichten in jeder Weise erfüllen, wenn wir es für nötig fänden, gegen Serbien vorzugehen. Wollte ich seine [Bethmann Hollwegs] persönliche Ansicht hinsichtlich der Opportunität des Zeitpunktes wissen, so könne er mir sagen, wenn der Krieg unvermeidlich wäre, sei der jetzige Zeitpunkt günstiger als ein späterer." Nach der Heimkehr von Hoyos erstattete er den Ministerpräsidenten Bericht. Auf dieser Grundlage entschied sich der „Gemeinsame Ministerrat" der Doppelmonarchie für eine militärische Strafaktion gegen Serbien: „tunlichst rasche Entscheidung des Streitfalls mit Serbien im kriegerischen oder feindlichen Sinne", denn ein „rein diplomatischer Erfolg" sei wertlos. Daher müssten „solche weitgehenden Forderungen an Serbien gestellt werden[…], die eine Ablehnung voraussehen ließen, damit eine radikale Lösung im Wege militärischen Eingreifens angebahnt würde" (Ludwig Bittner / Hans Uebersberger [Hg], Österreich-Ungarns Außenpolitik von der bosnischen Krise 1908 bis zum Kriegsausbruch 1914, Wien 1930, Bd. 8, S. 344).

Zaudern führen oder in Verzweiflung und schließlich mit Verweigerung enden. Das Experiment des Reichskanzlers Bethmann Hollweg, den großen Krieg mit einer Lokalisierungsstrategie zu verhindern und dennoch die außen- und bündnispolitischen Ziele des Deutschen Reichs zu erreichen, war nach seinem eigenen Verständnis ein „Sprung ins Dunkle". Die österreichisch-ungarischen und auch deutschen Politiker bemühten sich nicht um eine Alternative. Es existierte in Wien und Berlin offenkundig nicht einmal in Ansätzen ein „Plan B", mit dem man sich aus einer unverhofften, abenteuerlichen und keinesfalls mehr zu verantwortenden Zuspitzung würde noch rechtzeitig zurückziehen können. Im Fall eines Scheiterns der Lokalisierungsstrategie waren die Politiker vielmehr bereit, die Planungen ihrer kriegswilligen Militärs für einen kurzen, aber entschiedenen Krieg zu akzeptieren. Weil man sich lebensgefährlich bedroht („Die Zukunft gehört Russland" [Kurt Riezler]) und von der Entente eingekreist sah, habe man eine „riskante Partie aus Furcht" gespielt, soll Bethmann Hollweg am 14. Juli erklärt haben. Diesen Spielzügen liege die Überlegung zugrunde, erläuterte das Auswärtige Amt dem Chefredakteur des „Berliner Tageblatts", Theodor Wolff:

„Man müsse vor allem fest bleiben [...] die diplomatische Situation sei sehr günstig. Weder Rußland, noch Frankreich, noch England wollten den Krieg [so der Staatsekretär Jagow]. Und wenn es sein müsse (lächelnd) – einmal werde der Krieg ja doch kommen, wenn wir die Dinge gehen ließen, und in zwei Jahren sei Rußland stärker als jetzt. Beim Abschied: ‚Ich halte die Situation nicht für kritisch.' [...] Wie Jagow sagt er ([der Unterstaatssekretär] Stumm), daß der Krieg in zwei Jahren unvermeidlich sei, wenn wir uns jetzt nicht aus dieser Situation befreiten. Es handele sich darum, festzustellen, ob Oesterreich bei uns noch als Bundesgenosse etwas wert sei. Es dürfe nicht zurückweichen. Die Russen würden laut herumschreien und es könnten heiße Tage kommen. Vielleicht werde Rußland mobilisiren und dann werde es natürlich nötig sein, unsere Militärs zurückzuhalten. Aber Rußland werde es sich zweimal überlegen, ehe es losschlage. Bei einem Krieg mit Rußland würde man etwas erleben: Revolution in Finnland und in Polen [...]. Frankreich könne keinen Krieg wollen. Eine so gute Situation komme nicht wieder. Nur Durchhalten und Festigkeit!" (25.7.1914).[5]

---

5 Theodor Wolff, Tagebücher, 1914–1919. Der Erste Weltkrieg und die Entstehung der Weimarer Republik in Tagebüchern, Leitartikeln und Briefen des Chefredakteurs am „Berliner Tageblatt" und Mitbegründers der „Deutschen Demokratischen Partei" (Deutsche Geschichtsquellen des 19. und 20. Jahrhunderts 54 / I+II, hg. von der Historischen Kommission bei der Bayerischen Akademie der Wissenschaften). 2 Bde. Boppard/Rhein 1984, S. 64 f.

Gottlieb von Jagow, Staatssekretär im Auswärtigen Amt

Dabei galt es die internen Abläufe so zu kommunizieren und nachrichtenpolitisch geschickt zu gestalten sowie den weiteren Verlauf aller Entscheidungen und Mitteilungen in der Öffentlichkeit schließlich so zu terminieren, dass der vom Deutschen Reich mit dem Vorstoß durch Belgien in Kauf genommene Bruch des Völkerrechts als legitimer Akt der Verteidigung gegen den Aggressor Russland und seine potentiellen Bündnispartner dargestellt werden konnte. Sollte die Entente jedoch im letzten Moment vor einer militärischen Auseinandersetzung zurückschrecken, dann habe die deutsche Regierung, nach Auffassung von Riezler, wenigstens ein Teilziel erreicht. Er will bereits am 8. Juli notiert haben: „Kommt der Krieg nicht, will der Zar nicht oder rät das bestürzte Frankreich zum Frieden, so haben wir doch noch Aussicht, die Entente über dieser [!] Aktion auseinanderzumanoeuvrieren". Demnach herrschte in der Führung des Deutschen Reichs die Zuversicht, man habe die Trümpfe in der Hand. Die Gewissheit gründete sich auf die unkritische Übernahme der Prognosen des Generalstabs und den felsenfesten Glauben an die überlegene eigene Militärmacht.

Riezler berichtet über seine damaligen Überzeugungen aus der Erinnerung. Sein Verständnis der Ansichten des Reichskanzlers und weiterer Persönlichkeiten finden sich auf 19 separat überlieferten Blättern zweier großformatiger Briefblöcke. Sie sind dem kleinformatigen Diarium beigelegt. Für diese Sonderseiten hat sich zur Unterscheidung von den sich anschließenden Tagebuchheften der Begriff „Blockblätter“ durchgesetzt. Die mit Bleistift beschriebenen DIN-A4-Blätter sind – abweichend vom übrigen Tagebuch – mit ruhiger Hand in einer gleichmäßigen, leicht nach rechts oben laufenden Schrift abgefasst. Riezler führte seine Verbesserungen sehr sorgfältig aus. Einer der Texte, es ist der erste, wird hier zitiert, weil er den folgenschwersten aller Übertragungs-Fehler enthält.

Karl Max Fürst von Lichnowsky, deutscher Diplomat

„Hohenfinow 7.7.14. [Die Datierung der Unterredung mit Bethmann Hollweg ist falsch; Riezler führte das Gespräch am 25. Juli] Gestern mit dem Reichskanzler herausgefahren. Das alte Schloss, die wundervollen ungeheuren Linden, die Alleen wie ein gotisches Gewölbe. Überall lastet noch der Tod der Frau [Martha]. Melancholie und Beherrschung in Landschaft und Menschen.

Abends [6.7.] auf der Veranda unter dem Nachthimmel langes Gespräch über die Lage. Die geheimen Nachrichten, die er mir mitteilt, geben ein erschütterndes Bild. Er sieht die englisch[-]russischen Verhandlungen über eine Marineconvention, Landung in Pommern sehr ernst an, letztes Glied in der Kette. Lichnowsky viel zu vertrauensselig.

Franz Joseph, Kaiser von Österreich-Ungarn

Der liesse sich von den Englaendern hereinlegen. Russlands militärische Macht schnell wachsend; bei strategischem Ausbau Polens die Lage hinhaltbar [„hinha" später rot unterstrichen (Walter Riezler?); Erdmann hat 1972 „**unhaltbar**" publiziert]. Oesterreich immer schwächer und unbeweglicher; die Unterwühlung von Norden und Südosten her sehr weit vorgeschritten. Jedenfalls unfähig, für eine deutsche Sache als unser Verbündeter in den Krieg zu ziehen. Die Entente weiss, das[s] wir infolgedessen völlig lahmgelegt.

Ich ganz erschrocken, so schlimm sah ich [die Lage] nicht an. Die geheimen Nachrichten bekommt man ja nicht, wenn man nicht ganz richtig zur Zunft gehört – und alles hochpolitische und noch dazu militärische ist ‚ganz geheim'.

Der Kanzler spricht von schweren Entscheidungen. Ermordung Franz Ferdinands. Das amtliche Serbien beteiligt. Oesterreich will sich aufraffen. Sendung Franz Josefs mit Anfrage wegen casus foederis. Unser altes Dilemma bei jeder oesterreichischen Balkanaktion. Reden wir Ihnen zu, so sagen Sie, wir hätten sie hineingestossen; reden wir ab, so heisst es, wir hätten sie im Stich gelassen. Dann näheren [sic] sie sich den Westmächten[,] deren Arme offen stehen, und wir verlieren den letzten mässigen Bundesgenossen. Diesmal ist es schlimmer wie 1912; denn diesmal ist Oesterreich gegen die serbisch-russischen Umtriebe in der Verteidigung. Eine Aktion gegen Serbien kann zum Weltkrieg führen. Der Kanzler erwartet von einem Krieg, wie er auch ausgeht, eine Umwälzung alles Bestehenden. Das Bestehende sehr überlebt, ideenlos, ‚alles so sehr alt geworden'. Heydebrand [Parteivorsitzender der Konservativen] habe gesagt, ein Krieg würde zu einer Stärkung der patriarchalischen Ordnung und Gesinnung führen. Der Kanzler empört über solchen Unsinn. Überhaupt ringsherum Verblendung, dicker Nebel über dem Volke. In ganz Europa das gleiche. Die Zukunft gehört Russland, das wächst und wächst und sich als immer schwererer Alb auf uns legt.

Wilhelm II, deutscher Kaiser

Der Kanzler sehr pessimistisch über den geistigen Zustand Deutschlands[.] Elender Niedergang der politischen Oberfläche. Die Individuen als solche immer kleiner und unbedeutender, nirgends wird etwas grosses [sic] und Gerades gesagt. Versagen der Intelligenz, der Professoren. Mein Einwand[:] Zeit der Spezialentwicklung, aber der Kollektivgrösse. Die neue Schönheit noch nicht gesagt [sic].

Der Kanzler ein Kind der ersten Hälfte des XIX[.] Jahrhunderts und einer besseren Bildung. Seltsam, dass er mit der alten Humanitätsgesinnung, seinem Ernst und seiner Unfähigkeit zu aller Scheinbarkeit in dem neudeutschen Milieu zur Macht gelangen und sich gegenüber Parlamentariern und Schiebern behaupten konnte[.] Er ist indes keineswegs eindeutig. Seine Gerissenheit wohl ebenso gross wie sein Ungeschick. Beides vermischt und sich abwechselnd."

Die Buchausgaben der Riezler-Tagebücher von 1972 und 2008 enthalten also – neben mehreren, hier nicht hervorgehobenen, sondern stillschweigend korrigierten Versehen und Irrtümern – im zweiten Absatz einen gravierenden Transkriptionsfehler. Der Sinn der unter dem 7. Juli 1914 formulierten Aussage verkehrt sich 1972 durch Erdmanns Entzifferungsfehler ins Gegenteil („Russlands militärische Macht schnell wachsend; bei strategischem Ausbau Polens die Lage unhaltbar"). Denn in der korrekt transkribierten Aussage: „die Lage [ist] hinhaltbar" zeigt sich eine optimistische Einschätzung der Situation durch die deutsche Führung im Kriegsfall, womit für die Reichsregierung die Lage in Ostpreußen einen Teil ihrer Brisanz verlor. Demnach musste unter bestimmten Bedingungen, dem Ausbau der Eisenbahnen, das „Spiel" der Reichsregierung keineswegs in eine für das Deutsche Reich ungünstige Situation und schließlich sogar in einen Krieg führen. Des Weiteren ist zu berücksichtigen, dass Riezler nach dem Krieg brieflich versichert hat, dass das Gespräch mit Bethmann Hollweg, in dem von einer Situation im Ostpreußen gesprochen wurde, die „hinhaltbar" sei, nicht am 7. Juli, sondern deutlich später, nämlich Ende Juli, stattgefunden habe. Dieser Umstand steigert die Bedeutung dieser Auffassung, denn der Reichskanzler formulierte demnach mitten in der „heißen" Phase.

Riezlers Darstellung seines Gesprächs mit Bethmann Hollweg, die Lage sei „hinhaltbar" dürfte sich mit großer Wahrscheinlichkeit auf Moltkes beruhigende Versicherung gegenüber Bethmann von Anfang Juli gründen, das Reich könne in einem Krieg gegen Russland bestehen („ja!, wir würden es schaffen"; Riezler, 25.5.1915), sowie auf ein Vorhaben im Bereich des „Feldeisenbahnwesens" in Polen:

„Die [...] großen Rüstungsanstrengungen Frankreichs und vor allem Rußlands, ihr Bahnnetz für strategische Zwecke zu verbessern, veranlassten die Heeresverwaltung [...] einen umfassenden, einheitlichen Plan zur Förderung des Ausbaues der deutschen Bahnen aufzustellen. [...] Im Osten sollte eine dritte Transportstraße in das Land östlich der Weichsel endlich verwirklicht werden. [....] bis zum Sommer 1914 [waren] die Grundlagen für den beabsichtigten Ausbau festgelegt, der die Vorbedingungen für die kraftvolle Verwendung deutscher Streitkräfte im Falle eines Zweifrontenkrieges verbessern sollte".[6]

Helmuth von Moltke (d.J.), Chef des deutschen Generalstabs

Der bei Riezler auf dem „hinhaltbar" folgende Satz beginnt sachlich neu und beschwört die verhängnisvollen Folgen, die eintreten müssten, wenn der Bahnausbau nicht vorangetrieben würde. In der Lesart „unhaltbar" wird der Text bislang in der aktuellen Literatur zitiert. Auch Christopher Clark stützt seine Interpretation der letzten Wochen vor Kriegsbeginn u.a. auf die „Blockblätter".

Dem Riezler-Zitaten misst er dabei eine höhere Bedeutung zu, ohne es jedoch zu falsifizieren (Schlafwandler, S. 541 f.). Bestenfalls Clarks unkritische Übernahme der irreführenden Erdmann-Transkription, eine gerade in der „Julikrise" oft hervortretende, aber im gesamten Juli 1914 besonders deutliche quellenkritische Sorglosigkeit (ebd., S. 810) und sein dabei weitgehender Verzicht auf eine aktengestützte Argumentation in der europaweiten Krise lässt die etwas gewaltsame, aber insgesamt nicht überzeugende Deutung zu, dass Deutschland „schlafwandlerisch" in den Krieg geraten sei.[7]

---

6 Der Weltkrieg 1914 bis 1918, bearbeitet im Reichsarchiv. Die militärischen Operationen zu Lande.
Das deutsche Feldeisenbahnwesen. Erster Band: Die Eisenbahnen zu Kriegsbeginn. Berlin 1928, Neudruck 2009, 3 f.

7 Die international angesehen Historikerin Annika Mombauer (Die Julikrise, Europas Weg in den Ersten Weltkrieg, München 1914, S. 128 f.) urteilt dementsprechend, der Krieg war „nicht das Resultat von ‚professionellen Fehlern' einer relativ kleinen Gruppe von Diplomaten, Politikern und Militärs (Holger Afflerbach). Der Krieg war

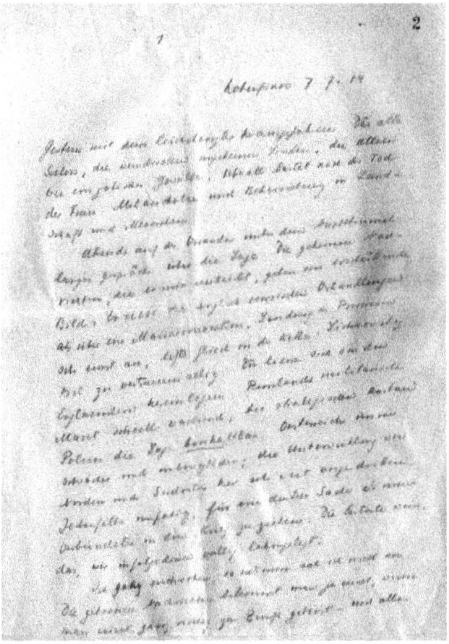

Riezler-Tagebuch, fol. 2

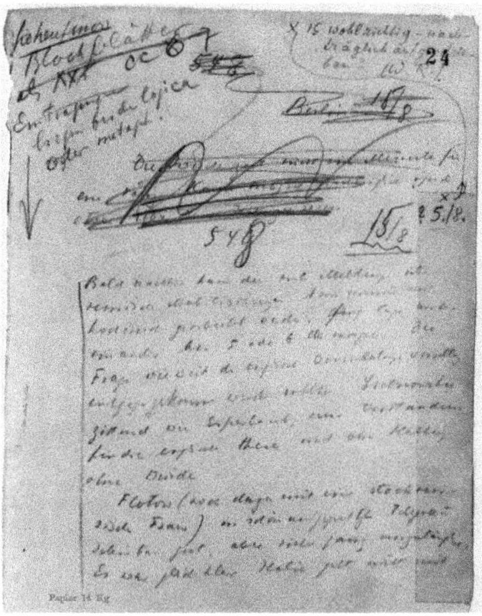

Riezler-Tagebuch, fol.

Insgesamt ist aus der hier skizzierten, aber in der „Historischen Zeitschrift" näher ausgeführten und mit ausführlichen Anmerkungen versehenen quellengestützten Darstellung zu folgern: Mit den mehrstufigen Bearbeitungen der „Blockblätter" durch Kurt Riezler selbst und der vermutlich bewusst unzulänglichen Dokumentation der „Julikrise" durch Karl Dietrich Ermann verfügen wir nicht über Aufzeichnungen, die in der historischen Situation spontan oder wenigstens in zeitlicher Nähe zu den geschilderten Ereignissen niedergeschrieben sind.

kein ‚Unfall', er war nicht das Resultat von Fehlern oder Versäumnissen, und die Verantwortlichen von 1914 waren keine ‚Schlafwandler' (Christopher Clark), sondern sie wussten im Gegenteil ganz genau, was sie taten. Der Krieg brach aus, weil einflussreiche Kreise in Wien und Berlin ihn herbeiführen wollten und ihn absichtlich riskierten und weil man in Paris und Petersburg bereit war, diesen Krieg zu führen, wenn er denn käme. […] Hier übten die kriegslustigen Militärs den größten Einfluss auf ihre politischen und diplomatischen Kollegen aus […]."

Attentat in Sarajewo

Im Riezler-Nachlass ist vielmehr eine wohlüberlegte spätere Stellungnahme überliefert. Vieles spricht dafür, dass Riezler sie nach dem Ersten Weltkrieg, möglicherweise sogar erst nach 1930 formuliert hat, als er sich mit dem Gedanken trug, über das Thema zu schreiben. Die von Riezler aus diversen Tagebuch-Vorlagen unterschiedlicher Tage neu zusammengestellten Texte sind somit Reflexionen über den Fehlschlag einer Risikopolitik Bethmann Hollwegs, die den labilen Frieden in Europa zusammen mit dem „Blankoscheck" Wilhelms II. und der Kriegswilligkeit Österreichs am stärksten gefährdet hat.[8] Das in der textkritischen Edition des Juli 1914 Mitgeteilte verändert das Bild vom deutschen Reichskanzler und seines Adlatus Riezler sowie die Vorstellung von dem Risiko-Konzept der

8 So gut wie gar nicht ist bislang beachtet worden, welche zahlreichen Informationen Riezler offensichtlich unerwähnt lässt oder welche Berichte über wichtige Ereignisse er bei seinen Bearbeitungen getilgt hat, obwohl er an den jeweiligen Vorgängen beteiligt war oder zumindest von ihnen gewusst haben dürfte. In einem Brief an Theodor Wolff aus dem Jahr 1930 berichtet er über seine Mitarbeit am „Weißbuch" und gibt zu, „dass Deutschland und insbesondere der Generalstab die Mobilisierungsbereitschaft Russlands unterschätzt hat. Die Furcht vor der zukünftigen militärischen Entwicklung Russlands war gross, die Meinung über die damalige militärische Macht, über die getroffenen Vorbereitungen, die herrschende Ordnung, die Bereitschaft, das mutmassliche Tempo der Mobilisierung zweifellos zu gering. Die Meinung der politischen Stellen hierüber kann nur auf milit[ä]rischen Berichten beruhen. Deutschland hat zweifellos eine riskante Partie aus Furcht gespielt. Dass diese Furcht begründet war, kann, glaube ich, nicht mehr bestritten werden. Es ist sehr gut möglich, dass die Partie infolge Unterschätzung der russischen Bereitschaft für weniger riskant gehalten wurde, als sie war" (Wolff, Tagebücher, Bd. 2, Dok. 44, S. 950 f.; Frankfurt am Main, 21.3.1930; maschinenschriftliche Ausfertigung).

deutschen Führungselite erheblich. Wird Bethmann Hollweg anfangs von Riezler als skeptischer, zweifelnder, zaudernder, sich selbst marternder Bedenkenträger geschildert, so gewinnt er im weiteren Verlauf an staatsmännischer Statur. In der dramatischen Krise „einer verflucht verwirrten modernen Welt" wächst er nun zu einem frischen, lebendigen, aktiven und am Ende auch energisch Handelnden heran, der nunmehr wie nahezu alle Militärs in Europa von der Illusion eines kurzen, kein halbes Jahr dauernden Krieges ausging. Dieses Riezler-Narrativ ist weder neu noch originell. Es vermag bereits textimmanent nicht zu überzeugen und erst recht nicht, weil es von den zahlreichen vertrauenswürdigen Zeugnissen abweicht, die es von Zeitgenossen Bethmann Hollwegs gibt.

Vielleicht brach Kurt Riezler seine Bearbeitungen mit den ersten Tagen des August 1914 aus nunmehr naheliegenden Gründen ab und entschloss sich konsequent zu der testamentarischen Verfügung, sein Bruder Walter habe die diaristischen Aufzeichnungen vollständig zu vernichten. Die nachträglich neu komponierten Tagesaufzeichnungen enthüllen nämlich selbst noch in ihrer kompilatorischen Form ein unverantwortliches Hasardspiel der deutschen Reichsleitung. Sie lassen erkennen, dass die vermeintliche Ausweglosigkeit der deutschen Situation ein Produkt der selbst konstruierten Zwangslage war.

Lektüre- und Hörempfehlungen

Die im Folgenden genannten Publikationen ragen in mehrfacher Hinsicht aus der Flut der Neuerscheinungen des Erinnerungsjahres heraus. Sämtliche Werke erschienen bis auf drei 2014; auf die Verlage wird in Klammern hingewiesen. Seit dem Frühjahr 2015 sind die Tagebücher Theodor Wolffs im Internet zugänglich: http://web.fu-berlin.de/tw

Theodor Wolff, Chefredakteur (Berliner Tageblatt)

Keineswegs nur für Unkundige der Thematik sind zwei souverän und differenziert verfasste Kurz-Übersichten von in Großbritannien bzw. in den USA lehrenden Kennern der Materie konzipiert: Auf 128 Seiten schreibt Annika Mombauer über „Die Julikrise. Europas Weg in den Ersten Weltkrieg" (Beck) und die Verantwortung für den Kriegsausbruch. Ihre knappe Skizze des Ursachenkomplexes fällt differenzierter aus die mehrere hundert bzw. mehr als tausend Seiten umfassenden Werke von Jörg Friedrich, 14/18. Der Weg nach Versailles (Propyläen), Herfried Münkler, Der Große Krieg (Rowohlt) oder Manfried Rauchensteiner, Der Erste Weltkrieg und das Ende der Habsburgermonarchie (Böhlau). Mombauer resümiert: „In der Julikrise waren am Ende alle Regierungen der Großmächte für die Eskalation der Krise verantwortlich, einige mehr (Österreich-Ungarn und Deutschland), andere weniger (Russland und Frankreich) – und vergleichsweise am wenigsten Großbritannien". – „Die Dokumente […] beweisen eindeutig, dass die beiden Großmächte [Deutsches Reich und Österreich-Ungarn] es auf einen Krieg abgesehen hatten, bevor die Regierungen der anderen Großmächte überhaupt wussten, dass ein europäischer Konflikt bevorstand"; die in Wien und Berlin getroffenen Entscheidungen hätten „bewusst darauf abgezielt, eine friedliche Lösung der Julikrise zu sabotieren", ohne zu ahnen, „[…] welche unvorhersehbare Katastrophe sie mit ihren Entscheidungen heraufbeschwören würden" (S. 117–122). – Der 660 Seiten umfassende Dokumentenband „The origins of the First World War. Diplomatic and military Documents. Edited and translated by Annika Mombauer" (Manchester University Press, 1913) liegt noch nicht auf Deutsch vor.

In fünfter, aktualisierter und ergänzter Auflage (110 S.) liegt von Volker Berghahn vor „Der Erste Weltkrieg" (Beck). In seinem „Prolog" geht er auf Clark ein und betont zu Recht, wie es sich auch in den Vorträgen und Diskussionen mit dem Historiker aus Cambridge im Verlauf des Jahres gezeigt hat, Clark bleibe in „seine[r] Analyse allzu diffus, so als stimme er mit David Lloyd George überein, dass alle Großmächte letztlich gemeinsam in den Krieg geschliddert seien. Er betont Komplexität und weigert sich, eine Rangordnung vorzunehmen" (S. XV).

Eine lesenswerte kürzere Darstellung (362 S.) bietet Gerd Krumeich, „Juli 1914. Eine Bilanz. Mit einem Anhang: 50 Schlüsseldokumente zum Kriegsausbruch" (Schöningh), und mit einer hilfreichen Übersicht aller verantwortlichen Politiker, Diplomaten und Militärs in den wichtigsten Staaten.

Unter den umfangreichen Gesamtdarstellungen des Krieges, also nicht nur der Julikrise, ragen die 1.157 Seiten von Jörn Leonhard, „Die Büchse der Pandora. Geschichte des Ersten Weltkriegs" (Beck), deshalb hervor, obwohl er so gut wie nie aus eigenen Forschungen schöpft, sondern aus den neuesten Darstellungen. Seine Kenntnis der Fachliteratur ist profund, so dass es ihm gelingt, den Krieg in seinem gesamten räumlichen und zeitlichen Rahmen zu erfassen, innen- und außenpolitische Entwicklungen sowie soziokulturelle und mentale Veränderungen zu berücksichtigen.

1919 erschien das in der Weimarer Republik überaus erfolgreiche Buch über einen jungen Freiwilligen, den Sohn der sozialdemokratischen Feministin Lily Braun und des Redakteurs Heinrich Braun (Sozialdemokrat, Jude): „Otto Braun. Aus nachgelassenen Schriften eines Frühvollendeten" von Julie Vogelstein. Dorothee Wierling, „Eine Familie im Krieg. Leben, Sterben und Schreiben 1914–1918" (Wallstein), hat aus dem Nachlass (Korrespondenzen, Tagebuch) und Studien von Vogelstein, der Geliebten Heinrich Brauns, ein faszinierendes Porträt der Familie sowie eine quellengesättigte und perspektivenreiche Darstellung des Krieges vorgelegt. Sie bietet gleichzeitig eine kritische Analyse der 1919 erschienenen Kompilation „Otto Braun", die in der Weimarer Republik in über hunderttausend Exemplaren verbreitet war.

Die von Jens Ebert herausgegebene Anthologie „Vom Augusterlebnis zur Novemberrevolution. Briefe aus dem Weltkrieg 1914–1918" publizierte ebenfalls der Wallstein-Verlag. Sie bietet mit 255 Texten einen scharfen Kontrast zu thematisch ähnlichen Sammlungen, die in den Nachkriegsjahren erfolgreich waren – darunter der Bestseller von Phillip Witkop („Kriegsbriefe gefallener Studenten", 1928), der sich mit jeder seiner Neuausgaben dem zunehmend nationalistisch getönten dem Zeitgeist angepasst hat. Ebert schöpft aus einem großen Reservoir von Archiv- und Privatüberlieferungen und bemüht sich um thematische Breite und soziale Streuung. Sein perspektiven- und facettenreiches Konzept und auch seine Schwerpunktsetzungen überzeugen. Das Nachwort sollte zuerst gelesen werden, denn es erleichtert zumindest das Gesamtverständnis. Es lässt erkennen, wie sorgfältig der Historiker und Germanist mit den Dokumenten editorisch verfahren ist, informiert über die Feldpost und Zensur und verweist auf die Hindernisse hin, die es selten erlaubten, dem Leser die wünschenswerten biographischen Verständnishilfen zu geben.

Eberts Brief-Sammlung verdeutlicht en passant, in welchem hohen Maß historische Authentizität in einem literarischen Werk wie Erich Maria Remarques „Im Westen nichts Neues" (1929) enthalten sein kann. Jetzt wird dem Interessierten in fünf CD-Aufnahmen mit einer Gesamtlaufzeit von gut sechs Stunden (2013) die vollständige Fassung des Romans in einer hervorragenden Lesung des Schauspielers August Diehl (Burgtheater Wien, Nestroypreisträger) geboten (Hörverlag/rbb); die Buchvorlage ist bei Kiepenheuer & Witsch zu erstehen. Der Text von Remarque vermag auch heute noch Leser wie Hörer unterschiedlichen Alters in seinen Bann zu ziehen; er fesselt mit seiner distanzierten Nähe, Menschlichkeit und Sensibilität.

Eine literarische Wiederentdeckung, die auch der Historiker mit Gewinn konsultiert, ist mit einem weiteren Werken möglich. Es handelt sich um die Neuauflage von Ludwig Winder, „Der Thronfolger. Ein Franz-Ferdinand-Roman" (Zsolnay). Die Biographie war 1937 sogleich verboten und sein Verfasser, ein jüdischer Feuilletonredakteur aus Österreich, von den Nationalsozialisten verfolgt worden. Die einfühlsame, sich auf ein ausführliches Quellenstudium und hohes psychologisches Feingefühl stützende Interpretation der Biographie von Franz Ferdinand und seiner Epoche besticht nicht allein in sachlicher Hinsicht, sondern auch sprachlich-stilistisch. Die neueste Biographie des Erzherzogs verfasste der französische Historiker Jean-Paul Bled, „Franz Ferdinand. Der eigensinnige Thronfolger. Aus dem Französischen von Susanna Grabmayr und Marie-Therese Pitner (Böhlau, 1913).

Ebenfalls bereits im Vorjahr ist der von Bruno Cabanes / Anne Duménil herausgegebene Bildband „Der Erste Weltkrieg. Eine europäische Katastrophe. Aus dem Französischen von Birgit Lamerz-Beckschäfer“ (Theiss) erschienen. Das Werk besticht durch die beeindruckende Kennerschaft nahezu aller Autoren – zumeist Franzosen –, seine kulturhistorische Konzeption und transnationale Perspektive sowie durch die enge Verbindung der an den Fronten und in den Heimatländern gemachten Erfahrungen, die Rolle und Wirkungen der Propaganda sowie durch die Berücksichtigung von Gerüchten und Mentalitäten.

Nicht der Krieg steht im Mittelpunkt einer preisgekrönten Neuerscheinung, sondern die grässlichen Folgen einer schweren Verwundung eines Soldaten und die Geschichte einer kriegsbedingten Traumatisierung sowie die gemeinsamen Erlebnisse der beiden Schicksale einer Nachkriegsgesellschaft, die ein geringes Interesse daran hatte, sich mit der „verbrecherische[n] Verantwortlichkeit“ (Stig Förster) auseinanderzusetzen, mit der die Militärs zum Krieg gedrängt hatten, oder sich um die Opfer und Traumatisierten zu kümmern. Der Autor, der 63-jährige Pierre Lemaitre, erhielt für seinen Roman „Au revoir lá-haut“ 2013 den „Prix Goncourt“, also den bedeutendsten Literaturpreis Frankreichs. Die vorzügliche deutsche Ausgabe liegt inzwischen unter dem ungewöhnlichen, vielleicht sogar befremdlich klingenden Titel „Wir sehen uns dort oben“ vor (vorzüglich übersetzt von Antje Peter; Klett-Cotta). Das geschilderte Leid und erfahrene Leiden lässt sich dank des kongenialen Stils, der verblüffenden Zeitsprünge, Perspektivenwechsel, hakenschlagenden Erzählweise und dank eines situativen Humors ertragen. „Selbst in der größten Freude steckt immer auch ein Rest Traurigkeit“, heißt es in einer Szene des gleichzeitigen Lachens und Weinens der beiden jungen Männer, die auf unterschiedliche Weise mit ihren Versuchen scheitern, wieder in die „Gesellschaft“ zurückzufinden, denn selbst im tiefsten Jammer findet sich auch ein Rest Zuversicht.

Angelika Schöttler

Begrüßung im Rathaus Berlin-Schöneberg durch Bürgermeisterin

Sehr geehrte Damen und Herren,

ich begrüße Sie alle recht herzlich hier im Rathaus Schöneberg.

Besonders erwähnen möchte ich
den Vorsitzenden der Berliner Wissenschaftsgesellschaft,
Herrn Prof. Dr. Theuring
und
den ehemaligen Vorsitzenden der Berliner Wissenschaftsgesellschaft,
Herrn Prof. Dr. Berlien.

Das Rathaus Schöneberg feiert in diesem Jahr seinen 100. Geburtstag. Dies war für den Bezirk Anlass für unterschiedliche Aktivitäten, um das „runde" Jubiläum gemeinsam mit den Bürgerinnen und Bürgern angemessen zu begehen. Insofern freue ich mich, auch in diesem Rahmen – einer Jahresversammlung der Berliner Wissenschaftsgesellschaft – das Rathaus in seiner besonderen Bedeutung würdigen zu können.

Als Bezirksbürgermeisterin und damit „Hausherrin" bin ich mir der historischen Verantwortung bewusst und nehme sie gern wahr. Das Rathaus Schöneberg ist 100 Jahre alt!

100 Jahre Geschichte sind hindurchgezogen und haben Spuren hinterlassen. In das Rathaus Schöneberg ist die Geschichte besonders tief eingetaucht. Es erlebte Kaiserreich, Weimarer Republik und die dunkle Zeit des Nationalsozialismus. Nach dem Ende des Zweiten Weltkrieges – als „Kalter Krieg" und „Eiserner Vorhang" die politikbestimmenden Begriffe waren, fokussierten sich hier Deutsche und Berliner Geschichte. Mit dem Läuten der Freiheitsglocke und der Rede John F. Kennedys wurde das Rathaus zum Symbol für den unbeugsamen Freiheitsdrang der Berlinerinnen und Berliner. Die Geschichte ist also am Rathaus Schöneberg besonders dicht vorbeigezogen und hat noch heute Sichtbares und Hörbares hinterlassen.

Das Rathaus ist in den vergangenen 100 Jahren natürlich älter, aber nicht wirklich alt geworden. Die bauliche Hülle ist gealtert. Bröckelt hier und da und ist in Teilen sanierungsbedürftig. Der Geist des Rathauses aber ist nicht alt geworden. Er hat sich verändert. Immer wieder neue Generationen von Bezirksamtsmitgliedern, von Beschäftigten und vor allem von Bürgerinnen und Bürgern kommen ins Rathaus. Die Dienstzimmer, die Veranstaltungsräume, die Flure des älter werdenden Gebäudes werden so stets mit neuem Leben, mit anderen Gedanken mit frischer Energie gefüllt.

Damals – 1914 – hat sich die reiche Stadt Schöneberg voller Selbstbewusstsein dieses stolze Rathaus gebaut. Der gerade zum Oberbürgermeister gewählte Alexander Dominicus legte den Grundstein.

Das Berliner Tageblatt kommentierte die Wahl: „Ein Stadtoberhaupt, das erst 37 Jahre alt ist, …, geschickter Finanz- und Sozialpolitiker, sehr zugeneigt fortschrittlichen modernen Anschauungen in Berlin, das in seinen Stadtverwaltungen keinen Überfluss an frischen und neue Wege weisenden Persönlichkeiten hat,… es scheine, dass man die Schöneberger zu ihrer Wahl beglückwünschen dürfe."

Und das konnte man allemal. Dominicus machte seinem Ruf alle Ehre und setzte in seiner zehnjährigen Amtszeit Maßstäbe, vor allem in der Sozial- und Arbeitsmarktpolitik und in der Stadtplanung. Aber auch um das Wohlergehen der Rathaus-Bediensteten sorgte er sich.

Den Gestaltungsspielraum hatte er, denn Schöneberg war seit 1898 selbstständige Stadt.

Mit der Gründung der Einheitsgemeinde Groß-Berlin wurde Schöneberg im Jahr 1920 einer von 20 Bezirken. Die örtlichen Angelegenheiten waren weiterhin Sache des Bezirks, konnten allerdings von nun an nur unter dem Gesichtspunkt der übergeordneten gesamtstädtischen Interessen entschieden werden.

Die Gliederung Groß-Berlins in Bezirke blieb auch nach dem Ende des Zweiten Weltkrieges erhalten. Und so war man in den ersten Jahren nach Kriegsende im Rathaus Schöneberg vornehmlich mit der Verwaltung des Mangels an Wohnraum und Nahrung und dem baulichen und demokratischen Wiederaufbau beschäftigt. Beachtlich ist, dass bereits am 13. Mai 1945 – also eine Woche nach Kriegsende - die erste öffentliche Musikveranstaltung in diesem Saal stattfand.

Von 1949 bis zur Wende wurde dann im Rathaus Schöneberg neben der Bezirkspolitik auch die große Politik gemacht. Die Regierenden Bürgermeister, die alliierten Verbindungsoffiziere und das Abgeordnetenhaus hatten hier ihren Sitz. Diese Zeit ist im kollektiven Gedächtnis der Stadt fest verankert und hebt das Rathaus noch heute aus der Reihe der übrigen Bezirksrathäuser heraus.

Kein anderes Bezirksrathaus hatte in seiner Geschichte so prominente „Untermieter" im eigenen Haus. Bezirkspolitik und Berliner Politik gingen über dieselben Flure und tagten in nebeneinander liegenden Räumen. Nach außen wurde überwiegend die große Politik sichtbar und die meisten glaubten auch, das Rathaus „gehöre" der Berliner Politik, was die damaligen Hausherren auf der einen Seite schmunzelnd zur Kenntnis nahmen und dann sachlich, sehr leise aber selbstbewusst korrigierten. Ich kann aus eigenem Erleben sagen: „Wir hatten gern unsere prominenten Untermieter im Haus."

Heute – nach Verwaltungs- und Gebietsreform – wird im Rathaus Schöneberg immer noch Bezirkspolitik gemacht. Allerdings ist der Bezirk viel größer geworden und heißt jetzt Tempelhof-Schöneberg. Heute ist das Rathaus von der großen Geschichte und den großen Ereignissen verlassen.

Es hat nicht mehr die Funktion einer Schaltzentrale für das Land Berlin und spielt nicht mehr auf der großen politischen Bühne mit. Es hat wieder die ursprüngliche Funktion. Politik- und Verwaltungszentrum für die Schöneberger und seit 2001 auch für die Tempelhofer. Vieles hat sich verändert: die Bedeutung, der zugehörige Bezirk, manche Säle – wie auch dieser hier –, manches ist aber seit 1914 gleich geblieben. Lassen Sie mich erläutern, was das konkret bedeutet:

Wie schrieb die Lokalpresse „über kleine Missstände des neuen Rathausgebäudes 1914"?

„... vor allem zielen die meisten Beschwerden des Publikums auf die schwer zu öffnenden Bronzetüren des Hauptportals ab, die besonders von schwächlichen Personen beiderlei Geschlechts erheblichen Kräfteaufwand erfordern."

Die Bronzetüren sind noch heute schwer zu bewegen. Dennoch ist das Rathaus ein offenes Rathaus – ein Rathaus für die Bürgerinnen und Bürger. So haben im vergangenen Jahr über 185.000 Menschen die Dienstleistungen des Bürgeramtes in Anspruch genommen. Die repräsentativen Räume des Rathauses werden intensiv genutzt. Konzerte, Sitzungen, Tagungen, Diskussionsveranstaltungen, Workshops und Filmvorführungen wechseln sich ab.

Ich finde besser kann die Offenheit des Rathauses nicht dokumentiert werden. Aber auch die Breite der Möglichkeiten die ein Rathaus für engagierte und interessierte Bürgerinnen und Bürger bieten kann, wird deutlich. Vielfältig und bunt wie der Bezirk – so stellt sich auch die Nutzung des Rathauses dar. Aber: So sehr sich das Bezirksamt für ein offenes Haus und für Vielfalt einsetzt, so konsequent stellt sich das Bezirksamt gegen Einfalt und holzschnittartiges Denken.

Ich bin deshalb stolz, dass es gelungen ist, Braunes Gedankengut und Ewiggestrige aus dem Rathaus weitgehend herauszuhalten.

„Tempelhof-Schöneberg
für Demokratie und Toleranz
gegen Rassismus, Extremismus und Gewalt"

heißt das klare Bekenntnis, das in großen Buchstaben weithin erkennbar auf einem Banner über dem Rathauseingang zu sehen ist, wann immer es geboten erscheint.

Neben der Offenheit des Hauses halte ich die Offenheit, also die Transparenz und die Teilhabe bei Entscheidungen für ein unabdingbares Gestaltungselement der heutigen Kommunalpolitik. Ich will deshalb drei Persönlichkeiten nennen, die mit dem Rathaus verbunden sind und für eine selbstbewusste kommunale Selbstverwaltung, aber auch für eine selbstbewusste, aktive Bürgerschaft stehen. An der südlichen Fassade des Rathauses hängt eine Gedenktafel für den Reichsfreiherrn Carl vom und zum Stein, dem Schöpfer der Preußischen Städteordnung. Mit ihrem Inkrafttreten 1998 wurde gleichzeitig Schöneberg zur Stadt, was dann in Folge den Ausschlag gab für die Entscheidung, der gewachsenen Stadt ein großes Rathaus zu bauen.

Carl vom und zum Stein trat für das Kollegialitätsprinzip in der Verwaltung und für eine Dezentralisierung ein und gilt damit als gedanklicher Urheber einer modernen Städteverwaltung.

Die zweite Persönlichkeit, Theodor Heuss, war ab 1919 Mitglied der Schöneberger Stadtverordnetenversammlung, die nur wenige Schritte von diesem Raum entfernt tagte. Dieser Saal ist nach ihm benannt. 1949 wurde er der erste Bundespräsident der neu gegründeten Bundesrepublik Deutschland. Für mich hatte er ein bemerkenswertes Demokratieverständnis, dass unsere bezirkliche Politik heute mehr denn je prägt:

Heuss interpretierte Demokratie nicht so sehr als Strukturelement, als System, sondern vielmehr als lebendige gesellschaftliche Bewegung, als Einladung, auch Verpflichtung zur Teilnahme und Mitwirkung.

Und nun die dritte Persönlichkeit:

In diesem Haus wirkte er von 1957 bis 1966 als Regierender Bürgermeister, bevor er Außenminister und Bundeskanzler wurde.

In seiner ersten Regierungserklärung als Bundeskanzler prägte er den Satz

„Wir wollen mehr Demokratie wagen".

Ich rede natürlich von Willy Brandt.

Unter seiner Kanzlerschaft setzte er innenpolitische Reformen durch, die Staat und Gesellschaft weiter liberalisierten und die Viele ermutigten, selbst politisch aktiv zu werden.

Im konkreten, aktuellen, kommunalpolitischen Dialog mit den Bürgerinnen und Bürgern nehmen wir genau diese Grundgedanken auf:

Selbstbewusste Selbstverwaltung und mehr Demokratie, mehr politische Teilhabe durch Bürgerinnen und Bürger, die sich für ihre Sache engagieren.

Dazu veranstalten wir Stadtteil-Bürgerforen, Online-Partizipationen und Bürgerversammlungen.

Insofern tut man dem Rathaus Unrecht, wenn man es auf die Rolle des steinernen Zeitzeugen, insbesondere für die Zeit von 1949 bis zur Wende, reduziert.

Es ist viel mehr. Es spielt auch heute eine wichtige Rolle in und für Tempelhof-Schöneberg. Eben eine weitere Rolle, die noch lange anhalten wird. Deshalb ist mir für die nächsten 100 Jahre nicht bange.

Vielen Dank für Ihre Aufmerksamkeit!

Ich bin sicher, dass es heute noch viel Gelegenheit geben wird, sich über ganz persönliche Erlebnisse oder Erinnerungen bezogen auf das Rathaus Schöneberg auszutauschen.

Beiträge

Klaus Mylius

Früheste deutsche Orgelmusik und ihre Schöpfer

Einführung

Ist von Orgelmusik die Rede, so pflegt man sie alsbald mit dem Namen Johann Sebastian Bach zu assoziieren, und dies nicht ohne Grund, ist Bach doch der unbestritten größte Meister der Orgelkunst. Doch sind Bachs Leistungen nicht urplötzlich aus dem Nichts entstanden; auch er hatte Vorläufer, auf deren Schultern er stand und ohne die er nicht der geworden wäre, der er wurde.

In den Jahrbüchern der Berliner Wissenschaftlichen Gesellschaft wurde mehrfach auf bedeutende Vorläufer Bachs aus dem 17. Jahrhundert eingegangen, insbesondere auf Samuel Scheidt (1587–1654)[1] und Johann Pachelbel (1653–1705)[2]. So manche in Vergessenheit geratene Leistungen und ihre Urheber wurden dabei wieder in helles Licht gerückt; dies gilt vor allem für Melchior Schildt (1592–1667)[3].

Mächtige Impulse zur Förderung der Orgelkunst gingen von Jan Pieterszoon Sweelinck (1562–1621) aus den Niederlanden aus; sie beeinflussten nachhaltig die mittel- und norddeutsche Orgelmusik.[4] Über Franz Tunder (1614–1667), dessen Nachfolger Dietrich Buxtehude (1637–1707) sowie über Heinrich Scheidemann (1595–1663) und den Buxtehude-Schüler Nikolaus Bruhns (1665–1697) erreichten Ausläufer dieser Impulse schließlich Johann Sebastian Bach.

Während die Namen dieser Komponisten (mit einer gewissen Einschränkung bei Melchior Schildt) in der Musikwissenschaft mehr oder minder geläufig sind, findet der eigentliche Beginn der Orgelkunst in Deutschland in Theorie und Praxis

---

1 Toccata super „In te Domine speravi"; *Jahrbuch der BWG 2009*, S. 231–242. – Fantasia super „Ich ruffe zu dir, Herr Jesu Christ"; *Jahrbuch der BWG 2010/2011*, S. 199–210. - Cantio sacra „Warum betrübst du dich, mein Herz"; *Jahrbuch der BWG 2010/2011*, S. 213–228.

2 Johann Pachelbel und seine Ciacona in d; *Jahrbuch der BWG 2008*, S. 181–191.

3 Melchior Schildt und die *Paduana Lachrymae*; *Jahrbuch der BWG 2012/2013*, S. 291–301.

4 Vgl. M. Seifert: J. P. Sweelinck und seine direkten deutschen Schüler. In: *Vierteljahresschrift für Musikwissenschaft* VII (1891), S. 221 ff.

weniger Aufmerksamkeit. Doch auch schon vor den Orgelmeistern des 17. Jahrhunderts gab es bedeutende Orgelspieler und -komponisten.[5] Zwei Namen ragen hier besonders hervor; ihre Träger haben den Grundstein der eigentlichen Orgelkunst in Deutschland gelegt.[6] Es waren Conrad Paumann[7] und Arnold Schlick[8]. Zu ihrer Zeit hatte der Orgelbau beträchtliche Fortschritte gemacht (im 13. Jahrhundert war das Pedalspiel erfunden worden). Berühmtestes Beispiel ist die Orgel im Halberstädter Dom, die 1361 fertiggestellt wurde. Sie besaß drei Manuale und Pedal. Michael Praetorius (1571–1621) hat sie beschrieben.[9]

Conrad Paumann

Wurde in Nürnberg geboren und zwar zwischen 1410 und 1415, wahrscheinlich schon bald nach 1410. Am 24. Januar 1473 ist er in München verstorben. Von Geburt an war er blind. Beurkundet ist seine Eheschließung mit Margarethe Weichser, die 1446 stattfand. Im selben Jahr wurde er Organist an der Nürnberger St. Sebald-Kirche. Dort konnte er auf der 1441 von Heinrich Traxdorf erbauten Schwalbennest-Orgel spielen. Deren Pedal reichte von A bis b, das Manual von H bis d. Paumann, der sich auch als Orgelbausachverständiger und Lautenist einen Namen machte, begründete an der Sebalduskirche eine Tradition meisterlichen Orgelspiels, die umso bemerkenswerter ist, als sie ungebrochen bis in die Gegenwart reicht. Besonders zu erwähnen ist der große Komponist Johann Pachelbel[10]. In der Gegenwart sind wir Zeuge des Wirkens von Bernhard Buttmann, der über sein Orgelschaffen als Kirchenmusikdirektor und Sebalduskantor hinaus die Einspielung des gesamten Orgelwerkes von Max Reger vollbracht hat. Die auf Paumann zurückgehende Tradition darf sich dem Leipziger Thomaskantorat würdig zur Seite stellen. Bereits 1447 wurde Paumann Stadtorganist von Nürnberg und erlangte einen solchen Ruhm, dass ihn der Meistersinger Hans

5 Vgl. hierzu das *Harvard Concise Dictionary of Music* (1978, S. 375). Diesen Hinweis verdanke ich der Musikwissenschaftlerin Janneke Bodewitz (Utrecht, Niederlande).

6 Gotthold Frotscher: *Geschichte des Orgelspiels und der Orgelkomposition*. 2. Aufl. (Berlin 1959).

7 *Handbuch Orgelmusik. Komponisten, Werke, Interpretation*. Hrsg. von Rudolf Faber und Philip Hartmann. Kassel, Basel, London, New York, Praha: Bärenreiter, 2002; 2. ergänzte Aufl. 2010.

8 Willi Apel: *Geschichte der Orgel- und Klaviermusik bis 1700*. Hrsg. von Siegbert Rampe. Kassel: Bärenreiter, 1967. Nachdruck: Kassel 2004.

9 Im *Syntagma musicum*, Band II, Kapitel 7, S. 98–101 (Wolfenbüttel 1619); Neudruck von Eduard Bernoulli (Leipzig 1916).

10 S. Anm. 2.

Rosenplüt in seinem *Spruchgedicht auf die Stadt Nürnberg* als „Meyster ob allen Meystern" lobte. Es sei hervorgehoben, dass Paumanns Todesjahr noch zehn Jahre vor dem Geburtsjahr von Martin Luther und neunzehn Jahre vor der Entdeckung Amerikas lag; so tief reichen also die Wurzeln deutscher Orgelkunst bis in die ferne Vergangenheit.

Paumanns Ruhm endete nicht an der Stadtgrenze von Nürnberg; Herzog Albrecht III. vermochte nach langen Bemühungen, Paumann 1450 für die Musik am Münchener Hof zu gewinnen. Durch Vermittlung der Herzogin Anna wurde Paumann erst 1451 von den in Nürnberg eingegangenen Verpflichtungen befreit.[11] Nun wurde er Organist an der Frauenkirche bis zu seinem Lebensende, da auch Albrechts Nachfolger das Dienstverhältnis immer wieder erneuerten.

Die Herzöge liebten es, sich mit diesem berühmten Musiker zu schmücken; er hatte sie daher auf ihren Reisen mehrmals zu begleiten. So spielte er 1454 in Landshut vor Philipp dem Guten. Einen besonderen Erfolg hatte sein Auftreten 1470 am Hof des Markgrafen Ludovico Gonzaga zu Mantua. Seitdem galt er als der *cieco miracoloso*, der „wunderbare Blinde". In Oberitalien war es auch, dass Paumann die große Ehre widerfuhr, zum Ritter geschlagen zu werden. Sein letzter großer Auftritt fand 1471 statt, als er auf dem Reichstag zu Regensburg vor Kaiser Friedrich III. spielte. Seine Grabplatte befindet sich an der südlichen Außenseite der Münchener Frauenkirche.[12] Die Grabplatte zeigt ein stilisiertes Bildnis des Meisters inmitten mehrerer Musikinstrumente, die er sicher alle beherrschte; darunter befand sich auch ein Regal (eine tragbare Orgel). Die heute übliche Spezialisierung auf ein bestimmtes Musikinstrument bestand damals noch nicht.

Paumanns erhalten gebliebene Kompositionen beinhalten Orgelwerke und Liedsätze.[13] Paumann trat auch als Musiktheoretiker hervor. Er verfasste das erste Lehrbuch des Orgelspiels, das 1452 erschien, das *Fundamentum organisandi*.[14]

Diese Abhandlung über Orgelkomposition bezieht sich auf Präludien, Übungen und deutsche Lieder. Insbesondere wird gezeigt, wie zu einem gegebenen Tenor Gegenstimmen gebildet werden können. Grundlage hierfür ist das sogenannte „Berliner Manuskript", das zwischen 1452 und 1460 entstanden ist. Es enthält

---

11 Frotscher (s. Anm. 6) nennt (in Band I, S. 71) für die Übersiedlung nach München die jedenfalls zu späte Jahreszahl 1467.

12 Für die Angaben zu Paumanns Grabmal danke ich dem Sebalduskantor, Kirchenmusikdirektor Bernhard Buttmann.

13 Eine Auswahl von Kompositionen Paumanns hat Raimund Schächer auf der Orgel der Grote Kerk, Oosthuizen, eingespielt (Cornetto Verlag, Stuttgart 2010, COR 10031).

14 Faksimile-Ausgabe von Conrad Ameln (Kassel 1925); ausführlich beschrieben von Frotscher (s. Anm. 6), Band I, S. 73 ff.

das *Fundamentum organisandi* und das *Lochamer Liederbuch*, eine Liederhandschrift mit Intavolierungen.[15] Bei den Orgelstücken handelt es sich vorwiegend um Improvisationen, noch nicht um eigentliche „Orgelwerke" im späteren Sinn. Als künstlerischer Höhepunkt des *Fundamentum* darf das Stück *Mit ganczem Willen* gelten; als einziges Stück der Sammlung weist es einen dreistimmigen Satz auf.[16] Der reichliche Gebrauch von Diminutionen verleiht dem Stück einen virtuosen Charakter.

In den Nachträgen zum *Fundamentum* finden sich zwei gottesdienstliche Präambula. Für die gravitätische Unterstimme könnten Principal 8' und Gemshorn 4', für die beweglichere Oberstimme auf dem Rückpositiv Principal 4', Gemshorn 2' und eine Mixtur eingesetzt worden sein. Hingewiesen sei außerdem auf das kurze, aber eindrucksvolle *Magnificat octavi toni* von 1457.[17]

Auch das in der Musikgeschichte zu Recht berühmte *Buxheimer Orgelbuch* geht auf Paumann und seinen Schülerkreis zurück. Hierbei handelt es sich um die umfangreichste Orgelmusik-Handschrift des 15. Jahrhunderts und damit um den Anfang einer eigenständigen süddeutschen Orgelmusikkultur. Das zwischen 1455 und 1470 entstandene Sammelwerk enthält nicht weniger als 256 Orgelstücke, unter denen sich 27 freie Werke befinden. Das *Buxheimer Orgelbuch*, das als Handschrift in der Bayerischen Staatsbibliothek vorliegt, ist eine vorwiegend dreistimmige Mischung von geistlichen, weltlichen, instrumentalen und vokalen Sätzen. Einen großen Umfang nehmen die Intavolierungen von Vokalmusik ein; so enthält die Sammlung 112 Bearbeitungen deutscher Lieder. Doch wurden auch Lieder aus anderen Ländern berücksichtigt. Verschiedentlich wurden diese Werke auf dem Cembalo vorgetragen, doch sind sie dort weniger aussagekräftig als auf der Orgel. Verwiesen sei hier auf die schlichte Liedbearbeitung von *Ich beger nit mer* (s. auch hierzu Anm. 13). Ein großer Teil des *Buxheimer Orgelbuchs* wurde 1995 auf der 1984 von John Brombaugh für das Southern College der 7-Tage-Adventisten in Collegedale (Tennessee) erbauten Orgel von Joseph Payne eingespielt.[18] Diese Einspielung enthält Paumanns *Incipit fundamentum* mit einer Länge von immerhin 28'24. Noch ist hier die Koloratur mäßig; von Johann Pachelbels Forderung, Orgelmusik solle *cantabile* sein, ist diese Musik freilich noch entfernt. Fülliger, kraftvoller und deutlicher in der Gliederung – wenn auch mit 3'44 kürzer – ist das von Payne

15 Auszüge aus dem Lochamer Liederbuch wurden von Raimund Schächer (s. Anm. 13) eingespielt.

16 Auch dieses Stück wurde von Raimund Schächer (s. Anm. 13) eingespielt.

17 Auch hier gilt Anm 13.

18 Diese Einspielung findet sich auf der CD HNH International Ltd. NAXOS 1996, 8.553.468.

eindrucksvoll interpretierte Stück *In idem Redeuntes*. Aus dem *Buxheimer Orgelbuch* ferner zu erwähnen sind die kurzen, aber virtuosen Bearbeitungen von *Christ ist erstanden*. Mordent und Doppelschlag sind im *Buxheimer Orgelbuch* verbreitet; gelegentliches exzessives Diminuieren indiziert die Schwelle zum Kolorieren und kann bis zur Unkenntlichkeit einer Struktur führen.[19] Dieser Mangel wurde jedoch relativ schnell erkannt; schon Michael Praetorius (1571–1621) empfahl dazu „Maß und Bescheidenheit"[20]. Die Verzierungssucht muss nicht unbedingt ein Zeichen des Verfalls sein; es kann sich auch einfach um eine vom Zeitgeschmack bedingte Fehlentwicklung gehandelt haben. Definitiv beendet wurde diese erst durch Samuel Scheidt. Immerhin zeigt sich, dass Conrad Paumann und sein Kreis schon Vorläufer gehabt haben. Freilich verlieren sich die einschlägigen Werke und ihre Komponisten mehr oder minder im Dunkel der Geschichte. Zu nennen sind jedoch zwei von Schächer eingespielte Stücke. Da ist zunächst ein *Kyrie magnus deus* mit dem c.f. im Bass, das um 1400 entstanden sein könnte. Vor allem genannt sei das schlichte, volksliedhafte *Felix namque* („Gesegnet wahrlich"), das ins 14. Jahrhundert (um 1380) datiert werden darf.

Insgesamt gesehen, ist der Orgelmusik des 15. Jahrhunderts ein gewisser Archaismus nicht abzusprechen. So nimmt es nicht wunder, dass sie – das *Buxheimer Orgelbuch* eingeschlossen – bis ins 19. Jahrhundert als Vorform betrachtet wurde, der mehr historisches als künstlerisches Interesse beigemessen wurde. Neueste Forschungen haben dieses Urteil wieder etwas modifiziert.[21]

Arnold (Arnolt) Schlick

Das kollektive Gedächtnis in Bezug auf historische Ereignisse und Persönlichkeiten ist nicht immer zuverlässig. Diese Feststellung gilt auch für die Musikgeschichte. So manche hervorragende Künstler sind aus verschiedenen Gründen der Erinnerung entschwunden, sei es, dass ihre Werke ungenügend aufgezeichnet wurden (wie es bei Improvisationen oft der Fall war), sei es, dass Zeitgenossen

---

19 Vgl. dazu Karl Matthaei: *Vom Orgelspiel* (Leipzig 1949), S. 60.

20 S. Anm. 9, Band III, S. 108.

21 Für Ausgaben und Sekundärliteratur zum *Buxheimer Orgelbuch* sei verwiesen auf das Sammelwerk von Faber und Hartmann (s. Anm. 7), S. 114–115. Eine Faksimile-Ausgabe besorgte 1955 Bertha Antonia Wallner. Als Standardwerk gilt *The Buxheim Organ Book* (1963) von Eileen Southern. Vgl. aber auch das Kompendium von Willi Apel (s. Anm. 8), S. 45–67.

sie in den Schatten stellten. Dies wurde in einem Jahrbuch der BWG am Beispiel von Melchior Schildt exemplifiziert.[22]

So hat denn auch Arnold Schlick im Bewusstsein vieler Musikwissenschaftler heute kaum noch einen Platz. Dennoch handelt es sich bei ihm um einen der ganz großen Wegbereiter der Orgelkunst, eines der wirklich hervorragenden Genies in der Geschichte der Orgelmusik.

Wie schon bei Schildt festgestellt werden musste, sind auch bei Schlick die Lebensdaten nicht sicher. Nach der *communis opinio* wurde er um 1460 geboren. Willi Apel führt jedoch plausible Gründe dafür an, das Geburtsjahr ein Dezennium früher, also bereits um 1450, anzusetzen.[23] Geboren wurde er in Heidelberg, und eine Heiratsurkunde datiert von 1482. Als Meister des Orgelspiels muss er schon früh Berühmtheit erlangt haben, denn bereits 1486 begleitete er die Kaiserkrönung Maximilians I. auf der Orgel. Seit 1509 war er bis an sein Lebensende Organist am kurpfälzischen Hof. Im Alter bekam er – wie über zwei Jahrhunderte später Johann Sebastian Bach – ophthalmologische Probleme. Sie sollen zu seiner vollständigen Erblindung geführt haben. Möglicherweise hängt damit zusammen, dass die Nachrichten über ihn allmählich spärlicher werden. Sein Todesjahr ist daher nicht bekannt. Die Angabe von Frotscher, er sei 1517 gestorben,[24] ist jedenfalls unrichtig. Denn zur Zeit der Krönung Karls V. im Jahre 1520 lebte er nachweislich noch. 1521 sandte er Kompositionen an den Fürstbischof von Trient. Das letzte Dokument, das sein Leben betrifft, bezieht sich auf eine 1521 in Hagenau von ihm vorgenommene Orgelprüfung. Sehr lange danach dürfte er aufgrund seines angeschlagenen Gesundheitszustandes nicht mehr gelebt haben; Werke von ihm aus dieser Zeit sind jedenfalls nicht überliefert.

Und er hatte, wie gleich zu zeigen sein wird, schon vordem Großes geleistet. 1512 erschienen in Mainz im Druck seine *Tabulaturen etlicher Lobgesang und Lidlein uff die Orgeln und Lauten.*[25] Die Sammlung umfasst drei Abteilungen. Die erste Abteilung interessiert hier am meisten; sie beinhaltet 14 Orgelsätze, von denen 13 geistlichen Charakter tragen. Sechs Sätze sind vierstimmig. Die anderen Abteilungen bieten 12 Lieder mit Lautenbegleitung bzw. drei Lautenstücke. Zu Recht erlangte Schlicks dreistimmige Bearbeitung des Marienliedes *Maria zart*

---

22 S. Anm. 3.

23 S. Anm. 8, S. 72.

24 S. Anm. 6, Band I, S. 86.

25 Herausgegeben von Gottlieb Harms (Klecken 1924) und vom Zentralantiquariat der DDR (in Faksimile, Leipzig 1979). Schlicks Orgelkompositionen wurden außerdem herausgegeben von Rudolf Walter (Schott ED 5759, 1970). Weitere Literaturhinweise finden sich bei Faber und Hartmann (s. Anm. 7), S. 117.

weite Verbreitung.[26] Diese Bearbeitung stellt – wollte man es philosophisch formulieren – den Sprung in eine neue Qualität dar, handelt es sich doch um nichts Geringeres als eine Vorstufe des lutherischen Chorals.[27] Auch das die Sammlung einleitende *Salve regina* ist ein Meisterwerk der Orgelkunst. Manches, so die Imitationen, weist schon auf J. P. Sweelinck voraus. Die Bearbeitungen des *Da pacem* können als frühestes Beispiel einer Choralvariation angesehen werden.[28]

Unter den handschriftlich überlieferten Orgelkompositionen Schlicks befinden sich acht Variationen über *Gaude Dei genitrix* im *Trienter Manuskript*.[29] Unter den acht Bearbeitungen, die Schlick für die Krönung Karls V. in Aachen komponiert (und von denen er, wie oben erwähnt, eine Kopie an den Fürstbischof von Trient gesandt) hat, befindet sich eine von gewaltiger Monumentalität, die in der gesamten Orgelliteratur ein Unicum darstellt. Es handelt sich um die Bearbeitung von *Ascendo ad patrem meum*, die hier in **zehnstimmigem** Satz vorgelegt wird. Schlick verweist dabei sechs Stimmen in die Manuale und vier (sic!) Stimmen ins Pedal. Bekanntlich hatte Bach auf das Verlangen Friedrichs d. Gr., über ein gegebenes Thema eine sechsstimmige Fuge zu extemporieren, dem König erwidert, dass sich nicht jedes Thema zu einer sechsstimmigen Bearbeitung eignet. Er nahm sich also zwei Monate Zeit, das „Musikalische Opfer" in der gewünschten Weise auszuarbeiten.[30]

Die Bewältigung von vier Stimmen im Pedal stellt an den Organisten höchste Anforderungen. Die Querstellung der Füße dürfte nicht ausreichen; um mit *einem* Fuß eine Terz zu spielen, bedarf es ganz besonderen Schuhwerks. Die kaum zu überwindenden Schwierigkeiten beziehen sich jedoch nicht nur auf das Pedalspiel; auch die den Händen abverlangte Spannweite ist nicht ausführbar und schon gar nicht, wenn man ein orgelgemäßes *Legato* anstrebt. Es ist daher nicht verwunderlich, dass sich keine Aufnahme dieses Stücks hat finden lassen. Nun hat aber Schlick, wie erwähnt, die Antiphon *Ascendo ad patrem meum* 1520 eigens zur Krönung Karls V. komponiert, also eine Aufführung beabsichtigt. In der Tat – lässt man einmal die musikalische Phantasie spielen (mit Mixturen im Manual, im

---

26 *Maria zart* wurde 2007 eingespielt von Roland Götz auf der Baldachin-Orgel der Veitskapelle Stuttgart-Mühlhausen (Studio XVII, Augsburg). Auch eine CD mit Orgelmusik aus dem Dom zu Speyer enthält dieses Stück.

27 Hierzu vgl. insbesondere Apel (Anm. 8), S. 84.

28 Auch hierzu vgl. Apel (Anm. 8), S. 83.

29 Kurze Auszüge aus dem *Gaude Dei* hat Roland Götz (s. Anm. 24) eingespielt.

30 In diesem Zusammenhang immer noch lesenswert ist in Albert Schweitzers Buch *Johann Sebastian Bach* (Leipzig 1908, Neuauflage: Leipzig 1954) Kapitel XVIII: „Das musikalische Opfer und die Kunst der Fuge".

Pedal dagegen ohne 16', da der Ton sonst zu „dick" wird), so entfaltet das Werk eine gewaltige Monumentalität und Leuchtkraft. Wie mag man die genannten Probleme 1520 gelöst haben? Denkbar wäre eine Wiedergabe auf zwei Orgeln. Dann ergäbe sich der Vorteil, dass durch geeignete Registrierung die Stimmenführung klar herausgearbeitet werden könnte. Allenfalls wäre auch die Übernahme von Stimmen durch Trompeten möglich. Doch hat sich, wie erwähnt, keine Performance dieses Werkes auf einer CD finden lassen.

An sich sind Orgelwerke mit mehr als einer Stimme im Pedal zwar selten, aber nicht ganz ungewöhnlich. Ein gutes Beispiel findet man bei Samuel Scheidt im *Modus ludendi pleno organo pedaliter*, wo das Pedal zweistimmig geführt wird.

In neuerer Zeit hat Marcel Dupré (1886–1971) in seinem op. 7,3 von 1917 (Präludium in g-moll) immerhin Achtstimmigkeit erreicht, wobei auch hier vier Stimmen auf das Pedal entfallen.[31] Zwar weist das Stück den höchsten Schwierigkeitgrad auf, doch ist es so geschickt komponiert, dass es eben noch spielbar bleibt. Auf Zehnstimmigkeit – wie bei Schlick – hat Dupré daher verzichtet.

Ein weiteres hochbedeutsames Werk von Arnold Schlick ist der in Mainz 1511 im Druck veröffentlichte *Spiegel der Orgelmacher und Organisten*.[32] Dieses Handbuch für Orgelbauer ist eine historisch außerordentlich wertvolle Quelle. Damals hatte das Pedal einen Umfang von F – c'. Besonders wertvoll sind die Ausführungen Schlicks über die Register. Lange Zeit war man im Unklaren über das Register *Hültze Glechter*, das „hölzerne Gelächter". Es dürfte sich dabei um eine Art Xylophon gehandelt haben. Schlick forderte eine Stimmung, die eine Quarte tiefer war als sonst damals üblich (diese „temperierte Stimmung" behandelt er im achten Kapitel seines Werkes). Insgesamt geht es Schlick mehr um Stimmen als um Akkorde.

Dass Schlick zu Unrecht unterschätzt oder gar vergessen wurde, hat niemand so scharf (vielleicht sogar ein wenig zu scharf) pointiert wie einer der ganz großen Kenner der Tastenmusik der Gotik und der Renaissance, Willi Apel: Schlick ist „... einer der ganz großen Meister, ... die der Geschichte der Orgelmusik ihre Prägung geben." Seine Werke – so heißt es etwas enthusiastisch weiter – „umreißen ein Schaffen welches dem eines Frescobaldi, eines Bach nur an Zahl, nicht an innerem Gehalt nachsteht."[33]

---

31 Vgl. Faber/Hartmann (s. Anm. 7), S. 426.

32 Ein wortgetreuer Neudruck dieses Werkes wurde herausgegeben von Paul Smets (Mainz 1937). Weitere Neudrucke erschienen von Eitner (Berlin 1869) und von Flade (Kassel 1931).

33 S. Anm. 8, S. 87.

Paul Hofhaimer

Zwar hat diese Studie die deutsche Orgelmusik zum Gegenstand, doch macht sich an dieser Stelle ein Exkurs nach Österreich erforderlich, wo wiederum eine Persönlichkeit unter den Zeitgenossen hervorragt. Es ist dies Paul Hofhaimer;[34] er war Österreicher, doch führt sein Schülerkreis u. a. wieder nach Süddeutschland zurück.

Paul Hofhaimer wurde am 25. Januar 1459 in Radstadt im Salzburger Land in einer Musikerfamilie geboren. Schon 1480 wird er unter Erzherzog Sigismund von Tirol Kammerorganist in Innsbruck. Danach wird Kaiser Maximilian I. sein neuer Dienstherr, und es beginnt ein sehr bewegtes Leben, das an Paumann erinnert. Hofhaimer ging zunächst an den sächsischen Hof nach Dresden. 1490 wurde er kaiserlicher Hoforganist. Nach einem Aufenthalt in Passau wurde er 1507 in Augsburg ansässig. Durch diese Reisen und die mit ihnen verbundenen Auftritte wurde er weithin bekannt, ja berühmt; hohe Ehrungen blieben nicht aus. So erhielt er 1515 im Stephansdom zu Wien den Ritterschlag und das Recht, ein eigenes Wappen zu führen. Von 1528 bis zu seinem Lebensende (1537) war er Hof- und Domorganist zu Salzburg. Keine geringeren Künstler als Dürer und Cranach haben ihn gemalt.

Der Schwerpunkt von Hofhaimers künstlerischem Wirken lag auf der Improvisation. Daher sind in Abschriften seiner Schüler nur wenige seiner eigentlichen Kompositionen erhalten. Es sind dies zwei liturgische Stücke (*Recordare* und *Salve Regina*) und einige weltliche Sätze, darunter das bekannte *Tandernack*, sowie die Intavolierung des Triciniums *Ain frewlich wesen*. In seinen deutschen Liedern wird im Gegensatz zur Kontrapunktik Schlicks der Schwerpunkt auf Akkorde gelegt. Fast alle diese Sätze sind dreistimmig, und alle drei Stimmen zeichnen sich durch reiches Figurenwerk aus. Bemerkenswert ist, dass am Schluss von *Tandernack* eine Altstimme hinzukommt. Von dieser sagt Hofhaimer, dass sie „ein anderer schlagen soll" (sonst wäre das Werk unspielbar geworden). Das erinnert an die obigen Ausführungen über Schlicks zehnstimmiges Präludium; auch dort dürfte ein weiterer Spieler erforderlich gewesen sein.[35]

Seine größte Kompositionskunst entfaltet Hofhaimer im *Recordare*.[36] Diesem zugrunde liegt das Offertorium *Recordare Virgo Mater* mit nachfolgender Prosa, die mit imitatorischer Behandlung des c.f. den zweiten Teil der Komposition bildet.

---

34 Grundlegend ist die Monographie von Hans Joachim Moser (Stuttgart 1929; 2. Aufl.: Hildesheim 1965).

35 Zu den Editionen der Werke Hofhaimers s. das Kompendium von Faber und Hartmann (s. Anm. 7), S. 117–118.

36 *Recordare* wird ausführlich diskutiert im Kompendium von Faber und Hartmann (s. Anm. 7), S. 118, und bei Apel (s. Anm. 8), S. 79.

Musikgeschichtlich ist das Werk von großer Bedeutung, darf man in ihm doch eine Vorstufe des protestantischen Orgelchorals sehen: dreistimmige Diskantdurchführungen stellen sozusagen den Rahmen dar, in den sich Bicinienteile als Kontraste einfügen. Kunstvolle Imitationen runden den starken Gesamteindruck ab. Die Auszierungen wiederum weisen musikgeschichtlich gleichfalls in die Zukunft.[37]

Das weltliche Stück *Tandernack* (die Orthographie ist nicht eindeutig) war zu Hofhaimers Zeit als Volkslied ein wahrer Hit. Das änigmatische Wort konnte bisher nicht befriedigend erklärt werden. Da im Text der Rhein vorkommt, wurde (ohne genügende Begründung) vermutet, das Lied habe sich auf das Mündungsgebiet der Nette in den Rhein bezogen. Der Verf. hält eher dafür, im initialen T eine Prothesis zu sehen, die bei entsprechender Lautverschiebung als „Zu" gedeutet werden könnte. „Zu Andernach" wäre danach eine zwanglose Erklärung. Wichtiger ist aber natürlich der musikalische Inhalt. Wie schon erwähnt, wird das an sich dreistimmige Werk durch Einfügung einer Altstimme vierstimmig; charakteristisch ist das reiche Figurenwerk, das nicht nur im Diskant auftritt.[38]

Hofhaimer ist aber nicht nur durch seine Kompositionen, sondern wohl noch mehr durch seinen ausgedehnten Schülerkreis (er war wohl noch größer als der von Sweelinck) bekannt und berühmt geworden. So berichtete 1536 sein Schüler Othmar Luscinius (1478–1537) über ihn: „Es hat ihn keiner übertroffen, keiner auch nur erreicht."[39] Hofhaimers bedeutendster Schüler war der 1483 in Ravensburg geborene Hans Buchner, der Organist in Konstanz und 1526 in Überlingen wurde. Buchner (er verstarb 1538) verfasste ein *Fundamentum* mit Lehrbeispielen und etwa zwanzig liturgische Orgelwerke. Bei ihm finden sich erstmals Angaben zum Fingersatz.[40] Von großer historischer Bedeutung sind die

37 Eingespielt wurde das auf 1520 datierte Werk im Jahre 2000 von Luca Scandali auf der Orgel der ehemaligen Kirche Santa Caterina in Treviso. Die Einspielung ist zu finden auf der CD *L'Organo in Europa fra Rinascimento e Barocco* = Tactus di Serafino Rossi & C., Villanova di Castenaso, No. 510002. Dauer: 4'33. Scandali registriert ausgesprochen zurückhaltend. Eine weitere Einspielung nahm Gerhard Zukriegel an der großen Domorgel zu Salzburg vor (Dauer: 4'06). Erschienen ist die CD bei Capriccio, Delta Music GmbH (Königsdorf 1990). Gegenüber Scandali ist diese Einspielung kräftiger; insbesondere wird der Bass hervorgehoben.

38 Eingespielt wurde das Werk von Luca Scandali (s. Anm. 35) und von der Paul Hofhaimer Consort (Salzburg 1998): Arte Nova Musikproduktion GmbH.

39 Zitiert nach Frotscher (s. Anm. 6), Band I, S. 105.

40 Näheres über Buchner findet sich im Kompendium von Faber und Hartmann (s. Anm. 7), S. 118–119. Seine Orgelkompositionen wurden in zwei Bänden herausgegeben von Jost Harro Schmidt bei Litolff (1974). Mehrere seiner Werke wurden eingespielt von Roland Götz (s. Anm. 26).

aus dem Schülerkreis Hofhaimers stammenden Tabulaturbücher, so das zwischen 1520 und 1524 geschriebene von Leonhard Kleber (1495–1556) aus Göppingen; er wurde später Organist in Pforzheim.[41] Klebers Tabulaturbücher kennzeichnen ihn als Koloristen; von den 112 Stücken sind 62 dreistimmig. Höher als die Liedsätze stehen die 18 Präambeln mit teilweise akkordischem Satz. Zu erwähnen ist ferner Fridolin Sicher (1490–1546), der ein Schüler Buchners war und zeit seines Lebens am Kloster St. Gallen gewirkt hat. Sein Tabulaturbuch datiert von 1521. Große Bedeutung erlangte der Komponist und Intavolator Hans Kotter. Er wurde um 1480 in Straßburg geboren und starb 1541 in Bern. Überliefert sind zwei handschriftliche Tabulaturbücher, die um 1513 entstanden sind und dreistimmige Werke enthalten. Bekannt wurde besonders *Nach Willen dein*, die Intavolierung eines vierstimmigen Liedsatzes.[42] Weitere Schüler Hofhaimers erwähnt Frotscher.[43]

Zusammenfassung

Diese Studie setzte sich zum Ziel, um die Entwicklung und Förderung der Orgelkunst verdiente Persönlichkeiten der Vergessenheit zu entreißen und ihre Leistungen den Organisten und Musikwissenschaftlern von heute nahe zu bringen. Das galt vor allem für Conrad Paumann und Paul Hofhaimer, insbesondere aber für Arnold Schlick. Doch sollte auch ein Beitrag zur Theoriebildung in der Musikgeschichte geleistet werden. Dies war umso notwendiger, als selbst in modernen Lexika gravierende Unklarheiten über Alte Musik vorkommen. Als Exempel diene das folgende Zitat: „Die Musikgeschichte für den Zeitraum vom 13. bis zum 15. Jahrhundert, der in der kunstgeschichtlichen Terminologie als gotisch bezeichnet wird, trägt keine Züge, die die Übernahme dieses Terminus auf die Musik rechtfertigen."[44] Diese These ist unhaltbar; zu den tatsächlichen musikgeschichtlichen Fakten steht sie im Widerspruch.

Man darf durchaus von „gotischer Orgelmusik" reden, da sie sich deutlich von der folgenden orgelmusikalischen Epoche abhebt. Freilich weist diese Musik noch archaische Züge auf; die späteren hoch entwickelten Formen, wie die Toccata, die Choralfantasie oder die Passacaglia, würde man hier vergebens suchen. Dennoch

41 Die Orgeltabulatur von Leonhard Kleber wurde in zwei Bänden herausgegeben von Karin Berg-Kotterba (1987). Vgl. auch Frotscher (s. Anm. 6), Band I, S. 112–114. Zwei seiner Werke hat Roland Götz eingespielt (s. Anm. 26).

42 Götz (s. Anm. 24) hat ein *Praeludium in la* eingespielt.

43 Zahlreiche Namen bei Frotscher (s. Anm. 6), Band I, S. 106.

44 *Meyers Neues Lexikon*, Band 5 (Leipzig 1973), S. 563/566.

ist diese Zeit musikgeschichtlich von großer Bedeutung: hier beginnt – wenngleich noch rudimentär – die eigentliche Orgelmusik.

Von der Renaissance ist die Orgelmusik der Gotik nicht durch eine scharfe Zäsur getrennt; der Übergang ist vielmehr allmählich verlaufen. So wurzelt Hofhaimer noch im spätgotischen, liturgischen Musikstil und im *Buxheimer Orgelbuch*. Die gregorianischen Melodien erscheinen zwar in veränderter Form, doch wird der *cantus plenus* streng beibehalten.

Doch generell wird etwa zu Beginn des 16. Jahrhunderts auch auf dem Gebiet der Orgelmusik die Gotik von der Renaissance abgelöst. Maßgebend hierfür sind nicht nur Umfang und Qualität des Quellenmaterials, sondern die Abgrenzung der Orgel vom Cembalo, vor allem aber die Herausbildung neuer Formen (Toccaten, Variationen u.a.m.) und neuer Stilelemente wie der Koloristik. Der für die gotische Orgelmusik typische Einfluss der Vokalmusik geht zurück. Die liturgische Orgelkomposition wird dagegen um die imitatorische Gestaltung des nun abschnittsweise behandelten c.f. bereichert. Allerdings stellen die Koloristen mit ihren oft unangenehmen Doppel-schlagfiguren nicht unbedingt einen Fortschritt dar.[45]

Abstrahiert man von den vielen im Vorangegangenen enthaltenen Details, so bleiben als Grunderkenntnisse die folgenden Thesen:

Man ist durchaus berechtigt, die frühe deutsche Orgelmusik als gotisch zu bezeichnen, hebt sie sich doch deutlich von den folgenden Stilepochen ab.

Süddeutschland ist die eigentliche Heimat der deutschen Orgelkunst.

Seit dem Beginn des 17. Jahrhunderts verlagert sich der Schwerpunkt des Orgelschaffens nach Nord- und Mitteldeutschland.[46]

Der Verf. schließt mit dieser Studie die Reihe der Beiträge zur Geschichte der Orgelmusik ab und verabschiedet sich von der verehrten Leserschaft mit den bewegenden Worten des berühmten französischen Organisten und Komponisten Charles Maria Widor (1844–1937): „Orgelspielen heißt einen mit dem Schauen der Ewigkeit erfüllten Willen offenbaren.“[47]

---

45 Die *Frühmeister der deutschen Orgelkunst* (wie Buchner, Hofhaimer, Kleber, Kotter, Sicher u.a.) wurden ediert von Hans Joachim Moser und Fritz Heitmann bei Breitkopf & Härtel (1930).

46 Zur Wiedergabe der Orgelwerke aus verschiedenen Epochen vgl. auch Hans Klotz: *Über die Orgelkunst der Gotik, der Renaissance und des Barock. Die alten Registrierungs- und Dispositionsgrundsätze* (Kassel 1934, mehrfach aufgelegt).

47 Zitiert nach Hans Klotz: *Das Buch von der Orgel.* (Kassel und Basel 1953, 4. Aufl.), S. 143.

Preisverleihungen

Francesca Liu

Schutz vor Kollateralschäden: das Zytokin IL-27 limitiert die Immunreaktion auf Influenzaviren und verhindert fatalen Lungenschaden

Hochpathogene Stämme des Influenzavirus rufen eine massive Immunreaktion hervor, die eine nur unzureichend kontrollierte, potentiell tödliche Lungenschädigung hervorrufen kann. Die von uns durchgeführte und von der BWG 2013 mit dem Promotionspreis ausgezeichnete Arbeit[1] zeigt die Bedeutung des Zytokins IL-27 als natürlich Bremse des Immunsystems, durch dessen Wirkung die durch die Entzündungsreaktion hervorgerufene Lungenschädigung begrenzt wird. Kontrollierter Einsatz von rekombinantem IL-27 könnte nach diesen Untersuchungen im Maus-Modell eine komplementäre therapeutische Option für lebensgefährliche Lungenentzündungen darstellen.

Abb. 1: Eingefärbtes elektronenmikroskopisches Foto von knospendem Influenza-Virus in menschlichem Lungengewebe. Aufgenommen von Gudrun Holland und Michael Laue, Robert-Koch-Institut, Berlin

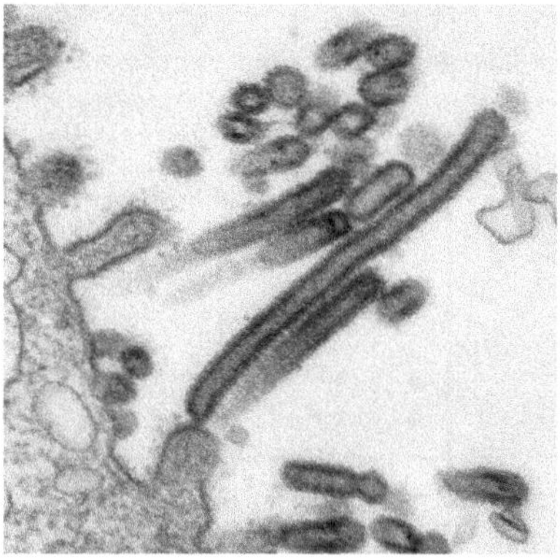

1 Liu, F. D., E. E. Kenngott, M. F. Schroter, A. Kuhl, S. Jennrich, R. Watzlawick, U. Hoffmann, T. Wolff, S. Norley, A. Scheffold, J. S. Stumhofer, C. J. Saris, J. M. Schwab, C. A. Hunter, G. F. Debes, and A. Hamann. 2014. Timed Action of IL-27 Protects from Immunopathology while Preserving Defense in Influenza. *PLoS Pathog* 10: e1004110.

In der umfassenden Studie wurde die Funktion von IL-27 in einem murinen Modell der Influenza untersucht. Nach Infektion mit dem hochpathogenen Stamm A/PR/8 (H1N1) zeigen Mäuse eine massive Inflammation in der Lunge mit hohen Zahlen von Th1 Zellen, Makrophagen und Granulozyten im Gewebe. Nach anfänglicher Produktion inflammatorischer Zytokine wird mit verzögertem Zeitverlauf das hauptsächlich von myeloiden Zellen gebildete IL-27 ausgeschüttet. Der Peak des IL-27 ist messbar, wenn der Virustiter aufgrund der erfolgreichen Abwehrarbeit der T-Zellen bereits zu sinken beginnt. Schon dieser Verlauf lässt vermuten, dass IL-27 eher für die „Aufräumphase" als die Initiierung der Virusabwehr erforderlich ist. Aufräumen könnte hier bedeuten, dass die aggressiven Leukozyten an weiterer Tätigkeit gehindert werden und so eine weitere Entzündungs-verursachte Schädigung des Lungengewebes verhindert wird, wenn sie nicht mehr benötigt werden.

Tatsächlich zeigen Tiere, denen der Rezeptor für das IL-27 fehlt, eine massive Erhöhung der Entzündungszeichen und verstärkten tödlichen Ausgang der Infektion (Abb. 2), obwohl der Virustiter nicht signifikant verändert ist. Diese in Kooperation mit der Universität von Pennsylvania durchgeführten Experimente zeigen die riskante Balance des Immunsystems zwischen effizienter Abwehr und massiven Kollateralschäden der betroffenen Gewebe, die schlimmer sind als die direkten Schäden durch die Virusinfektion. IL-27 spielt also eine wichtige Rolle bei der Limitierung der Immunreaktion und der Verhinderung tödlicher Gewebeschädigung.

Abb. 2: In Abwesenheit des Rezeptors für IL-27 verläuft die Infektion mit hohen Dosen von Virus viel massiver und nur ein kleiner Prozentsatz der Tiere überlebt

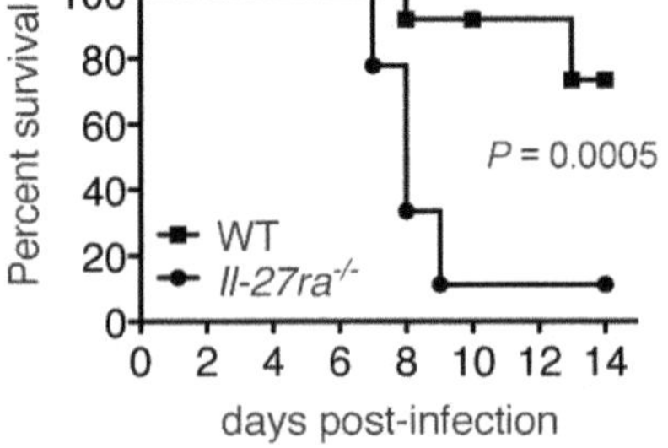

Nach dieser Erkenntnis stellte sich die Frage, ob eine therapeutische Nutzung möglich ist und die Zuführung von rekombinantem Zytokin eine Option darstellt, bei lebensbedrohlicher Lungenschädigung das Immunsystem auf quasi physiologische

Weise zu dämpfen. Tatsächlich führte die Anwendung von künstlich hergestelltem IL-27 zu einer starken Verringerung der Leukozyteninfiltration in der Lunge infizierter Mäuse und einem verbessertem Überleben der behandelten Tiere (Abb. 3).

Abb. 3: Verhinderung einer massiven Lungenschädigung, sichtbar an Leukozyteninfiltration und Ödemen in der Histologie (links), schnellerer Erholung der Tiere (gemessen an der Abnahme und anschließender Erholung nach Infektion, rechts) durch Gabe von rekombinantem IL-27 von Tag 5–10. Bei höheren Virusdosen zeigt sich eine entsprechende Verbesserung des Überlebens (rechts)

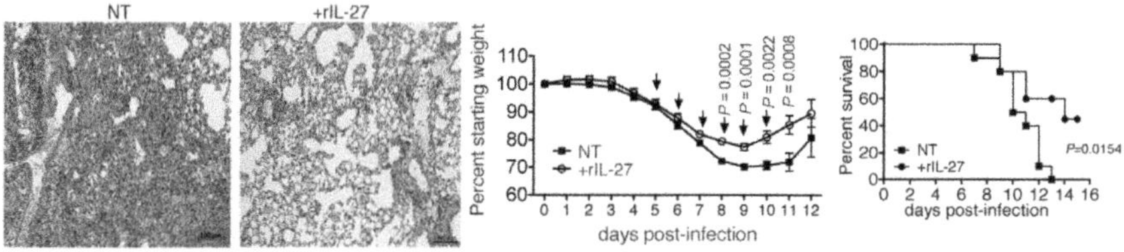

Allerdings ist diese protektive Wirkung nur sichtbar, wenn die Behandlung zum richtigen Zeitpunkt erfolgt: wird schon bei Beginn der Infektion IL-27 appliziert, kommt es zu einer Verschlechterung des Krankheitsverlaufs, da eine Inhibition der Abwehrmechanismen zu Beginn der Infektion eine verminderte Eingrenzung der Infektion und höhere Viruslast zur Folge hat. Der natürliche Zeitverlauf der IL-27 Produktion ist daher ein guter Anhaltspunkt, wann IL-27 zur Verhinderung der Kollateralschäden der Immunreaktion brauchbar ist.

Diese Daten zeigen, dass die Produktion von IL-27 eine wichtige Rolle bei der Begrenzung einer Immunantwort auf das unbedingt nötige Maß spielt. Ein therapeutischer Einsatz von rekombinanten IL-27 könnte daher eine interessante Option darstellen, um bei massiven Lungenentzündungen, in denen die Erregerabwehr nicht das zentrale Problem ist, Ausmaß und Chronifizierung der Entzündung zu dämpfen.

Georgi Atanasov

Der Einfluss von TNF-α-Inhibitoren auf den Ischämie-/Reperfusionsschaden und assoziierte Inflammationsreaktionen in der Dünndarmtransplantation

Zusammenfassung der Dissertation

1. Einleitung

Der Begriff des chronischen Darmversagens wurde vor ca. 30 Jahren eingeführt und stellt heutzutage ein selbstständiges Krankheitsbild mit klar definierten Therapiestrategien dar. 1981 definierten Fleming und Remington das Darmversagen als die Reduktion des funktionstüchtigen Darmes unter die für die normale Digestion und Absorption von aufgenommener Nahrung notwendige Masse. Das chronische Darmversagen kann als ein Zustand definiert werden, bei dem die suffiziente orale Nahrungsaufnahme sowie die Absorptionskapazität des Darmes nicht aufrechterhalten werden können, was zu einem unkontrollierten Verlust an Nahrungsenergieträgern für den Organismus führt. Die betroffenen Patienten werden häufig von einer totalen parenteralen Ernährung (TPN) abhängig. Die Ursachen der Entstehung des chronischen Darmversagens können wiederholte chirurgische Darmresektionen als Folge von Trauma, Volvulus, mesenterialer Ischämie und Infarzierung sein. Des Weiteren kann trotz suffizienter Dünndarmlänge ein funktionelles Versagen als Komplikation im Rahmen eines Acquired Immune Deficiency Syndrom (AIDS), durch Diarrhöe unklarer Ätiologie oder nach Resektion spezialisierter Dünndarmabschnitte entstehen. Insgesamt wird die kritische Restlänge des Dünndarms, unterhalb welcher ein permanentes Kurzdarmsyndrom mit großer Wahrscheinlichkeit entsteht, auf 80–100 cm geschätzt. Bei Kindern liegt diese Länge bei ca. 40 cm. Die normale Länge des Dünndarms beträgt 350–400 cm. Meist variiert diese Zahl jedoch im einzelnen Individuum stark.

Der Prozess des Ischämie-/Reperfusionsschadens ist ein hochkomplexes pathophysiologisches Phänomen bei der Transplantation von Organen wie Herz, Leber, Niere und Darm. Der Energiegewinn der Zellen dieser Organe wird hauptsächlich über den Prozess der oxidativen Phosphorylierung in den Mitochondrien gewährleistet. Die anaerobe Glykolyse allein ist für eine adäquate Sauerstoffversorgung dieser Organe nicht ausreichend. Pathophysiologisch werden zwei

Elemente unterschieden: die entnahmebedingte Transplantatischämie und der nachfolgende Reperfusionsschaden im Empfänger.

Beim Ischämieschaden kommt es zum Abfall der mitochondrialen ATP-Produktion und konsekutiv zur kompromittierten Energieproduktion der Zelle. Der somit provozierte Energiemangel hat zur Folge, dass direkt und indirekt intrazelluläre Veränderungen wie Anhäufung von Hydrolasen, Beeinträchtigung der Ionen-Homöostase und Instabilität der zellulären Membranen entstehen.

Nach der Reperfusion wird eine zusätzliche Inflammationsreaktion initiiert, wobei Makrophagen, Endothelzellen, Neutrophile, Lymphozyten, Thrombozyten, Parenchymzellen sowie nichtzelluläre Elemente wie das Komplementsystem, die Gerinnungskaskade, reaktive Sauerstoffradikale, NO, und pro- und antiinflammatorische Zytokine eine Schlüsselrolle spielen.

Nach einem I/R-Schaden des Dünndarms konnten Veränderungen der resorptiven Darmfunktion gezeigt werden. Dies könnte zu ungenügender Absorption von Nahrungsbestandteilen führen und bei ausgeprägter Schädigung kann, z. B. bei Infarzierung des Darms, ein Kurzdarmsyndrom entstehen.

Bakterielle Translokation ist die Passage von vitalen Bakterien vom Gastrointestinaltrakt durch die epitheliale Mukosa zu extraintestinalen Orten wie mesenteriale Lymphknoten, Leber und Milz. In Folge breiten sich die Bakterien im gesamten Organismus aus und begünstigen damit die Entstehung von Sepsis, Schock und Multiorganversagen (MOF).

Der I/R-Schaden des Dünndarms resultiert in der Produktion von Molekülen wie Peroxiden, Superoxiden und inflammatorischen Zytokinen, die eine zusätzliche Schädigung der extraintestinalen Organe des Empfängers zur Folge hat. Dies wiederum führt zur Entwicklung eines systemic inflammatory response syndroms (SIRS), welches zum MOF eskalieren kann. Des Weiteren verursacht intestinaler I/R-Schaden eine Infiltration der Empfängerlunge mit neutrophilen Granulozyten, was die Entwicklung eines akuten Lungenversagens (ARDS) begünstigt.

Die Transplantation ist die einzige kurative Therapie des irreversiblen Kurzdarmsyndroms. Trotz guter Einjahres-Überlebensraten sind die Langzeitergebnisse jedoch unbefriedigend. Hauptursache hierfür ist die chronische Allograftenteropathie. Sie ist einerseits durch antigen-abhängige Immunreaktionen (akute und chronische Abstoßung); andererseits durch antigen-unabhängige Faktoren wie den Ischämie-/Reperfusionsschaden (I/R-Schaden) bedingt. Zur Eliminierung der antigen-unabhängigen Faktoren wird langfristig die Reduktion des I/R-Schadens angestrebt. Das Tumor-Nekrosis-Faktor-α (TNF-α) spielt als zentraler Entzündungsmediator eine Schlüsselrolle in der Vermittlung von Inflammationsreaktionen. Eine im Tiermodell vielversprechende Therapie hierfür ist der Einsatz von TNF-α-Inhibitoren wie Infliximab, Etanercept und Pentoxiphyllin.

2. Materialien und Methoden

Die entscheidende Rolle von TNF-α bei der Vermittlung und Unterhaltung des I/R-Schadens in der Transplantation vaskularisierter Organe wurde in den letzten Jahren zunehmend eruiert und zahlreiche experimentelle Hinweise haben die große Bedeutung der TNF-α-Inhibitoren bei der Modulation der inflammatorischen Reaktion im Rahmen des I/R-Schaden gezeigt. Infliximab ist ein monoklonaler, chimärer Maus-anti-Mensch IgG1 anti-TNF-α-Antikörper, der die konstante Region des menschlichen IgG1 und die antigenbindende, variable Region der Maus besitzt. Infliximab ist sowohl gegen den löslichen als auch den membrangebundenen Anteil des TNF-α-Moleküls wirksam. Etanercept, ein Fusionsprotein bestehend aus dem TNFRII und der Fc-Region eines humanen IgG1 Antikörpers, bindet spezifisch lösliches TNF-α. Pentoxiphyllin, auch als rheologisches Medikament bekannt, ist jedoch ein aktiver TNF-α-Inhibitor und verfügt über ein breites Wirkungsspektrum gegen Inflammation und Zellproliferation.

Die vorliegende Arbeit untersucht den Einfluss der perioperativen pharmakologischen Blockade der TNF-α-Aktivität auf den Ausprägungsgrad des I/R-Schadens, die assoziierte Inflammationsreaktion sowie die Schädigung von zusätzlichen Organen wie der Empfängerlunge. Im etablierten, syngenen Lewis-/Lewis Transplantationsmodell, in dem keine Abstoßungsreaktion stattfindet, wurde eine orthotope Dünndarmtransplantation durchgeführt, der eine kalte Ischämiezeit von sechs Stunden vorausging. Es wurden drei Empfängergruppen gebildet, die perioperativ jeweils einen der drei TNF-α-Inhibitoren erhielten. Zwei zusätzliche Tiergruppen dienten als Kontrollen. In der ersten davon wurde eine Transplantation durchgeführt, jedoch fand hier keine Therapie statt. Die Tiere der nativen Kontrollgruppe wurden weder transplantiert noch wurde diese Gruppe medikamentös behandelt. Nach einer Beobachtungszeit von 12 Stunden, 7 Tagen oder 6 Monaten wurden die Empfängertiere getötet und die Transplantate sowie die mesenterialen Empfängerlymphknoten und eine Empfängerlunge entnommen. Zusätzlich wurde intraoperativ 20 Minuten nach Reperfusion ein Segment von proximalem und distalem Dünndarmtransplantat entnommen.

Am Ende der Beobachtungszeiten wurden die gewonnenen Transplantate histomorphologisch sowie immunhistochemisch untersucht. Die Zytokinkonzentration wurde in den mesenteriallen Lymphknoten und den Transplantaten mit Hilfe eines ELISA-Assays bestimmt. Zusätzlich wurden der Grad der Apoptose in den Transplantaten und die Neutrophileninfiltration im Parenchym der Empfängerlunge mittels TUNEL- bzw. MPO-Färbung quantifiziert.

3. Ergebnisse

Nach einer einmaligen Infliximab-Gabe überlebten 100% der Versuchstiere den Beobachtungszeitraum von 7 Tagen. In den unbehandelten DTx-Kontrollen war das Überleben signifikant schlechter.

Abbildung 1: Überlebenskurven der drei Behandlungsgruppen und der DTx-Kontrollgruppe

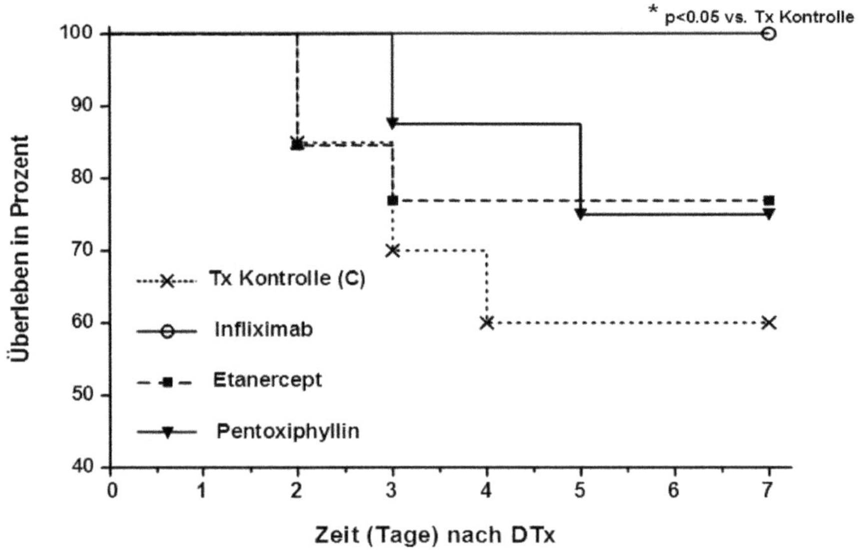

Gleichzeitig war der histomorphologische Organzustand in den behandelten Transplantatgruppen signifikant besser als in den DTx-Kontrollen. Signifikante Reduktion der Anzahl transplantatinfiltrierender CD4+, CD8+ und CD25+ T-Zellen sowie ED1+ Makrophagen und OX62+ dendritischer Zellen zeigte sich nach TNF-α-Blockade insgesamt für alle Zeitpunkte nach der Reperfusion.

Abbildung 2: Immunhistologische Färbungen von CD8 (a), CD4 (b) und ED1 (c) (Lichtmikroskopie, Vergrößerung 400-fach) im distalen (linke Kolonne) und proximalen (rechte Kolonne) Dünndarmtransplantatabschnitt in unbehandelten DTx-Kontrollen (obere Reihe) und nach TNF-α-Inhibition mit Infliximab (untere Reihe) 7 Tage nach DTx

a

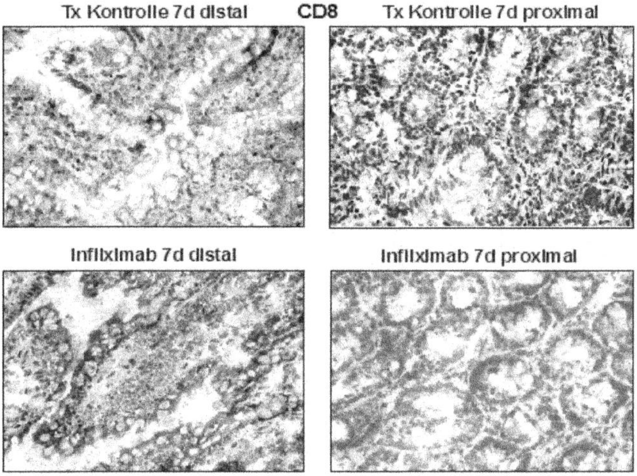

b

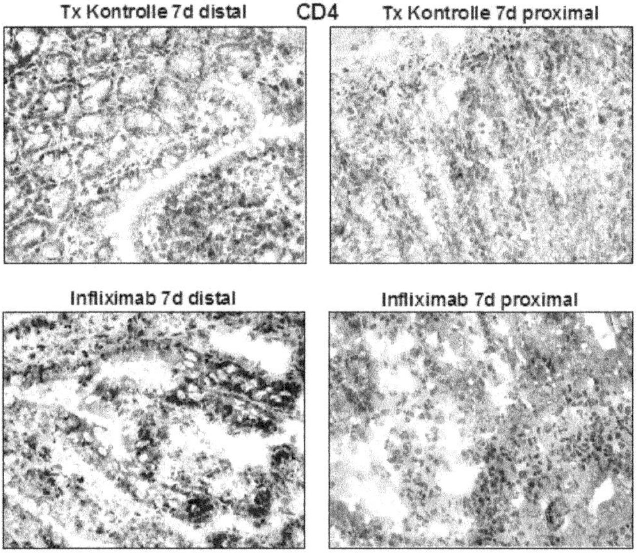

c

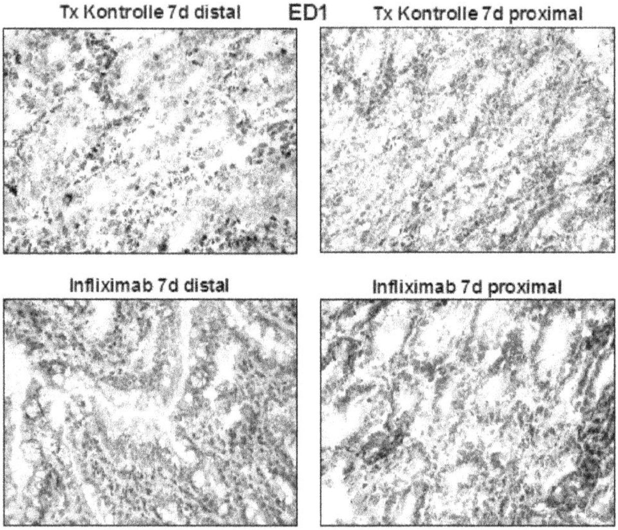

Interessanterweise wiesen die distalen Transplantatabschnitte signifikant höhere Frequenzen der infiltrierenden Leukozyten auf, was mit klinischen Beobachtungen korreliert.

Abbildung 3: Transplantatinfiltrierende Leukozyten (am Beispiel von CD8+ T-Zellen) im proximalen und distalen Dünndarmabschnitt

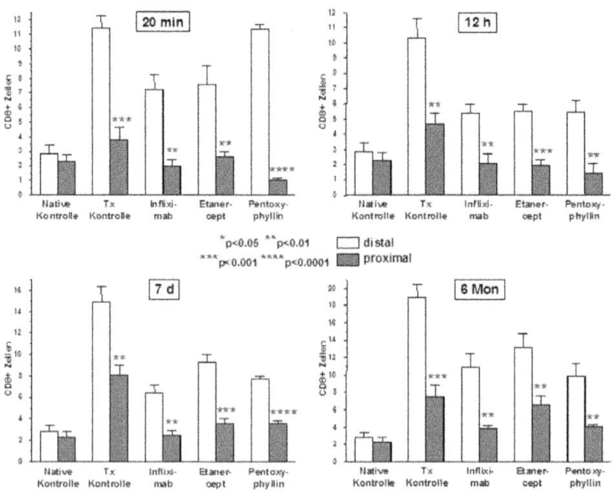

Des Weiteren war die Akkumulation des zytoprotektiven Markers HSP-70 nur nach einer Behandlung mit Infliximab signifikant verstärkt. Durch die Applikation von TNF-α Inhibitoren verminderte sich der Grad der Apoptose im distalen Transplantatabschnitt im Vergleich zu den DTx-Kontrollen.

In der Empfängerlunge war nach einer Hemmung der TNF-α-Aktivität eine signifikant geminderte Infiltration mit MPO+ neutrophilen Granulozyten nachweisbar.

Abbildung 4: MPO+ neutrophile Granulozyten in der Lunge von nativen und unbehandelten DTx-Kontrollen und nach anti-TNF-α-Therapie

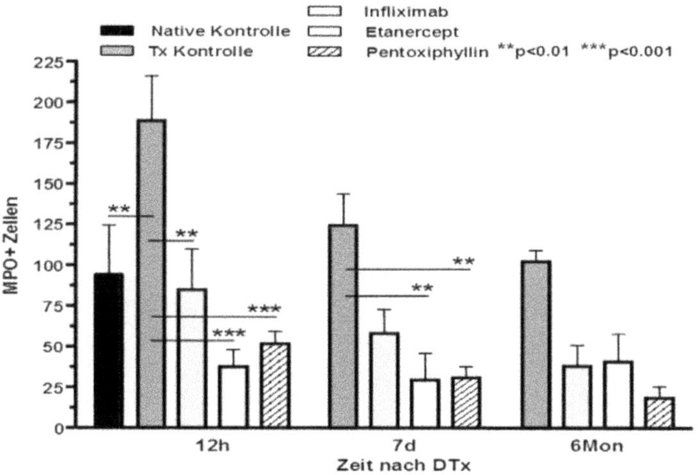

Abbildung 5: MPO-Färbung der Empfängerlunge am Beispiel von unbehandelten DTx-Kontrollen und nach TNF-α-Blockade mit Infliximab (Lichtmikroskopie, 400-fache Vergrößerung)

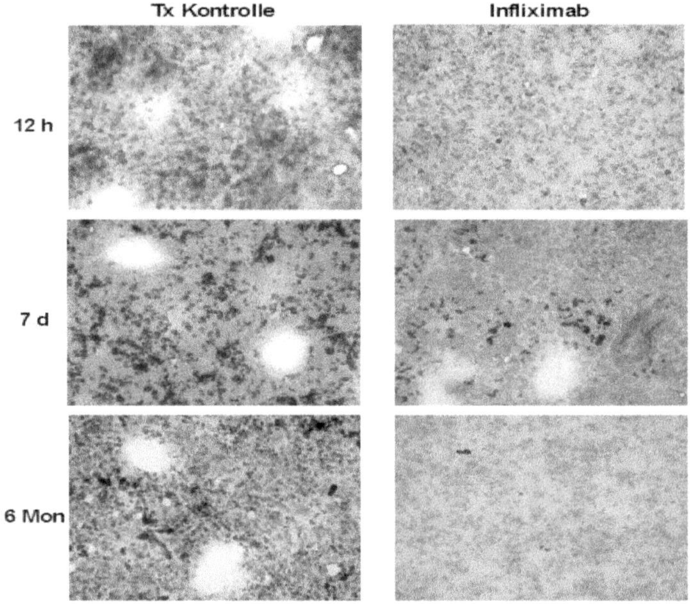

Im TNF-α-Zytokinmuster der mesenterialen Lymphknoten der behandelten Tiere war eine Tendenz zu reduziertem Spiegel gegenüber der Vergleichsgruppe zu verzeichnen.

4. Diskussion

Die Organtransplantation stellt die einzige kurative Therapie des irreversiblen Kurzdarmsyndroms dar. Seit ihren Anfängen in den 1980er Jahren zeigte sie beeindruckende Fortschritte beim 1-Jahres-Patienten- und Transplantat-Überleben von mittlerweile mehr als 90% in selektierten Patientengruppen. Die Langzeitergebnisse nach Dünndarmtransplantationen sind, verglichen mit den Überlebensdaten nach Transplantation anderer vaskularisierter Organe, jedoch enttäuschend. Das Langzeitüberleben hat sich im Vergleich zu den Frühzeiten der Dünndarmtransplantation zwar leicht verbessert, jedoch bleibt die jährliche Rate an Organverlusten nahezu gleich. Das Ausmaß des I/R-Schadens hat einen signifikanten Einfluss auf das Transplantatüberleben. Auf der anderen Seite hat dieser Vorgang einen direkten Einfluss auf die unspezifische Inflammationsreaktion in den ersten

Stunden nach dem chirurgischen Eingriff. Des Weiteren spielt diese Gewebefrühschädigung in der Pathogenese von chronischer Abstoßung und Transplantatdysfunktion eine erhebliche Rolle. Diese Tatsache hat dazu geführt, dass in Klinik und Forschung die Wichtigkeit der Minimierung des I/R-Schadens und damit die Modulation der frühen Transplantatschädigung erheblich an Bedeutung zunahm.

Der I/R-Schaden des Darms ist ein wichtiger Faktor, der mit hoher Morbidität und Mortalität bei chirurgischen Patienten assoziiert ist. Von allen inneren Organen besitzt der Dünndarm wahrscheinlich die größte Vulnerabilität im Rahmen des I/R-Schadens.

Das Empfängerüberleben als klinischer Zielparameter war mit 100% für die Empfängertiere, die mit Infliximab behandelt wurden, im Vergleich zu den unbehandelten Kontrollen, signifikant verbessert. Ein systematischer Fehler bei Gruppenzuordnung und Behandlung kann hierbei ausgeschlossen werden: Die Zuordnung der Versuchstiere zu den unterschiedlichen Behandlungsgruppen erfolgte randomisiert und unmittelbar vor der Operation. Als kausal für das bessere Empfängerüberleben im Fall der Therapie mit Infliximab muss stattdessen eine geringere Schädigung des Transplantates im Rahmen des I/R-Schadens angenommen werden. Eine anti-TNF-α-Therapie mit Etanercept und Pentoxiphyllin zeigte einen deutlichen Trend zum verbesserten Empfängerüberleben, jedoch konnte in diesen Gruppen keine Signifikanz erreichen werden.

In der hier vorliegenden Arbeit konnte eindrucksvoll demonstriert werden, dass eine kurzfristige Blockade der TNF-α-Aktivität in einem hochimmunogenen Transplantationsmodell signifikant die Anzahl von transplantatinfiltrierenden CD4+, CD8+ und CD25+T-Lymphozyten verringert. Diese Minimierung der Entzündungsreaktion nach der Therapie wurde sowohl für den proximalen als auch für den distalen Abschnitt des transplantierten Dünndarms gezeigt. Des Weiteren wurde auch klar, dass in diesem Modell eine kurzfristige anti-TNF-α-Therapie signifikant die Ergebnisse sogar 6 Monate nach der Reperfusion beeinflusst. Ein Erklärungsversuch dieser Daten muss von der als erwiesen anzusehenden Tatsache ausgehen, dass eine der Hauptfunktionen von TNF-α die Aktivierung von NFκB und somit unter anderem die verstärkte Expression von Adhäsionsmolekülen ist. Eine TNF-α-Blockade führt somit über die Hemmung der NFκB-Aktivierung und konsekutive Hemmung der Sekretion von Entzündungszytokinen und Expression von Adhäsionsmolekülen zu reduzierter Gewebeinfiltration von Leukozyten.

Zusammenfassend erbrachte diese Doktorarbeit folgende Erkenntnisse:

Eine kurzfristige perioperative anti-TNF-α-Therapie führt zur Verbesserung des Empfängerüberlebens, der Transplantatmorphologie und zu einer signifikanten Minimierung des I/R-Schadens und der Apoptose.

2. Die Hemmung der TNF-α-Aktivität führt zur signifikanten Reduktion der Expression einer Reihe transplantatinfiltrierender Entzündungszellen wie CD4+, CD8+ und CD25+ T-Lymphozyten, ED1+ Makrophagen und OX62+ dendritischen Zellen, sowie zu einer erhöhten Akkumulation von zytoprotektiven Molekülen wie HSP-70. Ferner hat die Therapie einen protektiven Effekt auf die Empfängerlunge, indem die Infiltration des Lungenparenchyms durch neutrophile Granulozyten entscheidend gesenkt wird.

Gunnar Schwarz

MeCAT – Quantifizierung von Proteinen mit Massenspektrometrie und Seltenen Erden

Während das Genom einen Bauplan für Lebewesen darstellt, sind daraus hervorgehende Proteine für das aktive Leben von Zellen verantwortlich. Veränderungen dieses Proteoms, also der Gesamtheit der Proteinspezies in einem Organismus, sind nicht nur bei der Ausprägung von Krankheiten von Bedeutung, sondern auch essentiell für die Steuerung von Prozessen wie den Lebenszyklen von Organismen. Die Analyse der qualitativen und quantitativen Aspekte des Proteoms ist Aufgabe und Ziel der Proteomforschung, deren Ergebnisse bedeutend für Biologie und Medizin sind.

Während der letzten zwei Dekaden hat sich die Massenspektrometrie (MS) in Kombination mit verschiedenen Trenntechniken als „Arbeitspferd" für Proteomanalysen etablieren können. Nach der Isolierung der Proteine aus der Probe, zum Beispiel einer Zellkultur oder einem Gewebe, werden sie häufig einer ersten Trennung mittels Gelelektrophorese unterzogen. Anschließend werden Enzyme eingesetzt, um die Proteine in kleinere Abschnitte, Peptide genannt, zu spalten. Diese Peptide lassen sich dann mittels Molekularmassenspektrometrie analysieren. Als Ionisierungsmethoden für die MS kommen vor allem die Elektrosprayionisation (ESI) und Matrix-assistierte Laserdesorption/Ionisation (MALDI) zum Einsatz.

Die für eine Quantifizierung unerlässliche Identifizierung der Proteine erfolgt über die Aufklärung der Aminosäuresequenz der Peptide mit Fragmentierungsexperimenten in den Massenspektrometern (Abbildung 1). Die Auswertung der umfangreichen MS-Daten erfolgt heute meist (halb-)automatisiert mittels Software und Proteindatenbanken.

Abbildung 1: Schema eines Fragmentierungsexperiments. Aus einem Massenspektrum von zahlreichen Peptiden (links) wird eines ausgewählt und im Massenspektrometer isoliert (Mitte), um anschließend durch Zuführung von Energie in Form von Stößen mit Gasteilchen oder Strahlung fragmentiert zu werden. Aus den entstehenden Bruchstücken lassen sich Informationen über die Zusammensetzung des Peptids gewinnen und damit zur Identität des betreffenden Proteins. Abbildung nach (1)

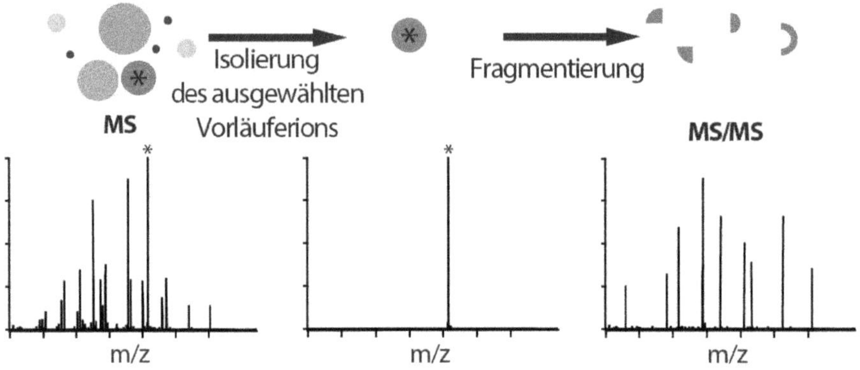

Die Quantifizierung mit ESI- und MALDI-MS ist vergleichsweise kompliziert und aufwendig und erlaubt häufig nur eine relative Quantifizierung, also Proteingehalt in der Probe relativ zu einer Vergleichsprobe oder zu Standards. Absolute Konzentrationen oder Stoffmengen können nur angegeben werden, wenn der Wert für die Vergleichsprobe bekannt ist und strukturadäquate Standards verwendet werden. Bei praktisch allen diesen Methoden erfolgt die Quantifizierung auf Peptidebene. Weiterhin verfügen ESI- wie auch MALDI-MS nur über einen eingeschränkten dynamischen Messbereich.

Als Alternative bietet sich für Quantifizierungen die Induktiv-gekoppelte Plasma-Massenspektrometrie (ICP-MS) an. ICP-MS ist eine Methode der Elementanalytik. Die Proben werden in einem bis zu 10 000 K heißen Plasma atomisiert, ionisiert und schließlich mit MS analysiert. Eine absolute Quantifizierung mit sehr hoher Empfindlichkeit insbesondere für Metalle und großem dynamischen Messbereich kann durch eine Kalibrierung mit einfachen Salzstandards erreicht werden.

Um für die Proteinquantifizierung mittels ICP-MS nicht nur auf metallionenhaltige Proteine beschränkt zu sein, wird schon seit längerem an der Möglichkeit geforscht, Proteine mit Metallmarkierungen zu versehen. Lanthanoide eignen sich besonders gut zur Quantifizierung von Proteinen, da sie kleine Nachweisgrenzen, hohe Empfindlichkeiten mit ICP-MS besitzen und ihr natürlicher Hintergrund, gerade in biologischen Proben, gering ist. Die vergleichsweise geringen Unterschiede in den Eigenschaften der verschiedenen Lanthanoide erleichtern Multiplexanalysen, bei denen verschiedene Lanthanoide für die Markierung unterschiedlicher Proben verwendet werden.

Das *Metal-coded affinity tagging* (MeCAT) basiert auf dieser Idee und wurde entwickelt, um Proteine mittels ICP-MS empfindlich und absolut zu quantifizieren. Dabei werden lanthanoidhaltige 1,4,7,10-Tetraazacyclododecan-N,N′,N″,N‴-tetraessigsäure(DOTA)-Chelatkomplexe kovalent an Proteine gebunden und die Proteine mittels ICP-MS anhand des Lanthanoidgehalts quantifiziert.

Im Zuge jüngster Forschungsarbeit wurde ein neues MeCAT-Reagenz entwickelt, dass über eine Iodacetamidgruppe selektiv an Thiolgruppen von Cysteinresten in Proteinen bindet (Abbildung 2). Es konnte an mehreren Modellproteinen eine vollständige Markierung bei Einsatz eines nur kleinen Überschusses Reagenz gezeigt werden. Weiterhin zeigt das Reagenz trotz der hohen Reaktivität eine robuste Stabilität, die keine besonderen Anforderungen an Lagerung und Handhabung stellt.

Abbildung 2: (oben) Struktur von Ln-MeCAT-IA. Es besteht aus einem DOTA-Makrozyklus, der ein dreiwertiges Lanthanoidion komplexiert, einem sogenannten Linker sowie einer reaktiven Iodacetamidgruppe. (unten) Schema der Reaktion zur Markierung von Proteinen über Cysteinseitenketten mit Ln-MeCAT-IA. Abbildung nach (1) und (2)

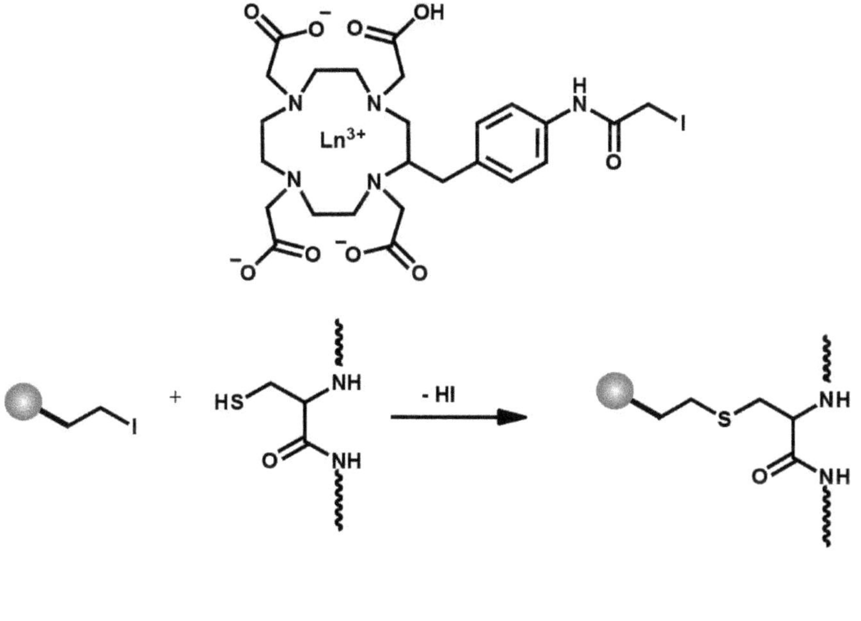

Für eine sinnvolle Quantifizierung ist eine Identifizierung der Proteine unerlässlich. Entsprechend wurden die Möglichkeiten zur Identifizierung markierter Proteine mittels MS-Fragmentierungsexperimenten untersucht. Als Ergebnis dieser Experimente konnte festgestellt werden, dass eine Identifizierung mit den für unmarkierte Proteine üblichen Methoden weiterhin möglich ist und auch eine softwaregestützte Auswertung eingesetzt werden kann. Als Besonderheit konnte mit bestimmten Fragmentierungstechniken ein charakteristisches Fragment erzeugt werden. Dies zeigt spezifisch solche Metall-markierte Peptide und das verwendete Metall an und kann bei Screeningexperimenten verwendet werden.

Diese Untersuchungen zur Identifizierung der Proteine mit Molekular-MS führten zu Konzepten für eine relative Proteinquantifizierung mittels ESI-MS (Abbildung 3), also parallel zur Identifizierung, um in diesem Zuge Analyten für die absolute Quantifizierung mit ICP-MS-Analysen zu finden. Zur Überprüfung der Konzepte wurde ein Modellprotein (alpha-Lactalbumin) mit fünf verschiedenen Lanthanoiden markiert. Die Massenunterschiede der Lanthanoide führen auch in ESI-MS-Spektren der Peptide der Proteine zu nahe beieinander liegenden Signalclustern. Anhand von Intensitätsunterschieden dieser Signale konnten relative Unterschiede in den Konzentrationen von 1:1 bis 1:100 gut wiedergegeben werden. Diese Art der relativen Quantifizierung konnte – nach gemeinsamer Fragmentierung der Signalcluster – auch über die oben erwähnten charakteristischen Fragmente und damit selektiver erfolgen (Abbildung 3). Diese Ergebnisse stimmten jeweils mit ICP-MS-Vergleichsmessungen sehr gut überein.

Abbildung 3: (oben) Konzept der relativen Quantifizierung mit ESI-MS. Zwei Proteinproben werden zunächst mit unterschiedlichen Metallen markiert, anschließend gemischt und mittels ESI-MS analysiert. Die Massendifferenzen der Metalle führen zu unterscheidbaren Signalen in den Massenspektren (unten links). Die Quantifizierung erfolgt über die relativen Signalintensitäten. Gezeigt ist dies am Beispiel einer Mischung von Rinderserumalbumin mit Markierungen durch Terbium (Tb), Holmium (Ho) und Thulium (Tm) im Verhältnis 1:1:1. Nach gemeinsamer Fragmentierung der Ionen dieser Signalcluster kann die relative Quantifizierung auch über die charakteristischen Fragmente bei erhöhter Selektivität erfolgen. Abbildung nach (1).

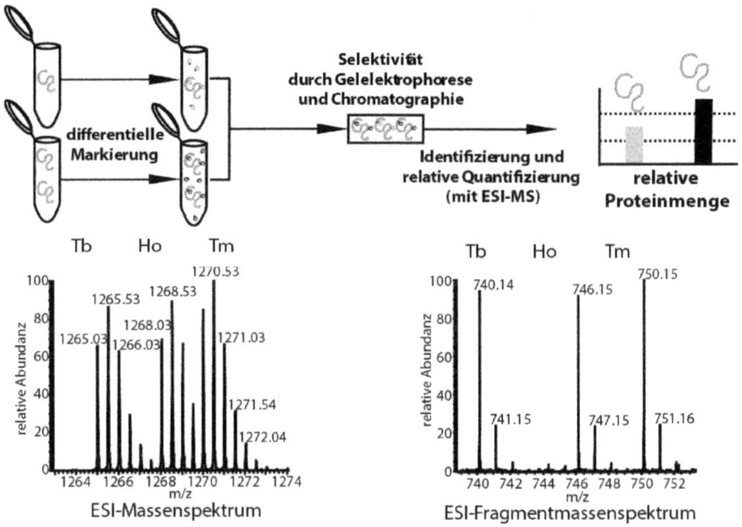

Diese ersten Experimente zur Proteinquantifizierung mit ESI-MS wurden noch manuell ausgewertet, was allein für ein einziges Protein schon sehr aufwendig ist. In Hinblick auf die Komplexität von Realproben schien es nun erforderlich zu sein, die Möglichkeit einer softwarebasierten quantitativen Auswertung zu untersuchen und zu implementieren. Folglich wurden Softwarealgorithmen, die bereits für andere relative Proteinquantifizierungen mit ESI-MS eingesetzt werden, für den Einsatz mit MeCAT modifiziert, wobei den speziellen Anforderungen sowohl für ESI-MS-Spektren ohne Fragmentierung als auch für die Quantifizierung über die charakteristischen Fragmente entsprochen werden konnte.

Schließlich konnte an einer Blutserumprobe durch die Quantifizierung von humanem Serumalbumin (HSA) die Methodik an einer Realprobe getestet werden. Dabei kamen die verschiedenen zuvor entwickelten Strategien, also unter anderem die Quantifizierung über ESI-Massenspektren und Fragmentspektren sowie ICP-MS genauso wie die softwaregestützte Auswertung zum Einsatz. Die Ergebnisse dieser Analysen stimmten mit entsprechenden Referenzwerten für die Probe überein.

Zusammenfassend lässt sich festhalten, dass ein neues Reagenz zur Markierung von Cysteinseitenketten mit Lanthanoiden hergestellt und charakterisiert wurde, welches hervorragende Markierungseigenschaften und eine hohe Stabilität aufweist. Die markierten Proteine können weiterhin mit den üblichen Methoden identifiziert und hochempfindlich mit ICP-MS quantifiziert werden. Darüber hinaus wurden Methoden zur relativen Quantifizierung der markierten Proteine mit Molekular-MS im Zuge der Identifizierung von markierten Proteinen entwickelt, mittels ICP-MS überprüft und Algorithmen für die softwaregestützte Auswertung etabliert.

Die grundlegende Weiterentwicklung der Metallmarkierung von Proteinen und eine umfangreiche Verknüpfung von Molekular- mit Element-MS in dieser Arbeit stellen die Vielseitigkeit der Methode heraus und bieten vielfältige Anknüpfungspunkte für künftige Anwendungen im Bereich der Bioanalytik. Aktuelle und zukünftige Entwicklungen sind vor allem auf der Erweiterung der Methode auf die biologisch bedeutenden posttranslationalen Proteinmodifikationen oder andere Verbindungsklassen wie DNA und Metaboliten zu erwarten. Weiterhin können diese Metallmarkierungen auch im Bereich von bildgebenden Techniken wie Laserablation oder MALDI-*Imaging* wichtige Beiträge zu einem tieferen Verständnis von biologischen Prozessen liefern (3).

Literatur

Gunnar Schwarz, MeCAT-IA – Ein neuartiges Reagenz zur molekular und elementmassenspektrometrischen Quantifizierung von Proteinen, Dissertation, Humboldt-Universität zu Berlin, **2013**.

Gunnar Schwarz, Stefanie Ickert, Nina Wegner, Andreas Nehring, Sebastian Beck, Rüdiger Tiemann, Michael W. Linscheid, Protein quantification by elemental mass spectrometry: An experiment for graduate students, *J. Chem. Educ.*, akzeptiert, DOI: 10.1021/ed500339c.

Gunnar Schwarz, Larissa Müller, Sebastian Beck, and Michael W. Linscheid, DOTA based metal labels for protein quantification: A review, *J. Anal. Atom. Spectrom.*, **2014**, *29*, 221.

Die hier beschriebene Forschungsarbeit erfolgte im Rahmen der Promotion von Gunnar Schwarz im Arbeitskreis von Prof. Michael W. Linscheid am Institut für Chemie der Humboldt-Universität zu Berlin. Besondere Anerkennung gilt dabei insbesondere Michael W. Linscheid, Micheal G. Weller, Sebastian Beck, René Becker, David Benda, Stefanie Ickert und anderen Mitarbeitern des Arbeitskreises Linscheid.

Bernd Sösemann

Die Verleihung des „Studienpreises“ von EHS und BWG

Unsere Gesellschaft hat die Kooperation mit der Berliner Erhard Höpfner Stiftung in den letzten beiden Jahren fortgesetzt. Sie verleiht zusammen mit dem Stiftungsvorstand unter der Leitung von Frau Dipl.-Psychologin Gabriele v. Thienen weiterhin jährlich den „Studienpreis“. Mit ihm werden erste Abschlüsse der Universitäten und Fachhochschulen Berlins ausgezeichnet, also die Qualifikationsarbeiten im Rahmen der Staatsexamens-, Master- und Diplomstudiengänge sowie des Ersten juristischen Examens. Auf diesem Weg kann auf akademische Talente früh aufmerksam gemacht werden. Im Jahrbuch der Berliner Wissenschaftlichen Gesellschaft stellen die Preisträger ihre Spitzenleistungen kurz vor. In den vergangenen Jahren setzten nahezu alle der von Ausgezeichneten ihr Studium Arbeit mit einer Promotion fort.

Der Preis trägt den Namen seines Stifters. Erhard Höpfner wurde 1904 in Gahlens in Sachsen geboren. Seine Lehre schloss er in Berlin ab. Hier gründete er als 26-jähriger ein eigenes Unternehmen für den Vertrieb von Industriebedarfsartikeln. In den fünfziger Jahren übernahm er die Vertretung zweier Weltfirmen. Er dehnte damit seinen Unternehmensbereich auf die Produktion von Laborutensilien, Vakuumpumpen und physikalischen Geräte aus. Vor seinem Tod im Jahr 1999 war es Erhard Höpfner noch vergönnt, die inhaltlichen, rechtlichen und finanziellen Grundlagen seiner Stiftung entscheidend mitzugestalten. Ich konnte damals miterleben, mit welchem Engagement und mit welcher Freude er über dieses Vermächtnis nachdachte. Im zweiten Paragraph der Satzung legte er den Zweck der Stiftung fest: „(…) die Förderung und Unterstützung benachteiligter Kinder und Jugendlicher und die Förderung des wissenschaftlichen Nachwuchses an Hochschulen und Fachhochschulen Berlins“. Die Stiftung ist seit ihrer Gründung dem „Stifterverband für die Deutsche Wissenschaft“ angeschlossen.

Jährlich wird ein anderer wissenschaftlicher Schwerpunkt benannt, aus dem sowohl von den Examinierten selbst als auch von ihren Betreuerinnen und Betreuer Vorschläge erwartet werden. Zum dritten Mal handelte es sich 2013 um die Ingenieurs- und Technikwissenschaften“ und 2014 um die „Geistes- und Kulturwissenschaften“.

2013 verliehen die beiden Institutionen den „Studienpreis“ für herausragende Leistungen im Bereich der „Ingenieur- und Technikwissenschaften zu gleichen Teilen an die Herren Stefan v. Mach und Marcus Wolf, da ein direkter Vergleich in der Spitzengruppe und somit die Favorisierung einer einzigen der ausgezeichneten Arbeitender Jury nicht möglich erschien. Herr v. Mach erhielt den Studienpreis in Höhe von 2.500 Euro für seine an der Technischen Universität Berlin im Fachgebiet Schienenfahrwege und Bahnbetrieb der Fakultät V Verkehrs- und Maschinensysteme eingereichte Masterarbeit „Ein Konzept für neue Züge auf nicht elektrifizierten Strecken des Schienen-Personen-Nahverkehrs.“ Der Autor wurde von Herrn Prof. Dr. Jürgen Siegmann betreut. In der Begründung der Jury – bestehend aus den Professoren Bernhard v. Gersdorff, Helmut Pucher und Dietrich Severin – hieß es: „Im Vergleich zum Betrieb mit Dieselmotoren werden die vielfältigen Vorteile einer Nutzung von Akkumulatoren bzw. Lithium-Titanat-Batterien an zwei Referenzstrecken im Raum Berlin-Brandenburg umsichtig, differenziert und präzis dargestellt, ohne dass die Schwierigkeiten der praktischen Umsetzung des neuen Antriebskonzepts- und Betriebskonzepts verschwiegen werden.“

Herr Wolf wurde mit dem Studienpreis in Höhe von 2.500 Euro für seine an der Hochschule für Technik und Wirtschaft Berlin im Fachbereich Ingenieurswissenschaften Maschinenbau eingereichte Masterarbeit „Konstruktion eines Hochdrucksystems zur in-situ Untersuchung des SwRK metallischer Werkstoffe in korrosiven gasförmigen und flüssigen Medien bei hoher Temperatur“ ausgezeichnet. Frau Prof. Dr. Anja Pfennig betreute Herr Wolf. Der Preisverleihung lag das einhellige Urteil der Jury zu Grunde, dass die originelle, zukunftsorientierte und in werkstattnaher Zusammenarbeit entstandene Untersuchung wissenschaftliche herstellungs- und betriebstechnische Perspektiven auf hohem Niveau eröffne. Sie ist im Rahmen von Betriebspraktika bzw. in Kooperation mit Unternehmen entstanden und besticht in ihrem theoretischen Ansatz, ihrer sprachlichen und graphischen Darstellung sowie in den analytischen und anwendungsorientierten Teilen gleichermaßen.

Im folgenden Jahr, also 2014, ging es um die „Geistes-, Sozial- und Kulturwissenschaften“. In diesem akademischen Bereich werden Leistungen nicht gemessen, sondern es werden die Qualitäten der Arbeiten beurteilt. Nun weiß man, dass selbst über das Urteil einer hochkarätigen Jury ein gewisses „Vielleicht“ schwebt. Auch nach langen und intensiven Diskussionen muss somit ein Hauch des Subjektiven verbleiben. Der Anteil des Persönlichen schwindet sicher nicht völlig, aber doch weitgehend, wenn man die Beurteilung ausgewiesenen Fachkollegen höheren Alters aus dem Kreis der Mitglieder unserer Gesellschaft anvertraut. Die wissenschaftliche Beratungs- und Entscheidungskompetenz lag im aktuellen

Fall bei drei pensionierten Kollegen, bei den Professoren Frau Hannelore Horn und Herrn Reimar Hansen von der Freien Universität Berlin sowie bei Herrn Prof. Erhard Schütz von der Humboldt-Universität. Auch diese Jury beriet unter meinem Vorsitz. Den Kollegen danke ich für ihre Beratungen und Gutachten herzlich, denn sie haben sich zur Übernahme der zusätzlichen Aufgaben in der vorweihnachtlichen Zeit nicht nur freundlich bereiterklärt, sondern rund um den Jahreswechsel die eingereichten Arbeiten gelesen, verglichen und bewertet. Die Entscheidung fiel auch in diesem Jahr nicht leicht, da wieder außergewöhnlich gute Arbeiten eingereicht worden waren. Zum Abschluss eines dreistufigen Verfahrens konnte schließlich aus der zuletzt noch zu verhandelnden Vierergruppe der Favorit bestimmt werden. Den Anhängern der Statistik sei über das diesjährige Bewerberfeld verraten, dass gut dreimal mehr Arbeiten aus der FU als aus der HU kamen und dass die Frauen klar dominierten.

Der „Erhard Höpfner Studienpreis“ geht 2014 in Höhe von 3.000 Euro an Herrn Stefan Noack von der Freien Universität Berlin. Seine Masterarbeit steht unter dem Titel „Von Papierkriegern und Phantasiestrategen. Ferdinand Grauthoffs politisch-militärischer Zukunftsroman ‚1906 – Der Zusammenbruch der alten Welt‘“. Die geschichtswissenschaftliche Untersuchung eines Romans wurde am Friedrich-Meinecke-Institut für Geschichtswissenschaften der Freien Universität bei Herrn Prof. Dr. Uwe Puschner eingereicht. Die Jury zeigte sich von Herrn Noacks anspruchsvoller Bearbeitung eines ungewöhnlichen und zum ersten Mal quellennah und differenziert interpretierten Themas in mehrfacher Hinsicht beeindruckt. Der Autor bietet eine klar gegliederte Untersuchung und sehr gut formulierte Darstellung. Er hat nicht nur die einschlägigen deutschen, englischen und französischen Veröffentlichungen kritisch ausgewertet, sondern zusätzlich sogar Materialien im privaten Nachlass des Dichters aufgespürt. Auf dieser Basis, den dichten Informationen zur Biographie und vor dem Hintergrund einer genauen Lektüre seiner literarischen Quelle, vermag er die Entstehungsbedingungen, den historischen Kontext und die Rezeption des Romans überzeugend zu erkunden. Dazu gehört auch die Untersuchung der zahlreichen, Grauthoffs Werk nachfolgenden Zukunfts-Schriften. Das Ergebnis ist – und hier nehme ich eine Bemerkung der Jury auf – „eine umsichtige und gründliche historische Darstellung, die zum einen die Geschichte des Zukunftsromans und zum anderen seine Historizität in allen relevanten Zusammenhängen erarbeitet.“

Die Masterarbeit glänzt auch durch die Vielzahl der berücksichtigten Bildquellen, Anzeigen sowie durch Prosaisches und Lyrisches. Ein Gedicht, das Grauthoffs Werk aus der Sicht und in der Sprache eines Junkers karikiert, habe ich mir erlaubt so frei abzuändern, dass es nunmehr auf unseren zu rühmenden Preisträger zugeschnitten ist.

Noack – der Stern am Wissenschaftshimmel

Noack – viel Sensation jemacht,
Die Arbeit vorjenommen.
Nur mir bestätigt, was jleich jedacht:
Wird den Preis wohl bekommen!

Janz augenscheinlich sehr jut verfasst.
– auch nicht von Kameraden.
Autor: kein schlichter Civil-Phantast.
Wissenschaftlich gut gerathen.

Perfect illustriert; auch schneidiger Stil.
Fabel zwar dolle Erdreistung!
Aber im Janzen: für Kerl von Civil
Jar nicht talentlose Leistung.

Die Jury hatte den Wunsch, das Auszeichnungsverfahren auch in diesem Jahr wieder einmal flexibel zu gestalten. Sie wollte sich die Möglichkeit verschaffen, auf eine weitere originelle Arbeit unter den eingesandten Werken wenigstens lobend hinzuweisen. Es handelt sich um die Bewerbung von Frau Daria Manova. Sie hat ihr Thema klar entwickelt und sprachlich-stilistisch sehr gut formuliert. Die Masterarbeit entstand bei Frau Prof. Dr. Ethel Matala de Mazza am Institut für deutsche Literatur der Humboldt Universität Berlin. Die Autorin schrieb unter dem Titel „Rohstoff für den ‚Roman'" über das Thema „B. Travens Abenteuerromane zwischen Mexiko und der Weimarer Republik".

Bei der Bearbeitung hat sie, so wurde ausdrücklich bemerkt, die üblichen Gefahren einer diskursanalytischen Wissensgeschichte vermieden, nämlich gegenüber den Fakten und Realien mit einer gewissen spekulativen Großzügigkeit zu verfahren. Bei ihr findet man durchgehend eine gründliche und umfassende Recherche und kritische Bearbeitung der herangezogenen Quellen. Damit die hoffnungsvolle junge Wissenschaftlerin dieses Lob auch in einer weiteren Hinsicht genießen kann, unterstrich die Jury ihr Lob mit 500 Euro.

Für das Jahr 2015 schreiben wir den Studienpreis für den Themenbereich „Umweltschutz" aus und erwarten Abschlussarbeiten, die sich mit dem Klimawandel, der Energiegewinnung aus erneuerbaren Ressourcen oder mit dem Schutz der Umwelt vor anthropogenen Einflüssen beschäftigen. Auch bei dieser 15. Ausschreibung unseres Preises in Höhe von rund 4.000 Euro können die Vorschläge von den Studierenden selbst oder von den Betreuerinnen und Betreuern eingebracht werden. Die Verfahren müssen zwischen dem 30. September 2014 und dem 31. Oktober 2015 abgeschlossen worden sein. Dissertationen sind ausgeschlossen. Umfassende Hinweise finden sich auf der Website unter www.fu-berlin.de/akip/ehs; der Fragebogen steht dort zum Herunterladen bereit.

Marcus Wolf

Konstruktion eines Hochdrucksystems zur in-situ Untersuchung der SwRK metallischer Werkstoffe in korrosiven, gasförmigen und flüssigen Medien bei hoher Temperatur

Pumpen in geothermischen Kraftwerken werden einer schwingenden und korrosiven Belastung ausgesetzt. Dies kann zu Schwingungsrisskorrosion (SwRK) und Reduktion der Lebensdauer der Komponenten führen. Somit entstehen besonders hohe Anforderungen an den für die Pumpe zu verwendenden Werkstoff. Das Bundesministerium für Umwelt, Naturschutz und Reaktorsicherheit schreibt dazu:

> *„Bei allen Pumpentypen muss auf eine geeignete Werkstoffwahl geachtet werden. Besondere Anforderungen ergeben sich aus den vorliegenden Temperaturen, …, sowie aus den Eigenschaften des geförderten Fluids. Die teilweise hohe Mineralisation und die enthaltenen Gase, die u.a. häufig auch Schwefel beinhalten, können bei falscher Werkstoffwahl schnell zum Materialversagen und zum Ausfall der Pumpe führen."*

Um die Belastungen, die am Pumpenwerkstoff vorliegen, realitätsnah zu simulieren, sollte ein geeignetes Prüfsystem zur Durchführung von Ermüdungsversuchen unter „in-situ"-Bedingungen innerhalb einer kooperativen Zusammenarbeit zwischen der Hochschule für Technik und Wirtschaft (HTW) Berlin und der Bundesanstalt für Materialforschung und -prüfung (BAM) konstruiert werden. Die hierfür festgelegten Parameter waren ein Systemdruck von 200 bar bei einer Systemtemperatur von 200 °C. Für die Auslegung des Systems, bestehend aus Druckkorrosionskammer, Ausgleichsbehälter, Heizung und Kaufteilen, mussten im Vorfeld die Anforderungen klar definiert werden. Hierbei war besonders darauf zu achten, dass die gesetzlichen und technischen Regelwerte einbezogen werden, da es sich um ein System mit einem Überdruck von mehr als 0,5 bar handelt. Die dafür erforderlichen Regeln sind in der europäischen Druckgeräte-Richtlinie definiert.

Die Druckkorrosionskammer (Abb. 1) hat die Aufgabe, die Probe während des Versuches zu umschließen. Hierbei steht die Kammer in einer direkten Symbiose zu der Probe, was zum einen eine Abhängigkeit der Kammer von der Probe darstellt und zunächst als Nachteil angesehen werden kann, aber zum anderen eine Unabhängigkeit in Bezug auf die Auswahl der Prüfmaschine zulässt.

Abb. 1: Druckkorrosionskammer

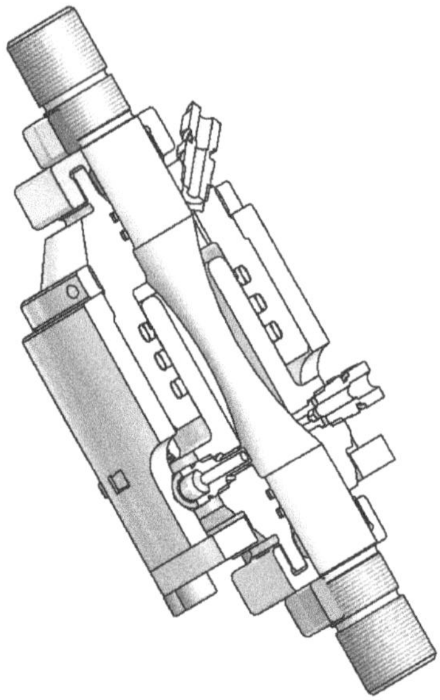

Dies wird dadurch erreicht, dass die Kammer direkt auf der Probe montiert ist. Der Vorteil der freien Wahl der Prüfmaschine wiegt in diesem Fall höher.

Abb. 2: Ausgleichsbehälter

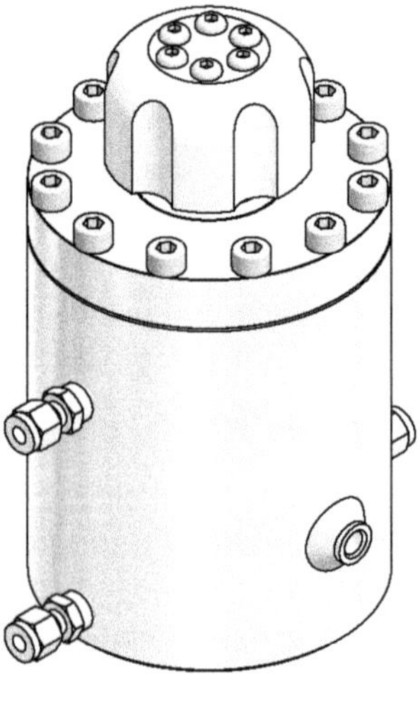

Im Ausgleichsbehälter (Abb. 2) wird das Korrosionsmedium für den Versuch aufgenommen. Das Volumen des Behälters muss genug Korrosionsmedium aufnehmen, um die DIN 50905 Teil 1 zu erfüllen. Diese schreibt vor, dass die Menge des Korrosionsmediums in einem bestimmten Verhältnis zur Probenoberfläche stehen muss. Dieses Verhältnis soll im Allgemeinen mindestens 10 ml/cm² betragen.

Ein Sicherheitsverschluss am Ausgleichsbehälter verhindert, dass dieser unter Druck geöffnet werden kann. So wird vermieden, dass es zur Öffnung des Behälters während des Versuches kommt.

Die Heizvorrichtung hat die Aufgabe, das Korrosionsmedium während der Versuche auf die geforderte Temperatur zu erhitzen.

Die Probe wird den gesamten Versuch hindurch permanent vom Korrosionsmedium umspült. Um dies zu gewährleisten, muss das Korrosionsmedium während des gesamten Versuches mittels einer Pumpe umgewälzt werden. Zudem muss durch die Pumpe der Druck aufgebaut werden, welcher an der Probe vorliegen soll. Zusätzlich ist das Korrosionsmedium mit CO2 gesättigt. Der hierfür erforderliche Kreislauf des Systems ist schematisch in Abb. 3 dargestellt.

Abb. 3: Kreislaufsystem der Druckkorrosionseinrichtung

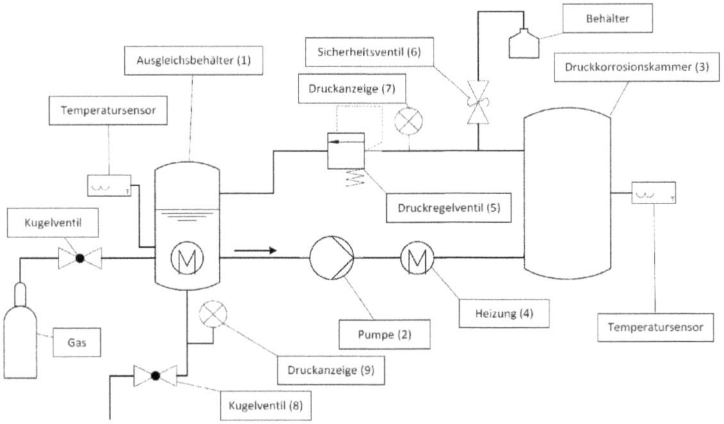

Das Korrosionsmedium wird im Ausgleichsbehälter (1) erhitzt und von einer Pumpe (2) in die Druckkorrosionskammer (3) gepumpt. Der Druck wird über das Druckregelventil (5) eingestellt. Die Pumpe erzeugt den vorher eingestellten Druck in der Druckkorrosionskammer. Zwischen der Pumpe und der Druckkorrosionskammer befindet sich eine Heizung (4), die – wenn nötig – das Korrosionsmedium auf die erforderliche Temperatur erhitzt. Der aus dem Temperaturanstieg resultierende Druckanstieg wird durch das Druckregelventil kompensiert. Zur Überprüfung des Drucks befindet sich hinter dem Sicherheitsventil (6) eine Druckanzeige (7). Kommt es zu einer plötzlichen Überschreitung des Drucks im System, öffnet sich das Sicherheitsventil und stellt so einen Druckausgleich im System her. Das Gas wird vor dem Druckaufbau in den Ausgleichsbehälter geleitet. Es wird so lange Gas zugeführt, bis das Korrosionsmedium gesättigt ist. Ein Eindringen des Korrosionsmediums in die Gaszufuhr wird durch ein Kugelventil verhindert. Nach Abschluss des Versuches wird das Korrosionsmedium über eine Leitung am Ausgleichsbehälter abgelassen. Um zu kontrollieren, ob der Behälter unter Druck steht, ist vor dem Kugelventil (8) eine zweite Druckanzeige (9) montiert.

Das gesamte System wird so angeordnet, dass es an die Prüfmaschine - Schenck Vertikalpulser - passt. Hierfür ist ein geeigneter Versuchsstand (Abb.4) konstruiert worden. Dieser dient sowohl als Schutzvorrichtung als auch als Montagerahmen der einzelnen Komponenten. Der Versuchsstand besteht aus einem Grundgerüst aus Aluminiumprofilen. Diese zeichnen sich durch eine hohe Flexibilität aufgrund der vielseiteigen Erweiterungsmöglichkeiten aus. Um den Versuchsstand optimal an die Prüfmaschine anpassen zu können, ist dieser in seiner Höhe verstellbar. Diese Höhenanpassung ermöglicht auch die Adaption des Versuchsstandes an andere Prüfmaschinen.

Abb. 4: Versuchsstand und Schutzverkleidung

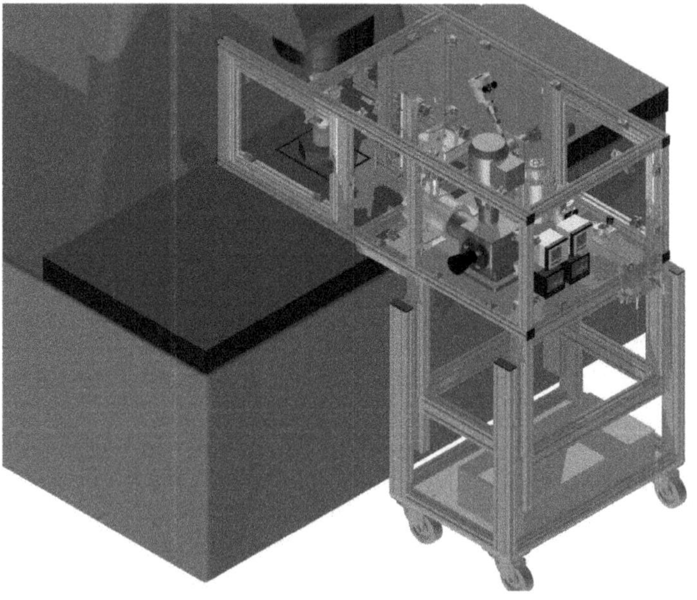

Stefan Noack

Von Papierkriegern und Phantasiestrategen Der politisch-militärische Zukunftsroman „1906 – Der Zusammenbruch der Alten Welt“*

Es liegt anscheinend in der Natur des Deutschen begründet, sich nicht harmlos der Gegenwart freuen zu können, ohne zugleich sorgend des Kommenden zu denken.[1]

Ferdinand Grautoff

Der Literaturwissenschaftler Ignatius Frederick Clarke nennt in seinem Buch „Voices prophesying war“ 48 deutschsprachige Prosawerke, die zwischen 1888 und 1914 einen „kommenden Krieg“ imaginierten.[2] Zu ihnen zählt der politisch-militärische Zukunftsroman „1906 – Der Zusammenbruch der Alten Welt“,[3] den Historiker wie Oliver Janz, Herfried Münkler, Hew Strachan und Niall Ferguson in ihren Weltkriegs-Monographien als Beispiel für die Kriegsantizipation der wilhelminischen Epoche anführen.[4] Obwohl das Werk in den vergangenen

---

* Zur weiteren Lektüre: Stefan Noack: *Der Zusammenbruch der Alten Welt. Ein politisch-militärisches Gedankenexperiment im Laboratorium der Moderne*, in: Puschner, Uwe / Stange-Fayos, Christina / Wimmer, Katja (Hrsg.): *Laboratorium der Moderne. Ideenzirkulation im Wilhelminischen Reich* (= Zivilisationen & Geschichte, Bd. 31), Frankfurt a. M. u.a. 2015, S. 233–247.

1 Ferdinand Grautoff: *Die Garibaldidroschke und andere lustige Geschichten*, Leipzig 1913, S. 151.

2 Vgl. Ian Foster: *The Image of the Habsburg Army in Austrian Prose Fiction. 1888 to 1914*, Bern 1991, S. 274; Ignatius Frederick Clarke: *Voices Prophesying War. Future Wars 1763–1984*, Oxford 1992; Ein Abgleich mit den bibliographischen Angaben bei Franke, Geus, Ritter und Innerhofer legt nahe, dass die Zahlen in Wahrheit höher waren. Vgl. Henning Franke: *Der politisch-militärische Zukunftsroman in Deutschland 1904–14*, Frankfurt a.M. 1985; Klaus Geus [Nessun Sapra]: *Lexikon der deutschen Science Fiction und Fantasy 1870–1918*, Oberhaid 2005; Claus Ritter: *Kampf um Utopolis*, Berlin 1987; Roland Innerhofer: *Deutsche Science Fiction 1870–1914, Rekonstruktion und Analyse der Anfänge einer Gattung*, Wien / Köln / Weimar 1996.

3 Ferdinand Grautoff [Seestern]: *1906 – Der Zusammenbruch der alten Welt*, Leipzig 1905.

4 Oliver Janz: *14 – Der große Krieg*, Frankfurt / New York 2013, S. 133; Herfried Münkler: *Der Große Krieg: Die Welt 1914 bis 1918*, Berlin 2013, S. 547; Hew Strachan: *The First World War*, London 2003, S. 69; Niall Ferguson: *The Pity of War*; New York 1999, S. 7.

Jahren in mehreren wissenschaftlichen Arbeiten untersucht wurde,[5] ist über seine Entstehung, Wirkung und zeithistorische Bedeutung bislang nur wenig bekannt.

Jost Dülffer weist darauf hin, dass die meisten Schriften über den „kommenden Krieg“ nach internationalen Krisen publiziert wurden.[6] „1906“ erschien im Fahrwasser der sogenannten Delcassé-Affäre. Der Journalist Stéphane Lauzanne (1874–1958) hatte unter der Überschrift „La Vérité sur l'affaire du Maroc“ (dt.: Die Wahrheit über die Marokko-Krise) im Oktober 1905 drei Leitartikel in der Zeitung „Le Matin“ veröffentlicht. In den Artikeln behauptete er, der französische Außenminister Théophile Delcassé (1852–1923) habe vier Monate zuvor im Ministerrat berichtet, dass Großbritannien im Fall eines Krieges zwischen Frankreich und Deutschland bereit sei, mit einem 100.000 Mann starken Expeditionskorps an der Küste von Schleswig-Holstein zu landen.[7] Im Kontext des bevorstehenden Dreadnoughtsprungs der Briten und der als Antwort darauf formulierten Flottennovelle der Reichsmarine, sorgte diese Enthüllung in der deutschen Öffentlichkeit für große Empörung.[8]

Die Delcassé-Affäre hatte Kriegsvorahnungen geschürt, die „1906“ literarische Wirklichkeit werden ließ. Der im Buch geschilderte Krieg bricht im März 1906 aus. Anlass ist ein lang gehegter Konflikt zwischen Deutschland und Großbritannien, der sich an einem militärischen Vorfall in der Kolonie Samoa entzündet. Deutschland

---

5 Vgl. Franke: *Zukunftsroman*; Leopold Schlöndorff: *Die mögliche Welt des Anderen. Das Ende und der Andere in (post-)apokalyptischen Narrativen bei Arno Schmidt und Ferdinand Grautoff*, in: Veronika Wieser / Christian Zolles / Catherine Feik / Martin Zolles / Leopold Schlöndorff (Hrsg.): *Abendländische Apokalyptik. Kompendium zur Genealogie der Endzeit* (= Kulturgeschichte der Apokalypse, Bd. 1), Berlin 2013, S. 313–325; Ders.: *Der Schrecken des Lagers. Eine filmisch-literarische Spurensuche zwischen Antizipation und Retrospektive*, in: Yuichi Kimura / Thomas Pekar (Hrsg.): *Kulturkontakte. Szenen und Modelle in deutsch-japanischen Kontexten*, Bielefeld 2015, S. 197–217; Michael Gwosdz: *Vorstellungen von Nation und Krieg im politisch-militärischen Zukunftsroman vor dem Ersten Weltkrieg*, in: *Rissener Einblicke, Hamburger Zeitschrift für Politik und Wirtschaft*, Bd. 04-05, 2004, S. 71–90; Friederike Sophie Höhn: *„Die Zukunft trägt den großen Krieg im Schoße“. Aspekte des kommenden Krieges in zwei Zukunftskriegsromanen zu Beginn des 20. Jahrhunderts*, Bachelorarbeit, Universität Augsburg 2010.

6 Jost Dülffer: *Kriegserwartung und Kriegsbild in Deutschland vor 1914*, in: Wolfgang Michalka (Hrsg.): *Der Erste Weltkrieg. Wirkung, Wahrnehmung, Analyse,* München 1994, S. 778–798, hier: S. 793 f.

7 Stéphane Lauzanne: *La Vérité sur l'affaire du Maroc*, in: *Le Matin*, 5.-7.10.1905.

8 Vgl. Martin Mayer: *Geheime Diplomatie und öffentliche Meinung. Die Parlamente in Frankreich und Großbritannien und die erste Marokkokrise 1904–1906* (= Beiträge zur Geschichte des Parlamentarismus und der politischen Parteien, Bd. 131), Düsseldorf 2002, S. 237–248.

stehen Österreich-Ungarn, Italien und die Niederlande zur Seite; Großbritannien erhält Unterstützung von Frankreich, Belgien, Spanien und Portugal. Während die deutschen Streitkräfte an Land große Siege feiern, kommt es zur See zu einem Patt. Die deutsche Flotte wird vernichtet, kann aber den britisch-französischen Verbänden so immensen Schaden zufügen, dass an eine Fortsetzung der Kampfhandlungen nicht mehr zu denken ist. Als blutige Aufstände in den Kolonien ausbrechen, sehen sich die Kontrahenten dazu gezwungen Frieden zu schließen. Die Bilanz des Konflikts fällt für beide Seiten verheerend aus: ihre Volkswirtschaften sind ausgelaugt, ihre Armeen dezimiert, ihre Kolonialreiche zertrümmert.

„1906“ ist ein Tendenzroman. Seine Botschaft besteht aus zwei Lektionen: 1. Deutschland muss seine Marine aufrüsten, um in einem Krieg mit Großbritannien bestehen zu können. 2. Eine große militärische Auseinandersetzung in Europa muss verhindert werden, da sie den Kontinent ins Verderben stürzen könnte. Die beiden Imperative sind auf den ersten Blick widersprüchlich, haben jedoch einen gemeinsamen Fluchtpunkt: das Wohlergehen des Deutschen Reiches. Zwar tauchen im Buch weitere politisch-weltanschauliche Motive auf, im Gesamtkontext des Werks spielen sie aber eine untergeordnete Rolle.

Noch bevor „1906“ veröffentlicht wurde, erhielt das Reichsmarineamt auf Vermittlung des Schriftstellers Victor Laverrenz (1862–1910) ein Belegexemplar,[9] das zur Analyse an Karl Boy-Ed (1872–1930) vom Marinenachrichtenbüro weitergeleitet wurde. Nach Ansicht des Kapitänleutnants kam das „viel zu phantastisch, unlogisch und flüchtig geschrieben[e] Buch“, das höchstens „die Jugend“ und „einfältige Leute“ überzeugen könne, für eine „offiziöse Protektion“ nicht in Frage.[10]

Admiral Alfred von Tirpitz (1849–1930), der Leiter des Reichsmarineamtes, ging noch einen Schritt weiter. Er bezeichnete die Veröffentlichung von „1906“ als „höchst inopportun“[11] – eine Reaktion, die mit Blick auf die politische Lage im Herbst 1905 nachvollziehbar ist. Im Deutschen Reich wurden nach der Delcassé-Affäre immer mehr Stimmen laut, denen die Rüstungsforderungen der Reichsmarine nicht weit genug gingen. Tirpitz musste zusehen, wie seine Pläne zur „stetigen, systematischen Fortentwicklung“[12] der Seestreitkräfte von einer Welle der Flottenmanie davon gespült wurden.

---

9 Vgl. *Laverrenz an RMA, Brief v. 06.11.1905*, in: Akten des RMA, BA-MA Freiburg, Sign.: RM3-10028, Blatt 315.

10 *Analyse von „1906“*, in: Akten des RMA, BA-MA Freiburg, Sign.: RM3-10028, Blatt 312 f.

11 *Notizen zum Gespräch mit Tirpitz*, in: Akten des RMA, BA-MA Freiburg, Sign.: RM3-10028, Blatt 316.

12 Zitiert nach: Volker R. Berghahn: *Der Tirpitz-Plan. Genesis und Verfall einer innenpolitischen Krisenstrategie unter Wilhelm II.*, Düsseldorf 1971, S. 498.

Tirpitz' ablehnende Haltung gegenüber „1906" war situationsbedingt und nicht grundsätzlicher Natur. Unter anderen politischen Voraussetzungen hatte er einige Jahre zuvor selbst eine Broschüre über einen Zukunftskrieg zwischen Deutschland und Großbritannien entwerfen lassen.[13] Das Papier sollte im Fall einer außenpolitischen Krise die Stimmung der deutschen Bevölkerung zu Gunsten der Politik des Reichsmarineamtes beeinflussen.[14] Bei eingehender Analyse lassen sich zwischen „1906" und dem Entwurf große inhaltliche und formale Ähnlichkeiten feststellen. Dieser Befund stützt den, von Zeitgenossen wie dem britischen König Edward VII. (1841–1910) und einigen deutschen Journalisten geäußerten Verdacht, dass der Zukunftsroman im Auftrag der Reichsmarine entstanden sein könnte.[15] Für ein solches Vorgehen gibt es zwar Präzedenzfälle,[16] nach Lage der Quellen ist es aber wahrscheinlicher, dass Details des Broschüren-Projekts durch undichte Stellen im Reichsmarineamt, im Reichskanzleramt oder im Auswärtigen Amt nach außen gedrungen waren.[17]

„1906" erschien unter dem Pseudonym „Seestern". Die Rezensenten der ersten Stunde glaubten, dass es sich beim Verfasser des Buches um einen Marineexperten handeln müsse. Im Gespräch waren Männer wie der Nationalökonom Adolph von Wenckstern (1862–1914),[18] der Schriftsteller Hans Graf von

---

13 Vgl. *Aufzeichnungen v. 16.10.1902*, in: Handakte Admiral Hollweg, BA-MA Freiburg, Signatur: RM3-11678; *Briefwechsel und Unterlagen zum Entwurf der Broschüre*, in: BA-MA Freiburg, Signatur: RM3-9720, Blatt 10–44; Wilhelm Deist: *Flottenpolitik und Flottenpropaganda*. Das Nachrichtenbureau des Reichsmarineamtes 1897–1914 (= Beiträge zur Militär- und Kriegsgeschichte, Bd. 17), Stuttgart 1976, S. 168–171; Lars U. Scholl: *London unter den Hohenzollern. Saki und die Kriegsantizipation vor 1914*, in: Thomas Stamm-Kuhlmann / Jürgen Elvert / Birgit Aschmann / Jens Hohensee (Hrsg.): *Geschichtsbilder. Festschrift für Michael Salewski zum 65. Geburtstag* (= Historische Mitteilungen im Auftrag der Ranke-Gesellschaft, Bd. 47), Wiesbaden 2003, S. 225–239.

14 *Tirpitz an Richthofen, Brief v. 31.01.1903*, in: Akten des RMA, BA-MA Freiburg, Sign.: RM3-9720, Blatt 46.

15 Vgl. Arthur J. Marder (Hrsg.): *Fear God and Dread Nought, The Correspondence of Admiral of the Fleet Lord Fisher of Kilverstone*, Bd. 2: *Years of Power, 1904–1914*, London 1956, S. 148 f; sowie: *Rheinische Post*, 18.12.1905; *Lippisches Tageblatt*, 15.01.1906.

16 Vgl. u.a. Adolf Stein [Lookout]: *Englands Weltherrschaft und Deutschlands „Luxusflotte"*, Berlin 1912; dazu: Deist: *Flottenpolitik*, S. 288.

17 Vgl. *Bericht des RMA an den Flügel-Adjutanten des Kaisers v. 09.01.1906*, in: Akten des RMA, BA-MA Freiburg, Sign.: RM3-10028, Blatt 338; Richthofen an Tirpitz, Brief v. 13.02.1903, in: Akten des RMA, BA-MA Freiburg, Signatur: RM3-9720, Blatt 47 f.

18 Vgl. *Deutscher Bote*, 10.11.1905.

Bernstorff (1856–1914)[19] und der Historiker Hugo Kerchnawe (1872–1949).[20] Erst später wurden Stimmen laut, die die Fachkompetenz des Autors in Frage stellten.[21] In der Zeitschrift *Der Deutsche* hieß es, der Mann habe vermutlich „überhaupt nie gedient, weder zu Wasser noch zu Lande."[22] Das Geheimnis um den „Seestern" wurde schließlich von Ernst Hasse (1846–1908), dem Vorsitzenden des Alldeutschen Verbandes, gelüftet.[23] Er gab auf einer Sitzung des Deutschen Flottenvereins bekannt, dass es sich beim Autor um Ferdinand Heinrich Grautoff (1871–1935), den Chefredakteur der Leipziger Neusten Nachrichten handelte. Obwohl der damals 35jährige Journalist tatsächlich keine weitreichenden militärischen Kenntnisse besaß, galt er fortan als Autorität in Fragen des „kommenden Krieges".

Grautoff wurde am 10. August 1871 als ältester von zwei Söhnen einer Pastoren- und Gelehrtenfamilie in Lübeck geboren.[24] Im Anschluss an seine Schulausbildung am Katharineum nahm er 1891 ein Studium der Philosophie- und Geschichtswissenschaften auf, das ihn nach Berlin, Tübingen und Marburg führte. Frisch promoviert heuerte er 1898 bei den Leipziger Neusten Nachrichten an, die ihn innerhalb weniger Monate zum Hauptschriftleiter ernannten. Grautoffs schneller Aufstieg war vermutlich dem Umstand geschuldet, dass er nicht nur die protestantische, bildungsbürgerliche, vaterländisch-monarchistische und damit stark antidemokratische Grundlinie der LNN vertrat, sondern auch mit dem Alldeutschen Verband sympathisierte, dem wichtige Vertreter der Zeitung angehörten.

---

19 Vgl. *Analyse von „1906"*, in: Akten des RMA, BA-MA Freiburg, Sign.: RM3-10028, Blatt 312 f, hier: Blatt 312.

20 Vgl. Mauritz von Wiktorin: *Offizier in drei Armeen*, Unveröffentlichtes Manuskript, Österreichisches Staatsarchiv, Abteilung Kriegsarchiv, B/1191, Nr. 1, Kapitel: *Als Leutnant in Galizien*, S. 16.

21 Vgl. u.a. *Was die maßgebendsten Fachleute vom „Seestern 1906" halten*, in: *Magdeburgische Zeitung*, 21.11.1905.

22 *Der Deutsche*, 18.11.1905.

23 *Giessener Anzeiger*, 28.12.1905; *Leipziger Volkszeitung*, 27.11.1905; In einem abweichenden Bericht heißt es, sozialdemokratische Schriftsetzer hätten die Identität des Verfassers publik gemacht. vgl. *Deutsche Zeitung*, 18.02.1906.

24 Zu Ferdinand Grautoff: Walther Killy / Rudolf Vierhaus (Hrsg.): *Deutsche Biografische Enzyklopädie (DBE)*, Bd. 4, München / New Providence / London / Paris 1996, S. 144; *Lebenslauf*, in: Ferdinand Grautoff: *Die Beziehungen Lübecks zu Christian IV. bis zum 30jährigen Kriege*, Dissertation, Marburg i.H. 1899; *Lebenslauf*, in: Nachlass Ferdinand & Wolfgang Grautoff, z. Zt. im Besitz von Christiane Bauer Grautoff, Baldham bei München; O.V.: *Ferdinand Grautoff*, in: *Deutsche Presse*, Jg. 21 (1931), Nr. 32, 08.05.1931, S. 459.

Neben seiner Arbeit bei den Leipziger Neusten Nachrichten war Grautoff schriftstellerisch tätig. Bis zu seinem Tod veröffentlichte er drei Zukunftsromane, zwei Sachbücher, eine Kurzgeschichtensammlung und mehrere Broschüren.[25] „1906“ war sein erstes und mit Abstand erfolgreichstes Werk. Die Arbeiten daran hatten nur wenige Wochen gedauert.[26]

Abb.: Ferdinand Heinrich Grautoff und sein Zukunftsroman „1906“[27]

25 Zukunftsromane: [Seestern]: *1906 – Der Zusammenbruch der alten Welt*, Leipzig 1905; [Parabellum]: *Bansai!*, Leipzig 1908; [Seestern]: *Fu, der Gebieter der Welt*, Leipzig 1925; im Nachlass von Ferdinand & Wolfgang Grautoff befindet sich das Manuskript eines vierten, unveröffentlichten Romans, Vgl. *„Die Stimme der Heimat“*, Romanmanuskript [1933], in: Nachlass Ferdinand & Wolfgang Grautoff; Sachbücher: [Seestern]: *Unter der Kaiserstandarte*, Leipzig 1910; *In Leipzig während der Völkerschlacht und anderes aus der Franzosenzeit aus alten Familienpapieren*, Leipzig 1913; Kurzgeschichtensammlung: *Die Garibaldidroschke und andere lustige Geschichten*, Leipzig 1913; Broschüren (z.T. Sonderdrucke der LNN): *Auf unserer Flotte in der Ostsee*, Leipzig 1915; *Eine Fahrt an die Westfront*, Leipzig 1915; *Vierzehn Tage am goldenen Horn*, Leipzig 1918; *Deutsche Heimat in Wort und Bild*, Leipzig 1926.

26 Grautoff: *Kaiserstandarte*, S. 9.

27 Nachlass von Ferdinand & Wolfgang Grautoff; Sammlung Stefan Noack.

Entgegen der Prognose des Reichsmarineamtes entwickelte sich „1906“ zum Bestseller. Im ersten Jahr verkaufte sich der Roman über 100.000 mal.[28] Insgesamt erreichte er eine Auflage von 140.000 Exemplaren.[29] Auf die deutsche Ausgabe folgten Übersetzungen in englischer, französischer, niederländischer und russischer Sprache.[30] Darüber hinaus diente „1906“ als Inspiration für eine Reihe später erschienener Zukunftsromane mit ähnlicher Handlung, Erzählstruktur und Sprache. Dazu zählten u.a. Beowulfs „Der deutsch-englische Krieg“, Hansas „Hamburg und Bremen in Gefahr“, Moriturus' „Mit deutschen Waffen über Paris nach London“ und Wikings „Nordlicht 1908“.[31]

Der große Erfolg von „1906“ war nicht zuletzt der umfangreichen Presseberichterstattung geschuldet. Im Nachlass von Ferdinand Grautoff sind über 120 deutschsprachige Rezensionen des Buches überliefert.[32] Die Kritiker stellten zwar Details des geschilderten Zukunftsszenarios in Frage, im Großen und Ganzen standen sie dem Roman aber positiv gegenüber. Sowohl der stellvertretende Vorsitzende der Deutschen Friedensgesellschaft, Otto Umfrid (1857–1920),[33] als auch alldeutsche Nationalisten wie Ernst Graf zu Reventlow (1869–1943)[34] und Eduard von Liebert (1850–1934)[35] fanden lobende Worte für das Werk. „1906“, so Umfrid, „gefällt den Nationalisten, weil e[s] die Laster des Krieges wie ein Brillantfeuerwerk mit hellem Funkensprühen malt, und e[s] gefällt den Friedensfreuenden, weil e[s] den Teufel, der die kriegführenden Parteien holt, dazu malt.“[36]

---

28 Vgl. Werbeanzeige, in: Rudolf Emil Martin: *Die Zukunft Russlands*, Leipzig 1906.

29 Vgl. Werbeanzeige, in: Grautoff: *Fu*.

30 Englische Ausgabe: *Armageddon 190-*, London 1907; Französische Ausgabe: *La Grande Guerre 1906*, Paris 1906; Niederländische Ausgabe: *De ineenstorting van de oude wereld. Een oorlogsroman*, Nijmegen 1906; Russische Ausgabe: *1906 god. Krušenie starogo mira*, St. Petersburg o.D.

31 Vgl. Maximilian Kern [Beowulf]: *Der deutsch-englische Krieg. Vision eines Seefahrers*, Berlin 1906; Otto Hoepner [Hansa]: *Hamburg und Bremen in Gefahr*, Altona 1906; Walther Gelpcke? [Moriturus]: *Über Paris nach London*; Wicking: *Nordlicht* 1908, Dillenburg 1906; Wicking hat ganze Textpassagen aus Grautoffs Werk in leicht veränderter Form übernommen, Vgl. Grautoff: *1906*, S. 20 u. Wicking: *Nordlicht*, S. 21; weiterführend Henning Franke: *Zukunftsroman*, S. 69–78, zu einzelnen Titeln: Ebd., S. 69–88; Geus: *Science Fiction*.

32 Nachlass Ferdinand & Wolfgang Grautoff, z. Zt. im Besitz von Christiane Bauer Grautoff, Baldham bei München.

33 *Der Türmer*, Jg. 8 (1906), H. 8.

34 *Tägliche Rundschau*, 13.11.1905, S. 1066 f; *Überall*, Jg. 6 (1905), Nr. 10, S. 113 ff.

35 *Staatsbürger-Zeitung*, 10.11.1905.

36 *Der Türmer*, Jg. 8 (1906), H. 8.

Die Auseinandersetzung um „1906“ zeigt, dass die Frage nach Krieg und Frieden im Jahrzehnt vor dem Ersten Weltkrieg weit komplexer beantwortet wurde, als viele historische Darstellungen Glauben machen. Im Deutschen Reich vermischten sich Kriegsgegner und Kriegsbefürworter in einem breiten Spektrum von Weltanschauungen, politischen Imperativen, wirtschaftlichen Interessen und persönlichen Lebenssituationen.

Grautoff stand auf der politischen Rechten und war ein begeisterter Militarist. Er hatte jedoch erkannt welche Konsequenzen ein moderner Krieg für Deutschland und Europa nach sich ziehen würde. Der „kommende Krieg“ steckte in den Köpfen der Zeitgenossen, aber er war noch nicht Realität geworden. Grautoff glaubte daran, dass er und seine Mitstreiter in der Lage seien, die Kriegsgefahr durch „Druckpapier und guten Willen“ zu überwinden.[37] Bis zum Attentat von Sarajevo im Juli 1914 sollte ihnen das gelingen.

37 Grautoff: *Flotte*, S. 3 f.

Vorstand und Beirat

(Stand 31.03.2013)

Vorstand:
Prof. Dr. rer. nat. Franz Theuring (Vorsitzender)
Prof. Dr. phil Gertrud Pickhan (stellv. Vorsitzende),
Prof. Dr. iur. Martin Heger (stellv. Vorsitzender)

erweiterter Vorstand:
Prof. Dr. rer. nat. Buhk (Schatzmeister)
Prof. Dr. rer. pol. Klaus-Dirk Henke,
Prof. Dr. med. Roland Hetzer
Prof. Dr. iur. Michael Kloepfer
Prof. Dr. rer. nat. Eckehard Schöll
Prof. Dr. phil. Bernd Sösemann

Stellvertretender Vorstand:
Prof. Dr. med. Dietrich Arndt
Prof. Dr. phil. Dipl-Kff. Claudia Kemfert
Prof. Dipl.-Ing. Regine Leibinger
Prof. Dr. rer. nat. Bernd Mahr
Prof. Dr.-Ing. Helmut Pucher
Prof. Dr. med. Walter Reisinger

Beirat:
Prof. Dr. med. Hans-Peter Berlien, (Leiter Harnackhauskreis)
Dr. Aljoscha Burchardt
Dr. iur Matthias Hellriegel
Dr. rer. nat. Helmut Kunze
Prof. Dr. phil. Cosima Möller
Prof. Dr. rer. nat. Karin Mölling
Dr. rer. nat Brigitte Pötter
Prof. Dr.-Ing. Dietrich Severin
Prof. Dr.-Ing. Dr. h.c. mult. Günter Spur
Dipl.-Ing. Jochen Tewes
Dr. phil. Julia v. Thienen
Prof. Dr. iur. Harald Wiedmann

Mitgliederverzeichnis

(Stand 30.09.2014)

Ordentliche Mitglieder

Arndt, Dietrich, Prof. Dr. sc. med., Medizin, Berlin

Baar, Lothar, Prof. a.D. Dr. rer. oec. habil., HU Berlin, Institut für Wirtschaftsgeschichte, Wirtschaftswissenschaften, Berlin

Baerns, Barbara, Prof. (em.) Dr. phil., FU Berlin, Institut für Publizistik und Kommunikationswissenschaft, Publizistik und Kommunikation, Berlin

Baring, Arnulf, Prof. Dr. jur., FU Berlin, Geschichte

Bauerkämper, Arnd, Prof. Dr. phil., FU Berlin, Berliner Kolleg für Vergleichende Geschichte, Geschichts- und Kulturwissenschaften, Berlin

Baumgarten, Helmut, Prof. Dr.-Ing., Dr. h.c., TU Berlin, FB Wirtschaft und Management, Logistik

Behrmann, Alfred, Prof. i.R. Dr. phil., FU Berlin, Germanistik

Bennemann, Karl-Heinz, Prof. Dr. rer. nat., FU Berlin, Physik

Baumann, Horst, Prof. Dr. jur., Jura, Berlin

Berger, Felix, Prof. Dr. med., Charité – Universitätsmedizin Berlin, Campus Virchow-Klinikum, Otto-Heubner-Centrum für Kinder- und Jugendmedizin, Berlin

Bergmann, Volker, Prof. Dr. med. vet., FU Berlin, Institut für Tierpathologie, Veterinärmedizin, Berlin

Berlien, Hans-Peter, Prof. Dr. med., Ev. Elisabeth Klinik, Abt. Lasermedizin, Medizin, Berlin

Bernimoulin, Jean-Pierre, Prof. Dr. Dr., Charité – Universitätsmedizin Berlin, Campus Virchow-Klinikum, Zentrum für Zahnmedizin, Abt. Parodontologie, Medizin, Berlin

Bester, Helmut, Prof. Dr. FU Berlin, Inst. für Wirtschaftstheorie, VWL, Mikroökonomie

Biesewig, Gerd, Dr. Dr. med., Gesellschaft für Betriebsmedizin, Allgemeinmedizin

Bimberg, Dieter, Prof. Dr. phil. nat., TU Berlin, Institut für Festkörperphysik, Physik, Berlin

Blankart, Charles Beat, Prof. (em.) Dr. rer. pol., HU Berlin, Wirtschaftswissenschaften, Berlin

Bock, Henning, Prof. i.R. Dr. phil., ehem. Direktor der Gemäldegalerie Staatliche Museen zu Berlin, Kunstgeschichte, Berlin

Bonacic-Koutecky, Vlasta, Prof. Dr. rer. nat., HU Berlin, Institut für Chemie, Berlin

Bongardt, Michael, Prof. Dr., Vizepräsident der FU Berlin, Institut für Vergleichende Ethik, Theologie und Ethik, Berlin

Bonte-Friedheim, Christian, Prof. h.c. Dr. agr., HU Berlin, Agrarwissenschaften, Berlin

Bösel, Rainer, Prof. Dr., IPU Berlin, Allgemeine und neurokognitive Psychologie

Bradshaw, Alexander, Prof. Dr. rer. nat., Max-Planck-Institut für Plasmaphysik, Physik

Bräutigam, Matthias, Prof. Dr. med., Pharma R&D Consult, Medizin und Pharmakologie

Brüning, Jochen, Prof. Dr., HU Berlin, Institut für Mathematik, Berlin

Brunnberg, Leo, Prof. Dr. med. vet., FU Berlin, Klinik für kleine Haustiere, Veterinärmedizin, Berlin

Bruns, Wolfgang, Univ.- Prof. a.D. Dr. rer. nat., TU Berlin, Chemie, Berlin

Buhk, Hans-Jörg, Prof. Dr. rer. nat., Abteilungsleiter des Bundesamts für Verbraucherschutz und Lebensmittelsicherheit, Abt. Gentechnik, Berlin

Burger, Reinhard, Prof. Dr. med., Präsident des Robert-Koch-Instituts, Immunologie/Infektionskrankheiten, Berlin

Collier, Irwin, Prof. Dr., FU Berlin, John-F.-Kennedy-Institut, Theoretische Sozialpolitik, Berlin

Denkler, Horst, Prof. (em.) Dr. phil., Berlin, Deutsche Philologie

Dierkes, Meinolf, Prof. i.R. Dr. rer. pol., Wissenschaftszentrum Berlin, Berlin

Dierks, Klaus, Prof. em. Dr.- Ing. Dr.-Ing. E. h., TU Berlin, Fakultät Planen, Bauen, Umwelt, Bauingenieurwesen, Berlin

Dierks, Christian, Prof. Dr. med. Dr. jur., Dierks & Bohle, Rae, Berlin

Dietel, Manfred, Prof. Dr. med. Dr. h.c., Charité – Universitätsmedizin Berlin, Institut für Pathologie, Berlin

Dietz, Klaus, Prof. (em.) Dr. phil., FU Berlin, Institut für englische Philologie, Berlin

Dietze, Ulrich, PD Dr. med. habil., Augenklinik Berlin-Marzahn, Medizin, Berlin

Dlugos, Günter, Prof. (em.) Dr. rer. pol., Wirtschaftswissenschaften

Dudenhausen, Joachim Wolfram, Prof. (em.) Dr. med., Charité – Universitätsmedizin Berlin, Campus Virchow-Klinikum, Klinik für Geburtsmedizin, Berlin

Ehlich, Konrad, Prof. i.R. Dr. Dr. h.c., FU Berlin, Institut für deutsche und niederländische Philologie, Sprachwissenschaften, Berlin

Einhäupl, Karl, Prof. Dr. med., Vorstandsvorsitzender der Charité – Universitätsmedizin Berlin, Berlin

Einspanier, Ralf, Univ.-Prof. Dr. Dr. rer. nat., FU Berlin, Institut für Veterinär-Biochemie

Elsässer, Thomas, Prof. Dr., Max-Born-Institut für nichtlineare Optik und Kurzzeitspektroskopie, Berlin

Erdmann, Volker A., Prof. Dr. rer. nat., FU Berlin, Institut für Chemie, Berlin

Erhardt, Manfred, Prof. Dr. jur. Dres. h.c., Jura/Wissenschaftspolitik

Finkelnburg, Klaus, Prof. Dr. jur., Rechtsanwaltskanzlei White & Case LLP, Berlin

Fischer, Wolfram, Prof. Dr. phil. Dr. rer. pol. Dr. rer. pol. h.c., FU Berlin, Wirtschaftswissenschaften, Berlin

Fischer-Lichte, Erika, Prof. Dr. Dr. h.c., FU Berlin, Institut für Theaterwissenschaft, Berlin

Foerster, Michael, Prof. Dr. med., Charité – Universitätsmedizin Berlin, Campus Benjamin Franklin, Augenklinik, Berlin

Fortak, Heinz G., Prof. (em.) Dr. rer. nat., Meteorologie

Freytag, Johann-Christoph, Prof. Dr., HU Berlin, Institut für Informatik, Berlin

Friedrichsen, Hans, Prof. Dr., Berlin, Geochemie

Frohberg, Martin Georg, Prof. Dr.-Ing., Metallurgie

Gaehtgens, Peter, Prof. (em.) Dr. med., European University Association (EUA), Bruxelles

Ganten, Detlev, Prof. Dr. med., Vorsitzender des Stiftungsrates, Stiftung Charité, Medizin, Berlin

Gellert, Klaus, Prof. Dr. med. habil., Oskar-Ziethen-Krankenhaus Berlin-Lichtenberg, Sana-Klinikum, Klinik für Allgemein- und Viszeralchirurgie, Berlin

Geserick, Gunther, Univ.-Prof. i.R. Dr. med., Rechtsmedizin

Göhler, Gerhard, Prof. Dr., FU Berlin, Politikwissenschaften

Göhlich, Horst, Prof. (em.) Dr-Ing., TU Berlin, Landtechnik und Baumaschinen

Greuter, Werner, Prof. (em.) Dr. phil. Dr. h.c., Leitender Direktor a.D., FU Berlin, Botanik, Berlin

Griewank, Andreas, Prof. Dr., HU Berlin, Institut für Mathematik, Berlin

Grimm, Dieter, Prof. Dr. jur., Wissenschaftskolleg zu Berlin, Jura, Berlin

Grosser, Dieter, Prof. (em.) Dr., Berlin, Politikwissenschaft

Großklaus, Dieter, Prof. Dr. med. vet. Dr. h.c. mult., Präsident des Bundesgesundheitsamtes i.R.

Großklaus, Rolf, Prof. Dr. med., Bundesinstitut für Risikobewertung, Ernährungsrisiken, Allergien und neuartige Lebensmittel, Berlin

Grüters-Kieslich, Annette, Prof. Dr., Dekanin der Charité-Universitätsmedizin, Pädiatrie/Endokrinologie, Berlin

Günther, Oliver, Prof. PhD, Präsident der Universität Potsdam, Potsdam

Hahn, Helmut, Prof. Dr. med., Berliner Medizinische Gesellschaft, Langenbeck-Virchow-Haus, Medizinische Mikrobiologie, Berlin

Hamm, Bernd, Prof. Dr. med., Charité-Universitätsmedizin Berlin, Campus Mitte, Institut für Radiologie, Medizin, Berlin

Hammerstein, Jürgen, Prof. Dr. med., Kurator, Kaiserin-Friedrich-Stiftung für das ärztliche Fortbildungswesen, Berlin

Harnoss, Bernd Michael, Prof. Dr. Dr. med. Habil., Park-Krankenhaus Leipzig, Allgemein-, Viszeral- und Gefäßchirurgie

Hartmann, Susanne, Univ.-Prof. Dr. med. vet., FU Berlin, Institutsleiterin des Instituts für Immonologie, Berlin

Haße, Wolfgang, Prof. Dr. med., Chefarzt i.R., Arbeitskreis Deutsche Sprache in der Chirurgie, Medizin

Heger, Martin, Prof. Dr. jur., HU Berlin, Juristische Fakultät, Jura, Berlin

Heinemann, Uwe, Prof. Dr. med., Charité-Universitätsmedizin Berlin, Institut für Neurophysiologie, Berlin

Helmchen, Hanfried, Prof. (em.) Dr. med., Charité-Universitätsmedizin Berlin, Campus Benjamin Franklin, Psychiatrische Klinik, Berlin

Hempfer, Klaus, Prof. Dr. phil., FU Berlin, FB Philosophie und Geisteswissenschaften, Institut für Romanische Philologie, Berlin

Henke, Klaus-Dirk, Prof. Dr. rer. pol., TU Berlin, Institut für Volkswirtschaftslehre und Wirtschaftsrecht, Volkswirtschaftslehre/Finanzwissenschaft/Gesundheitsökonomie, Berlin

Henneke, Manfred, Prof. Dr. rer. nat., Präsident der Bundesanstalt für Materialforschung und –prüfung, physikalische Chemie

Henning, Eckhart, Prof. Dr. phil. M.A., Direktor i.R. des Archivs der Max-Planck-Gesellschaft Berlin

Herrmann, Dieter B., Prof. Dr. rer. nat. et sc. phil., Präsident der Leibniz-Sozietät der Wissenschaften zu Berlin e.V., Astronomie/Physik/Astronomiegeschichte

Hesse, Volker, Prof. Dr. med. habil., Leiter des Deutschen Zentrums für Wachstum, Entwicklung und Gesundheitsförderung, Medizin

Hetzer, Roland, Prof. Dr. med., Ärztlicher Direktor des Deutschen Herzzentrums Berlin (DHZB), Medizin, Berlin

Hinkelbein, Wolfgang, Prof. Dr. med., Charité-Universitätsmedizin Berlin, Campus Benjamin-Franklin, Klinik für Radioonkologie und Strahlentherapie, Medizin, Berlin

Hinrichsen, Georg, Prof. (em.) Dr. rer. nat., TU Berlin, Physik, Berlin

Hoffmann, Axel, PD Dr., TU Berlin, Institut für Festkörperphysik, Berlin

Holtfrerich, Carl-Ludwig, Prof. i.R. Dr. pol., FU Berlin, John F. Kennedy-Institut, Wirtschaftswissenschaft, Berlin

Holzgreve, Alfred, Prof. Dr. med. Dr. phil., Direktor der Vivantes GmbH, Klinische Forschung und Akademische Lehre, Medizin

Horn, Hannelore, Prof. (em.) Dr. phil., Politische Wissenschaft

Huber, Gerhard, Prof. (em.) Dr. oec. publ., Volkswirtschaftslehre

Jäckel, Hartmut,. Prof. i.R. Dr. jur. LL.M., Berlin, Politikwissenschaft

Jahnke, Volker, Prof. (em.) Dr. med., Medizin

Kaul, Alexander, Prof. (em.) Dr., Physik/Biophysik/Strahlenschutz

Kemfert, Claudia, Prof. Dr., Abteilungsleiterin des Deutschen Instituts für Wirtschaftsforschung (DIW) Berlin, Umweltökonomie, Berlin

Kempfle, Baldur, Prof. a.D. Dr. med., MKG-Chirurgie

Kentenich, Heribert, Prof. Dr. med., Chefarzt der DRK-Kliniken Westend, Frauen- und Kinderklinik, Medizin, Berlin

Kleber, Franz Xaver, Prof. Dr. med., Berlin, Medizin

Kloepfer, Michael, Prof. Dr. jur., HU Berlin, Juristische Fakultät, Institut für Öffentliches Recht und Völkerrecht, Berlin

Kochan, Fritz-K., Prof. Dr. rer. nat., Berlin, BA für Arbeitsschutz und Arbeitsmedizin

Kohn, Barbara, Prof. Dr. med. vet., FU Berlin, stellv. geschäftsführende Direktorin der Klinik und Poliklinik für Kleine Haustiere, Veterinärmedizin/Innere Medizin, Berlin

Kolb, Raimund Th., Prof. Dr. phil., Universität Würzburg, Institut für Kulturwissenschaften Ost- und Südasiens, Sinologie, Würzburg

König, Eberhard, Prof. Dr. phil., FU Berlin, Kunsthistorisches Institut, Kunstgeschichte, Berlin

Körber, Esther-Beate, Prof. Dr. phil., FU Berlin, FB Geschichts- und Kulturwissenschaften, Friedrich-Meinecke-Institut, Berlin

Koßmehl, Gerhard, Prof. i.R. Dr. rer. nat., Chemie

Kraft, Marc, Prof. Dr.-Ing., Leiter des Fachgebiets Medizintechnik, TU Berlin, Institut für Konstruktion, Mikro- und Medizintechnik, Berlin

Kromphardt, Jürgen, Prof. (em.) Dr. rer. pol., TU Berlin, Fak. VIII, Wirtschaft und Management, Wirtschaftswissenschaften, Berlin

Kutzler, Kurt, Prof. Dr. rer. nat. Dr. h.c., Präsident a.D. der TU Berlin, Institut für Mathematik, Berlin

Lechner, Hans H., Prof. Dr. rer. pol., Wirtschaftswissenschaften

Leibinger, Regine, Prof. Dipl.-Ing., TU Berlin, Fak.VI, Planen, Bauen, Umwelt, Baukonstruktion und Entwerfen, Berlin

Lendlein, Andreas, Prof. Dr. rer. nat., Zentrum für Biomaterialentwicklung, Institut für Polymerforschung, GKSS – Forschungszentrum Geesthacht GmbH, Chemie

Leptin, Gert F. W., Univ.-Prof. a.D. Dr. rer. pol., FU Berlin, Institut für Wirtschaftswissenschaft, Berlin

Lindemann, Bernd Wolfgang, Prof. Dr., Direktor der Gemäldegalerie, Staatliche Museen zu Berlin, Berlin

List, Franz K., Univ.Prof. a.D. Dr., FU Berlin, Inst. für Geologische Wissenschaften, Geologie

Lütkepohl, Helmut, Prof. Dr., DIW Berlin Graduate Center, Wirtschaftswissenschaft, Ökonometrie

Mahr, Bernd, Prof. Dr. rer. nat., TU Berlin, Institut für Telekommunikationssysteme, Informatik, Berlin

Markschies, Christoph, Prof. Dr. Dr. h.c., HU Berlin, Theologische Fakultät Lehrstuhl für Ältere Kirchengeschichte, Theologie, Berlin

Martens, Holger, Prof. Dr. med. vet., FU Berlin, Institut für Verterinär-Physiologie, Berlin

Merkens, Hans, Prof. (em.) Dr., FU Berlin, Arbeitsbereich Empirische Erziehungswissenshaft, Berlin

Meuser, Friedrich, Prof. (em.) Dr.-Ing. Dr.-Ing. e.h., TU Berlin, FB Prozesswissenschaften, Institut für Lebensmitteltechnologie und Lebensmittelchemie, Berlin

Milde, Gerald, Hon.- Prof. i.R. Dr. rer. nat. habil., Universität Bonn, Mathematisch-Naturwissenschaftliche Fakultät, Geologisches Institut, Bonn

Miller, Norbert, Prof. i.R. Dr. phil., TU Berlin, Institut für Literaturwissenschaft, Deutsche Philologie

Mindt, Dieter, Prof. Dr. phil., FU Berlin, Institut für englische Philologie, Anglistik und Didaktik, Berlin

Möller, Cosima, Prof. Dr. iur., FU Berlin, FB Rechtswissenschaft, Jura, Berlin

Mölling, Karin, Prof. Dr. rer. nat., Max-Planck-Institut für Molekulare Genetik, Biologie/Physik

Morgenstern, Rudolf, Prof. Dr. sc. med., stellv. gf. Direktor Charité – Universitätsmedizin Berlin, Campus Mitte, Institut für Pharmakologie, Medizin, Berlin

Müller, Jörn, Prof. (em.) Dr. rer. nat., TU Berlin, Institut für Chemie, Berlin

Müller-Röber, Bernd, Prof. Dr., Universität Potsdam, Institut für Biochemie und Biologie, Golm

Mylius, Klaus, Prof. Dr. phil. habil., Dr. rer. nat., Goethe-Universität Frankfurt, Institut für Vergleichende Sprachwissenschaften, Indologie

Nautz, Dieter, Prof. Dr., FU Berlin, Volkswirtschaftslehre, Ökonometrie

Neumeister, Sebastian, Prof. (em.) Dr. phil., FU Berlin, Institut für Romanische Philologie, Literaturwissenschaft, Berlin

Nolte, Ernst, Prof. (em.) Dr. phil., FU Berlin, Fritz-Meinecke-Institut, Geschichte

Oeters, Franz, Prof. (em.) Dr. phil., TU Berlin, Institut für Metallische Werkstoffe, Werkstoffwissenschaften, Berlin

Paulus, Christoph G., Prof. Dr. jur. LLM, HU Berlin, Juristische Fakultät, Berlin

Pepper, Peter, Prof. Dr., TU Berlin, Fakultät IV, Informatik, Berlin

Peters, Kurt J., Univ.-Prof. Dr., HU Berlin, Landwirtschaftlich-Gärtnerische Fakultät, Berlin

Petersen, Jens, Prof. Dr. jur., Universität Potsdam, Juristische Fakultät, Potsdam

Pham, Duy-Thoai, Prof. Dr. med., Vivantes Klinikum Neukölln, Abt. für Augenheilkunde, Medizin, Berlin

Pickhan, Gertrud, Prof. Dr. phil., FU Berlin, Osteuropa-Institut, Osteuropäische Geschichte, Berlin

Plendl, Johanna, Prof. Dr. med. vet., FU Berlin, FB Veterinärmedizin, Berlin

Plinke, Wulff, Prof. Dr. rer. oec., European School of Management and Technology Berlin, Betriebswirtschaftslehre, Berlin

Poser, Hans, Prof. (em.) Dr. phil., TU Berlin, Institut für Philosophie, Berlin

Preimesberger, Rudolf, Prof. a.D., Dr. phil., Berlin, Kunstgeschichte

Presber, Hans-Wolfgang, Prof. Dr. sc. med., Charité-Universitätsmedizin Berlin, Campus Mitte, Institut für Mikrobiologie und Hygiene, Medizin, Berlin

Prochnow, Annette, PD Dr. rer. agr., Leibniz-Institut für Agrartechnik Potsdam-Bornim, Agrarwissenschaften, Potsdam

Pucher, Helmut, Univ.-Prof. a.D. Dr.-Ing., TU Berlin, Institut für Verbrennungskraftmaschinen, Berlin

Radke, Michael, Prof. Dr. med., Chefarzt der Kinder- und Jugendmedizin Ernst-von-Bergmann-Klinikum, Kinderheilkunde/Gastroenterologie, Potsdam

Raff, Werner, Prof. Dr. med., Berlin

Rahmanzadeh, Rahim, Prof. Dr. med., Gelenkzentrum Berlin, Medizin, Berlin

Raiser, Thomas, Prof. (em.) Dr. jur., HU Berlin, Juristische Fakultät, Jura, Berlin

Reichart, Peter A., Prof. i.R. Dr. med. dent., Medizin

Reisinger, Ingrid, Prof. Dr., Medizin

Reisinger, Walter, Prof. Dr. med., Charité-Universitätsmedizin Berlin, Campus Mitte, Institut für Radiologie, Medizin, Berlin

Rennert, Martin, Prof., Präsident der UdK, Fachbereich Musik, Berlin

Reutter, Werner, Univ.- Prof. (em.) Dr. med., Charité-Universitätsmedizin Berlin, Campus Benjamin Franklin, Institut für Biochemie und Molekularbiologie, Berlin

Riethmüller, Albrecht, Prof. Dr. phil., FU Berlin, Seminar für Musikwissenschaft, Berlin

Ritter, Gerhard A., Prof. (em.) Dr. Dr. h. c. mult., Universität München, Historisches Seminar, Geschichte, München

Röcke, Werner, Prof. Dr. phil., HU Berlin, Philosophische Fakultät II Institut für deutsche Literatur, Germanistik, Berlin

Roloff, Hans-Gert, Prof. a.D. Dr. phil. Dr. phil. h.c., FU Berlin, FB Philosophie und Geisteswissenschaften, Mittlere Deutsche Literatur

Roots, Ivar, Prof. Dr. med., Institutsdirektor des Universitätsklinikums Charité, Institut für Klinische Pharmakologie, Medizin, Berlin

Rothe, Karin, Prof. Dr. med., Klinikdirektorin Charité – Campus Virchow-Klinikum, Klinik für Kinderchirurgie, Medizin, Berlin

Rübig, Alexander. Prof. Dr. med., Berlin, Frauenheilkunde und Geburtshilfe

Sandner, Barbara, Prof. em. Dr. habil., Universität Halle-Wittenberg, Institut für Chemie, Makromolekulare Chemie/Polymerchemie,

Sarry, Brigitte, Prof. i.R. Dr. rer. nat., TU Berlin, Chemie

Scheidl, Karl, Prof. Dr. oec. publ., Berlin, Wirtschaftswissenschaften

Schieferdecker, Ina, Prof. Dr.-Ing., Fraunhofer FOKUS

Schleuning, Wolf-Dieter, Prof. Dr. med., Berlin

Schmidt-Westhausen, Andrea-Maria, Prof. Dr. med. dent., Charité Universitätsmedizin Berlin, Oralmedizin, Zahnärztliche Röntgenologie

Schneider, Volkmar, Univ.-Prof. a.D. Dr. med. Dr. h. c., Rechtsmedizin/Medizingeschichte

Schneider, Wolfram Dietmar, Prof. a.D. Dr. med., Bundesanstalt für Arbeitsschutz und Arbeitsmedizin

Schöb, Ronnie, Prof. Dr., FU Berlin, Institut für Volkswirtschaftslehre, Wirtschaftswissenschaft

Schöll, Eckehard, Prof. Dr. rer. nat. PhD., TU Berlin, Institut für Theoretische Physik, Berlin

Scholz, Holger, Prof. Dr. med., Charité Universitätsmedizin Berlin, Institut für Vegetative Physiologie

Schulz, Hans-Joachim, Prof. Dr. sc. med., Krankenhaus Lichtenberg, Klinik für Innere Medizin, Berlin

Schweigert, Florian Johannes, Prof. Dr. med. vet., Institut für Ernährungswissenschaften, Universität Potsdam, Ernährungswissenschaft, Bergholz-Rehbrücke

Schwintowski, Hans-Peter, Prof. Dr. jur., HU Berlin, Juristische Fakultät, Jura, Berlin

Seeland, Gerhard, Prof. (i.R.) Dr., Agrarwissenschaften

Seliger, Günther, Prof. Dr.-Ing. Dr. h.c., TU Berlin, Institut für Werzeugmaschinen und Fabrikbetrieb, Maschinenbau, Berlin

Seppelt, Konrad, Prof. Dr. rer. nat., FU Berlin, Institut für Chemie, Berlin

Severin, Dietrich, Prof. (em.) Dr.-Ing., TU Berlin, Fördertechnik/Getriebetechnik

Simmler, Franz, Prof. (em.) Dr. phil. Dr. h.c., FU Berlin, Institut für Deutsche und Niederländische Philologie, Deutsche Philologie/Linguistik, Berlin

Sinell, Hans-Jürgen, Prof. (em.) Dr. med. vet., FU Berlin, Institut für Lebensmittelhygiene, Veterinärmedizin, Berlin

Sösemann, Bernd, Prof. (em.) Dr. phil., FU Berlin, Arbeitsstelle für Kommunikationsgeschichte und interkulturelle Publizistik, Geschichte, Berlin

Spuler, Simone, Univ.-Prof. Dr. med., Charité Universitätsmedizin Berlin, Experimental and Clinical Researchcenter

Spur, Günter, Prof. Dr.-Ing. Dr. h.c. mult., TU Berlin, Institut für Werkzeugmaschinen und Fabrikbetrieb, Maschinenbau, Berlin

Steden, Werner, Prof. (em.) Dr. rer. oec., Wirtschaftswissenschaften

Steinbach, Jörg, Prof. Dr.-Ing., Präsident TU Berlin, Präsidium, Chemie, Berlin

Stephan, Rudolf, Univ.-Prof. (em.) Dr. phil., FU Berlin, Musikwissenschaftliches Seminar

Stock, Günter, Prof. Dr. med. Dr. h.c., Präsident der Berlin-Brandenburgischen Akademie der Wissenschaften, Physiologie, Berlin

Strunz, Volker, Prof. Dr. med. Dr. med. dent., Strunz & Partner Berlin, Mund-, Kiefer- und Gesichtschirurgie, Berlin

Tauber, Rudolf, Prof. Dr. med., Charité-Universitätsmedizin Berlin, Campus Benjamin Franklin, Institut für Laboratoriumsmedizin und Pathobiochemie, Berlin

Theis, Werner, Prof. (em.) Dr. rer. nat., FU Berlin, Institut für Theoretische Physik, Berlin

Theuring, Franz, Univ.-Prof. Dr., Charité-Universitätsmedizin Berlin, Campus Mitte, Institut für Pharmakologie, Medizin, Berlin

Thomas, Helga Z., Prof. (em.) Dr. phil., TU Berlin, Inst. für Erziehungswissenschaft

Troge, Andreas, Prof. Dr. rer. pol., Präsident des Umweltbundesamtes a.D., Ökonomie, Berlin

Ulbrich, Claudia, Prof. Dr. phil., FU Berlin, FB Geschichts- und Kulturwissenschaften, Friedrich-Meinecke-Institut, Koserstr. 20, 14195 Berlin

Verfürth, Heinz, Dr., Berlin, Chefredakteur a.D., Politikwissenschaft und Historie

Wagner, Helmut, Prof. (em.) Dr. phil., FU Berlin, Otto-Suhr-Institut, Politikwissenschaften, Berlin

Wauer, Roland R., Prof. (em.) Dr. med., Prodekan für den wissenschaftlichen Nachwuchs der Charité, Charité-Universitätsmedizin Berlin, Campus Mitte, Klinik für Neonatologie, Berlin

Weber, Ulrich, Pro. (em.) Dr. med., Charité Universitätsmedizin Berlin

Wilke, Dieter, Prof. a.D. Dr. jur., Rechtswissenschaft

Wilrich, Peter-Theodor, Univ.-Prof. (em.) Dr., FU Berlin, Institut für Statistik und Ökonomie

Winkler, Heinrich August, Prof. i.R. Dr. phil. habil., HU Berlin, Institut für Geschichtswissenschaft, Berlin

Wintzer, Hanns-Jürgen, Prof. (em.) Dr. med. vet. Dr. h.c., FU Berlin, FB Veterinärmedizin, Berlin

Wolters, Jürgen, Prof. a.D. Dr. rer. pol., FU Berlin, Institut für Statistik und Ökonometrie, Berlin

Wöste, Ludger, Prof. Dr., FU Berlin, FB Physik, Berlin

Zeichhardt, Heinz, Univ.-Prof. Dr. med., Charité-Universitätsmedizin Berlin, Campus Benjamin Franklin, Institut für Virologie, Medizin, Berlin

Ziegler, Felix, Prof. Dr.- Ing. habil., TU Berlin, Institut für Energietechnik, Berlin

Zimmermann, Hans-Dieter, Prof. (em.) Dr. phil., TU Berlin, Institut für Literaturwissenschaft

Ehrenmitglieder

Bellinger, Bernhard, Prof. (em.) Dr. rer. pol., Wirtschaftswissenschaften

Blobel, Günter, Prof. Dr., The Howard Hughes Medical Institute, The Rockefeller University, New York, USA

Ertl, Gerhard, Prof. (em.) Dr. rer. nat. Dr. h.c. mult., Fritz-Haber-Institut der Max-Planck-Gesellschaft, Chemie, Berlin

Federn, Klaus, Prof. (em.) Dr.-Ing., TU Berlin, Maschinenbau, Berlin

Korrespondierende Mitglieder

Bark, Dennis, Prof. Dr., Stanford University California, USA, Hoover Institution

Baron von Maydell, Bernd, Prof. (em.) Dr. jur., Max-Planck-Institut für internationales und ausländisches Sozialrecht, Jura

Birke, Adolf Matthias, Prof. (em.) Dr. phil., Universität München, Neuere Geschichte

Boiadjiev, Tzotcho, Prof. Dr., St. Kliment-Ohridski Universität Sofia, Philosophie

Bronsch, Kurt, Prof. (em.) Dr. med. vet. Dr. h.c., Weilheim/Obb., Veterinärmedizin

Demandt, Alexander. Prof. (em.) Dr. phil., Berlin, Geschichte

Dilcher, Gerhard, Prof. (em.) Dr. jur., Goethe-Universität Frankfurt/Main, Jura, Frankfurt/Main

Falter, Jürgen W., Prof. Dr. rer. pol., Johannes-Gutenberg-Universität, Institut für Politikwissenschaft, Politikwissenschaft, Mainz

Frank, Armin Paul, Prof. (em.) Dr. phil., Nordamerikastudien

Gay, Peter, Durfee Prof. Dr. Ph.D., Yale University Connecticut USA, Dep. of History

Gehrke, Hans-Joachim, Prof. Dr. phil., Präsident des Deutschen Archäologischen Instituts, Altertumswissenschaft

Gillespie, Gerald, Prof. (em.) Dr., Stanford University, Div. of Literatures, Cultures, Languages and Comparative Languages, Stanford, USA

Giuliani, Luca, Prof. Dr. phil., Rektor des Wissenschaftskollegs zu Berlin, Archäologie, Berlin

Gocht, Werner, Univ.-Prof. (em.) Dr. rer nat. Dr. rer. pol., RWU Aachen, Geologie

Haferkamp, Hans-Peter, Prof. Dr. jur., Universität Köln, Institut für Neuere Privatrechtsgeschichte, Deutsche und Rheinische Rechtsgeschichte, Jura, Köln

Hänsel, Rudolf, Univ.- Prof. (em.) Dr. rer.nat., FU Berlin, Phytochemie/Pharmazie, Berlin

Hoffmann, Lutz, Univ.-Prof. (em.) Dr. sc. pol., Präsident des Deutschen Instituts für Wirtschaftsforschung a.D., Wirtschaftswissenschaften

Holzgreve, Wolfgang, Prof. Dr. med. Dr. h.c. mult. MBA, Universitätsklinkum Bonn

Honnefelder, Ludger, Prof. (em.) Dr. phil. Dr. h.c., Otto-Warburg-Senior-Research-Professur, HU Berlin

Huber, Wolfgang, Prof. Dr. Dr. h.c., Bischof a.D., Theologie, Berlin

Jarass, Hans D., Prof. Dr. jur. LL.M, Institut für Umwelt- und Planungsrecht, Münster

Kaelble, Hartmut, Prof. Dr. phil. Dr. h. c., HU Berlin, Institut für Geschichtswissenschaften, Berlin

Kassel, Rudolf, Prof. (em.) Dr. phil. Dr. phil. h.c., Köln, Klassische Philologie

Kevenhörster, Paul, Prof. Dr. rer. pol., Universität Münster, FB Politikwissenschaft, Münster

Kindermann, Günther, Prof. i.R. Dr. med., Erste Universitätsfrauenklinik München

Klein, Thomas, Prof. Dr. phil., Martin-Luther-Universität Halle-Wittenberg, Institut für Altertumswissenschaften, Lateinische Philologie, Halle (Saale)

Knauer, Georg Nicolas, Prof. Dr. phil., Haverford PA, USA, Klassische Philologie

Konrad, Kai A., Prof. Dr., Direktor des Max-Planck-Instituts für Geistiges Eigentum, Wettbewerbs- und Steuerrecht, Abteilung Finanzwissenschaft, München

Konzen, Horst, Prof. (em.) Dr. jur. Dr. h.c. mult., Johannes-Gutenberg-Universität Mainz

Krupp, Hans-Jürgen, Prof. Dr. rer. pol., Senator a.D., Präsident der Landesbank Hamburg, Mecklenburg-Vorpommern und Schleswig-Holstein i.R.

Loewenstein, Bedrich Werner, Univ.-Prof. i.R. Dr. phil. Dr. sc., Berlin, Geschichte

Lück, Wolfgang, Prof. Dr. rer. pol. Dr. sc., TU München, Fakultät für Wirtschaftswissenschaften, München

Lüdtke, Jens, Prof. i.R. Dr. phil., Universität Heidelberg, Romanisches Seminar, Romanische Sprachwissenschaft, Heidelberg

Lüst, Dieter, Prof. Dr. rer. nat. habil., Direktor des Max-Planck-Instituts für Physik

Malettke, Klaus, Prof. i.R. Dr. phil. Dr. h.c., Geschichte

Martin, Thomas, Prof. Dr. rer. nat., Lehrstuhl für Paläontologie an der Universität Bonn, Steinmann-Institut für Geologie, Mineralogie und Paläontologie, Bonn

Miethke, Jürgen, Prof. (em.) Dr. phil., Ruprecht-Karls-Universität Heidelberg, Historisches Seminar, Geschichte, Heidelberg

Möller, Horst, Prof. Dr. phil. Dr. h.c. mult., LMU München, Inst. für Zeitgeschichte

Mommsen, Katharina, Prof. Dr. phil., Germanistik

Mußgnug, Reinhard, Prof.(em.) Dr. jur., Universität Heidelberg, Institut für Finanz- und Steuerrecht, Jura, Heidelberg

Plieth, Waldfried, Prof. (em.) Dr. rer. nat. Dr. habil., TU Dresden, Institut für Physikalische und Elektrochemie, Dresden

Posner, Roland, Prof. Dr. phil., TU Berlin, Institut für Sprache und Kommunikation, Arbeitsstelle für Semiotik, Linguistik/Semiotik, Berlin

Prausnitz, John, Prof. (em.) Dr., University of California, Berkeley, Thermodynamik/Physikalische Chemie/Verfahrenstechnik, USA

Regn, Gerhard, Prof. i.R. Dr. phil. habil., LMU München, Institut für Italienische Philologie

Reuter, Dieter, Prof. Dr. jur., Christian-Albrechts-Universität Kiel, Institut für Wirtschafts- und Steuerrecht, Jura, Kiel

Rossi, Matthias, Prof. Dr. jur., Universität Augsburg, Juristische Fakultät, Jura, Augsburg

Rüthers, Bernd, Prof. (em.) Dr. jur. Dres. h.c., Universität Konstanz, FB Rechtswissenschaften, Konstanz

Schäfer, Peter, Prof. Dr. phil. Dr. h.c., FU Berlin, Institut für Judaistik

Scharpf, Fritz W., Prof. (em.) Dr. phil. LLM., Max-Planck-Institut für Gesellschaftsforschung, Verwaltungswissenschaft

Schimmelpfennig, Bernhard, Prof. (em.) Dr. phil., Universität Augsburg, Institut für Europäische Kulturgeschichte, Augsburg

Schlüter, Wilfried, Prof. (em.) Dr. jur. Dr. hc. mult., Universität Münster, Rechtswissenschaftliche Fakultät, Institut für Arbeits-, Sozial- und Wirtschaftsrecht, Jura, Münster

Schmähl, Winfried, Prof. Dr. rer. pol., Universität Bremen, Zentrum für Sozialpolitik, Wirtschaftswissenschaftliche Abteilung

Schmalian, Jörg, Prof. Dr.rer. nat., Karlsruher Institut für Technologie, Physik

Schmugge, Ludwig, Prof. (em.) Dr. phil., Universität Zürich, Historisches Seminar, Geschichte, Zürich, Schweiz

Schneider, Reinhard, Prof. (em.) Dr. phil., Universität des Saarlandes, Geschichte

Scholz, Rupert, Prof. i.R. Dr. jur., LMU München, Jura

Schuller, Wolfgang, Prof. (em.) Dr. jur., Universität Konstanz, FB Geschichte und Soziologie, Konstanz

Schwan, Gesine, Prof. Dr. phil., Humboldt-Viadrina School of Governance (HVSG), Berlin

Schwertfeger, Gunther, Prof. (em.) Dr. jur., Universität Hannover, Fachbereich Rechtswissenschaft

Slusanschi, Dan, Prof. Dr. phil., Universität Bukarest, Klassische Philologie, Bukarest, Bulgarien

Stegemeyer, Horst, Prof.(em.) Dr., Universität Paderborn, Fakultät für Naturwissenschaften, Chemie, Paderborn

Stern, Fritz, Prof. Ph.D., Columbia University New York, Geschichte, USA

Taupitz, Jochen, Prof. Dr. jur., Gf. Direktor der Universität Mannheim, Rechtswissenschaftliche Fakultät, Institut für Deutsches, Europäisches und Internationales Medizinrecht, Gesundheitsrecht und Bioethik, Jura, Mannheim

Westermann, Harm P., Prof. Dr. jur., Universität Tübingen, Juristisches Seminar, Jura, Tübingen

Willoweit, Dietmar, Prof. (em.) Dr. jur., Präsident der Bayerischen Akademie der Wissenschaften, Universität Würzburg, Juristische Fakultät, Jura, Würzburg

Wollenberger, Heinrich Jürgen, Prof. (em.) Dr.- Ing., Physik

Worstbrock, Franz Josef, Prof. (em.) Dr. phil., LMU München, Inst. für Dt. Philologie

Zerche, Jürgen, Prof. Dr. rer. pol. Dr. h.c., Seminar für Sozialpolitik Köln, Wirtschaftswissenschaften

Zintzen, Clemens, Prof. (em.) Dr. phil., Universität Köln, Institut für Altertumskunde, Klassische Philologie

Fördernde Mitglieder

Baumann-Lorch, Edith, Miteinander Füreinander GmbH Berlin, Psychologie

Bellinger, Bernhard, Prof. (em.) Dr. rer. pol., Berlin

Besser, Ursula, Dr. phil., Berlin, Romanistik, Germanistik

Bindseil, Kai, Dr. rer. nat., BioTOP Berlin-Brandenburg

Burchardt, Aljoscha, Dr. phil., DFKI GmbH Berlin, Computerlinguistik

Diedrich, Willi, Berlin, Staatssekretär a. D.

Engler, Eberhard, Dr., Berlin

Guse, Günter, Dr. rer. nat., Dipl.-Chem. i.R., Berlin, Polymerchemie

Hegenscheid, Malte, Dr. med., Bundeswehrkrankenhaus Berlin, Abt. Chirurgie Medizin, Berlin

Hellriegel, Mathias, Dr. jur., Malmendier Partners Rechtsanwälte, Berlin

Howaldt, Andreas, Berlin, Konsul a.D.

Kunze, Helmut, Dr., TSB Innovationsagentur Berlin GmbH, Berlin

Lassner, Karl-Heinz, Berlin

Manecke, Nina, Berlin, Literatur

Moegelin, Gernot, Dr. rer. pol., Gf. Gesellschafter der KapHag Immobilien Holding GmbH, Ökonomie, Berlin

Naundorf, Eberhard, Berlin

Nickolaus, Barbara, Dr., Berlin, Pressesprecherin DHZB, Medizin

Pellnitz, Christa, Dr. med., Berlin

Pötter, Brigitte, Dr. rer. nat., Mahlow, Chemie

Raue, Peter, Hon.-Prof. Dr. jur., Raue L.L.P. Berlin

Schlicht, Uwe, Dr. h.c., Berlin

Siemens AG Berlin, Zentrale Berliner Leitung

Sorg, Klaus, Dr., E. Sorg GmbH, Fulda

Tewes, Hans-Jochen, Dipl.-Ing., Berlin

Ueberreiter, Irmgard, Dr. phil., Berlin, Kunstgeschichte

Uppenkamp, Reinhard, Dr., Vorstandsvorsitzender Berlin-Chemie AG, Chemie

von Gersdorff, Bernhard, Hon.-Prof. Dr.-Ing., TU Braunschweig, Institut für Hochspannungstechnik und El. Energieanlagen, Energiewirtschaft/Kraftwerke

von Sachsen, Prinzessin Theophana, Prof. e.h. Dr. phil., Berlin

von Thienen, Julia, Dipl. Psych., Hasso-Plattner-Institut für Softwaresystemtechnik, Design Thinking Research Program, Potsdam

Wegener, Heinz, Dr. jur. utr. i.R., Berlin, Jura/Geschichte

Wiedmann, Harald, Prof. Dr., Gleiss und Lutz Rechtsanwälte, Jura, Berlin

Witt-Kronshage, Helga, Berlin

Wolf, Gisela, Dr. med. vet., Leiterin der Geschäftsstelle i.R.

Verstorbene Mitglieder

(01.04.2013 bis 30.09.2014)

Franzke, Hans-Hermann, Prof. (em.) Dr.-Ing., TU-Berlin, Energietechnik

Kurth, Reinhard, Prof. Dr. med., Robert-Koch-Institut Berlin, Medizin

Marx, Günter, Prof. Dr.-Ing., Berlin, Chemie

Monreal, Gerhard, Prof. (em.) Dr. med. vet., FU Berlin, Veterinärmedizin

Schulze, Hagen, Prof. Dr. phil., German Historical Institute London, GB, Geschichte

Spur, Günter, Prof. Dr.-Ing. Dr. h.c. mult. Dr.-Ing. e.h. mult., TU Berlin, Maschinenbau

Weber, Ulrich, Prof. i.R. Dr. jur., Universität Tübingen, Jura

Autorenverzeichnis

Atanasov, Georgi: Klinik und Poliklinik für Visceral-, Transplantations-, Thorax- und Gefäßchirurgie, Universitätsklinikum Leipzig

Barth, Ingo: Max-Planck-Institut für Mikrostrukturphysik

Heger, Martin: Juristische Fakultät, Humboldt-Universität zu Berlin

Liu, Francesca Diane: c/o: Prof. Dr. Alf Hamann, Exp. Rheumatologie, Deutsches Rheumaforschungszentrum, Charité, Universitätsmedizin Berlin

Mahr, Bernd: Innovationszentrum Wissensforschung Berlin, Technische Universität Berlin

Mühlethaler, Lukas: Freien Universität Berlin, Fachbereich Geschichts- und Kulturwissenschaften, Institut für Judaistik

Mylius, Klaus: Indologe, em. Professor für Sanskritistik und Indische Altertumskunde, Universität Leipzig

Noack, Stefan: Von Papierkriegern und Phantasiestrategen. Der politisch-militärische Zukunftsroman. „1906 – Der Zusammenbruch der Alten Welt“

Schneider, Volkmar: Gerichtsmediziner Berlin

Schöttler, Angelika: Bezirksbürgermeisterin von Tempelhof-Schöneberg, Rathaus Schöneberg

Schwarz, Gunnar: Dr. Gunnar Schwarz, Postdoc, ETH Zürich, Department of Chemistry and Applied Biosciences Laboratory of Inorganic Chemistry

Sösemann, Bernd: Freie Universität Berlin, Arbeitsstelle für Kommunikationsgeschichte und interkulturelle Publizistik

Taner, Devrim Deniz: Freischaffende Politologin

Theuring, Franz: Charité – Universitätsmedizin Berlin, CCM: Campus Charité Mitte, CC 4: Therapieforschung

Verfürth, Heinz: Redakteur versch. Medien (Spiegel, Handelsblatt u. a.)

Wolf, Marcus: Hochschule für Technik und Wirtschaft Berlin

Wolffsohn, Michael: Universität der Bundeswehr München

www.ingramcontent.com/pod-product-compliance
Ingram Content Group UK Ltd.
Pitfield, Milton Keynes, MK11 3LW, UK
UKHW021852290926
8980IPUK00005B/783

9 783631 667170